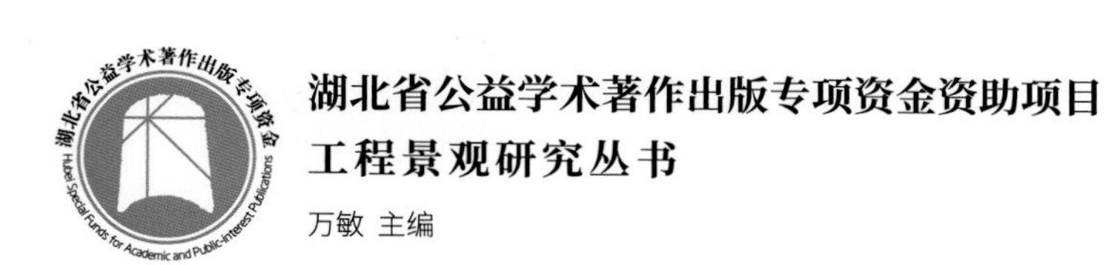

湖北省公益学术著作出版专项资金资助项目

工程景观研究丛书

万敏 主编

可食地景（修订版）

Edible Landscape

贺 慧 著

華中科技大學出版社
http://press.hust.edu.cn
中国 · 武汉

图书在版编目(CIP)数据

可食地景/贺慧著.—修订版.—武汉:华中科技大学出版社,2023.10
(工程景观研究丛书)
ISBN 978-7-5772-0227-3

Ⅰ.①可… Ⅱ.①贺… Ⅲ.①园林植物-景观设计 Ⅳ.①TU986.2

中国国家版本馆 CIP 数据核字(2023)第 255031 号

可食地景(修订版) 贺 慧 著
Keshi Dijing(Xiuding Ban)

策划编辑:易彩萍
责任编辑:易彩萍
封面设计:张 靖
责任监印:朱 玢
出版发行:华中科技大学出版社(中国·武汉) 电话:(027)81321913
武汉市东湖新技术开发区华工科技园 邮编:430223
录 排:华中科技大学惠友文印中心
印 刷:湖北金港彩印有限公司
开 本:787mm×1092mm 1/16
印 张:19
字 数:496 千字
版 次:2023 年 10 月第 1 版第 1 次印刷
定 价:198.00 元

本书若有印装质量问题,请向出版社营销中心调换
全国免费服务热线:400-6679-118 竭诚为您服务

作者简介 | About the Author

贺慧

华中科技大学建筑与城市规划学院教授，博士生导师，城市规划系副主任。中国建筑学会环境行为学术委员会副主任委员，中国风景园林学会园林康养与园艺疗法专业委员会常务委员，可食地景H工作室创始人。国家自然科学基金委员会项目评审专家，教育部学位与研究生教育发展中心评审专家，湖北省城乡规划专家库专家，武汉市科技专家库专家。长期从事城乡规划及风景园林专业的研究与实践，主要研究健康城乡规划、全龄友好环境与行为、疗愈景观等相关课题，主持参与国家级及省部级科研项目10余项，主持参与城乡规划实践项目50多项，发表学术论文48篇，出版住房和城乡建设部土建类学科专业“十三五”规划教材1部、湖北省公益学术著作出版专项资金资助项目专著1部，获批国家出版基金资助项目专著1部，住房和城乡建设部土建类学科专业“十四五”规划教材立项1部。

序

“正因为跨越了多个学科，景观不仅成为洞悉当代城市的透镜，也成为重新建造当代城市的媒介。”正如查尔斯·瓦尔德海姆在《景观都市主义》里阐述的这样，景观价值具有多元性。

改写建筑都市主义历史的城市生态学和景观都市主义向我们诠释了城市与景观的内在逻辑，将我们从狭隘的景观审美王国领向宽阔的景观功能世界——城市的生态、复兴、安全、健康……基于景观功能的城市新类型景观已经成为建筑学、城乡规划和景观学专业人士的共同关注点，成为景观学科研究的新课题。

如果说需求与实践导致了学科的产生和发展，那么，景观学科正是在满足景观功能需求的实践中得到完善和发展的。

100 多年来，人们从未放弃霍华德“田园城市”的梦想。当下，都市农场、城市农艺公园、校园麦田、校园蔬菜园、社区与庭院蔬果园……这些都市田园型的“可食地景”正在重新解读“田”“园”“城”的内涵，谱写“田园城市”新乐章。

除了审美价值，可食地景为我们的交往、旅游、休闲、健身、疗愈……提供了新的媒介和场所。可食地景集城与乡、食与景、功能与审美于一体，在促进城市发展、优化城市功能、美化城市环境和促进人们身体健康等方面的显性与潜在功能价值都有待梳理与挖掘。

可食地景的研究在我国起步较晚，其认知与实践需要全面、系统的理论指导，且其价值及实现路径与方法都有待深入研究。

可食地景作为一种特殊功能类型的景观，其价值不仅局限于本体的食用功能和审美，其本体功能及审美对城市社会、经济、文化和环境都产生着广泛的影响，其功能价值的广度有待研究。

可食地景作为一种审美对象的特殊食用物，其审美价值的实现有赖于塑景理论的创新与技艺的提升。然而，可食地景的塑景理论与技艺并不等同于一般景观，其特殊性需要拓展研究。

贺慧同志在本书中就以上问题进行了有益的探索，本书具有以下几个特点。

①开创性。本书是我国第一本有关可食地景的专著，也是从城市视角研究可食景观的专著，丰富了景观类型与城市景观功能的研究。

②系统性。本书通过可食地景的源起及中外案例分析，对可食地景的类型、功能、设计、运营、维护与管理进行了系统阐述。

③层次性。本书从宏观（城郊农园）、中观（城市公园、校园）和微观（社区、商业综合体）三个层次，对城市不同类型“可食地景”的相关内容做了有针对性的论述。

④社会性。本书深入浅出、内容丰富，既为大众提供了基于可食地景的田园生活指

南，也为相关专业的学生和从业者提供了可食地景的理论指导，具有广泛的社会性。

可食地景涉及城市、建筑、景园、园艺、美学等多个学科和专业，是一个多视角的研究领域。本书专注于城市视角的研究，我们期待更多不同视角的研究成果，也期待贺慧同志在可食地景研究领域取得更多新成果！

2018年9月20日

前　言

中国的城市建设离不开农耕文明的发展，城市与田园彼此容纳、互相支撑。我们对土地和自然的热爱是延续了千年的情怀，田园生活是陶渊明的“采菊东篱下，悠然见南山”，亦是现代都市人的理想。无论城市在发展过程中如何变化，我们都应在城市中留出适当的追溯田园的空间，让人们能够亲近自然、参与劳作，让孩子们能够认识自然、体验收获，这不应该只是一种梦想，而应该成为现实。

可食地景或许能成为这样一座桥，从人类渴望与自然亲密接触，渴望体验“一分耕耘，一分收获”的初心出发，以城市公园、社区、公共建筑、农园甚至道路两侧绿化用地的分布形式，连通美好田园生活的彼岸。

可食地景之于我，既是城乡规划与风景园林专业交叉研究的拓展方向，也是我个人生活中调节身心的绿色实践，自食其力、有劳有获，还能力所能及地帮助他人……自己的研究方向和兴趣爱好能结合在一起，是一件幸福的事情！感谢可食地景为我打开了一扇窗……

很希望本书可读且易读，虽然写书的初衷是源于为城乡规划、建筑学和风景园林专业的本科生、研究生编写教材及教辅，但我也非常希望书中的一些观点能对热爱生活、热爱园艺、热爱美食的人们有所帮助和触动。

从可食地景到可食森林，再到可食城市、共享城市，是本书对可食地景未来的展望，也是梦想，而梦想成为现实的路是需要我们每个人共同走出来的，愿我们以可食地景为媒，寻到每一个都市人心目中的最美田园，种桃、种李、种春风。

目　　录

第一章　绪　　论

随着时代的发展，城市化进程的日益加快，城市的发展面临前所未有的机遇与挑战。一方面，"千城一面"的植物景观设计模式在发挥城市美化功能的同时，少了些许对不同气候、不同地域、不同城市特色条件下植物景观营造的适宜性思考。另一方面，在城市中，尤其是人流、车流、信息流密集的大都市，高密度、高强度的"水泥丛林"使其与乡村自然景观的分异日趋明显，引起城市居民对自然、农业的原始渴望，一种返璞归真的田园情节在城市中弥漫开来①，"满足人们农耕食用、观赏休闲的景观体验需求，并在拉动城市农业经济发展的同时，带给城市居民全新的感官享受和不同以往的互动体验"②，或可成为城市景观设计的新趋向。通过整合珍贵、有限、零散的土地，利用景观设计的手段将城市居民喜闻乐见的可食用植物与传统观赏类景观植物相结合，并通过一系列的生态措施将其应用在不同的城市社区、公园、城市公共建筑、办公园区、道路两旁乃至城郊等区域，实现景观性、食用性、生态性、参与性等多方面的共赢，进而实现由可食地景到可食森林，再到共享城市的生态目标，这是本书写作的初心。

第一节　可食地景的缘起

一、中国古代可食地景的发展

中国古典园林起源于房前屋后的"果、木、蔬、圃"。在殷商时期，随着农业技术的发展，园、囿、圃成为早期园林的源头③。"最初的中国园林是由观赏栽培以及豢养动物的囿和园圃发展成为观赏游乐的场所"④，"囿"是我国最早有文字记载的园林形式⑤，《诗经》毛苌注："囿，所以域养禽兽也。"《说文解字》中也说到："园，所以树果也……种菜曰圃。"由此可知，在早期，园林就具有种植果蔬的功能。《大戴礼记·夏小正》中记载有"囿有见韭"，可见在古代园林中也划分出一定的地带来种植蔬果。而"囿的甲骨文就是成行成畦栽植树木果蔬的象形"。由此可知，"中国早期的园林大部分兼有审美和生产的功能，甚至是在生产性景观的伴随下出现的"⑥。"上古的奴隶社会，孕育了中国古典园林的雏形。在它的三个源头之中，'台'具有神秘的色彩和宗教的性质，

---

① 王远石.可食用景观在城市公共设施绿地中的应用研究[D].重庆：西南大学，2016.

② 崔璨.给养城市——可食城市与产出式景观思想策略初探[D].天津：天津大学，2010.

③ 周维权.中国古典园林史[M].北京：清华大学出版社，1999.

④ 针之谷钟吉.西方造园变迁史[M].邹洪灿，译.北京：中国建筑工业出版社，1991.

⑤ 宋继华.浅析生产性景观中植物的应用[D].杭州：浙江大学，2013.

⑥ 王向荣，林菁.自然的含义[J].中国园林，2007，23(1)：6-17.

'囿''园圃'属于生产运作的范畴。因此,园林雏形的原初功能有三分之一是宗教性的,三分之二是生产性的"[①]。东周后期,随着奴隶社会发展为封建社会,即使园林的游赏功能逐渐上升,宗教和生产的功能也一直保留于园林的整个生成期。由此可见,那时的农业文明已经发展到了一定阶段,人们开始掌握了生存的主动权。出于满足统治阶层的需求,园、囿、圃作为最早的园林形式成为这一时代的产物,且在较长的时间里保留着生产的功能。

在中国历朝历代的发展中,唐朝已出现种植可食用植物的公共园林,如长安城中曲江边上的杏花园就是以栽植杏树而闻名于京城。位于长安宫城之北的禁苑,作为生产基地为宫殿供应水果蔬菜,内有大片的葡萄园、樱桃园和梨园。洛阳城的"天街"宽百步、长八里,中间是皇帝的御道,以石榴、樱桃等果树作为行道树。华清宫苑林区也设立着以花果为主题的集游览与生产为一体的主题园区,如西瓜园、石榴园、辣椒园等,另外,在苑林区的天然植被基础上也加入了大量的桃、梅、李、枣、石榴等果树进行绿化。宋朝时期的皇家籍田、八卦田,将不同颜色的植物种植在正八边形的平坦土地上,有稻、黍、稷、秫、大豆、小豆、大麦等 8 种农作物被播种在籍田[②]。"明清时期,主要由圆明园的映水兰香、颐和园周边的稻田、净业湖和什刹海的荷花组成北京园林的生产性景观,当时特别招募江南农民来此耕耘,以此创造满足皇帝对田园风光的需求的景观。"[③]

在当今全球化、多元化、城市化、信息化的时代,快速城镇化进程中所面临的环境问题和食品安全问题在全世界具有普遍性,可食地景的发展亦需契合我国国情特征和时代需求。

①城市绿色基础设施建设的生态需求。

中国的资源短缺问题非常严峻,人均耕地仅是世界平均水平的三分之一,人均淡水资源仅是世界平均水平的四分之一。以北方城市的代表北京为例,北京人均淡水资源不足全国平均水平的十分之一,在这样的背景下,中国更需摒弃高成本、高消耗的"花瓶"景观,而将城市景观作为绿色基础设施,提供多种生态系统服务。可食地景能让城市绿地具有生产性,景观产出与服务是绿色基础设施建设实践的重要内容,也是应对环境资源问题的积极探索。

②城市居民追求健康食品的安全需求。

原环境保护部、原国土资源部 2014 年发布的《全国土壤污染状况调查公报》指出:耕地"土壤点位超标率为 19.4%,其中轻微、轻度、中度和重度污染点位比例分别为 13.7%、2.8%、1.8%和 1.1%"[④]。在农业农村部的调查中,全国受污染的耕地面积达 1000 万公顷,每年因重金属污染而减产粮食 1000 多万吨,被重金属污染的粮食每年多达 1200 万吨,使得安全的农产品供给不足且质量低下[⑤]。此外,农产品生产、运输、销售的供应链长,中间环节多,城市居民无法清楚了解食品生产过程的实际情况,因此,人们直接从土地收获健康食物的需求与日俱增。根据田明华教授的研究,人们参与市民农园的首要需求是直接获得健康食物。

---

① 宋玥.我国快速城市化阶段的生产性景观实践研究[D].天津:天津大学,2011.

② 张轶群.文化景观的保护与传承——以杭州八卦田为例[J].规划师,2005,21(7):47-50.

③ 张健.中外造园史[M].武汉:华中科技大学出版社,2009.

④ 数据来源于 2014 年原环境保护部和原国土资源部发布的《全国土壤污染状况调查公报》。

⑤ 王建华,葛佳烨,徐玲玲.供给侧改革背景下安全食品的供需困境与调和路径[J].新疆师范大学学报(哲学社会科学版),2016,37(3):89-96.

③城市人复归田园生活的社会需求。

中国正经历着人类历史上规模最大、速度最快的城镇化进程，快速的城镇化使得许多人远离土地，故实现城市田园梦的社会诉求强烈。国家统计局数据显示：2016年，城镇常住人口为79298万人，比2015年年末增加2182万人，乡村常住人口为58973万人，减少了1373万人，2016年，中国城镇化率达57.35%，其中城镇就业人员为41428万人[①]。在1995年至今的20多年时间中，有近4亿人口离开乡村进入城市，大量耕地转化为城市用地，城市居民与土地的联系日益疏远，城市化的出现打破了中国传统的农耕模式。然而人们对食材的需求并未减少，面对传统院落和社区农业的消亡，许多在城市里生活的人也会在空闲时间去开垦社区中一些荒废的土地，种上大葱、白菜等常见的农作物。人们利用闲时农耕是为了满足情怀、解乡愁的需求，抑或是为了满足食用需求[②]。城市居民心中向往的"采菊东篱下，悠然见南山"的田园梦使他们乐于回归土地、参与劳作、收获食物。

④以可食地景为媒互动交往的心理需求。

城市化在拓展城市物质空间、改变城市面貌的同时，缩小了城市居民的精神空间。城市居民在劳作方式、交往方式、生活方式等方面发生了重大变化，因为朝九晚五式的工作模式和工作压力，其交往对象多被局限在工作领域，邻里之间互不相识成为城市社区普遍的现象。城市居民需要一种空间媒介，把部分冷漠的社区转换成阳光交往空间，以促进身心健康和社区融合。可食地景这种"自治"式的景观模式，通过居民在生产过程中的参与、互动和分享劳动成果，能够加强社区邻里之间的相互联系和了解，打破城市社区交往的壁垒，促进城市居民的身心健康。许多城市社区的实践证明，以可食地景为媒已成为实现社区共融的特色途径。

⑤疫情影响下人们对可食地景的需求。

传染性疾病暴发和防控期间，人们出行范围与时间受到限制，社区成为人们可活动的最大区域，社区景观则成为人们唯一可接触到的绿地空间，其重要性不言而喻。[③] 在防控期间，因长期处于室内空间致使的绿视量不足、过度关注网络新闻报道及共情心理等，极易引起抑郁类疾病的产生，可食景观通过看、触、闻、听、味五感，刺激神经系统的调节，缓解心理压力，消除疲劳与紧张感，达到恢复健康的目的。[④] 城市交通运输受阻，粮食供应链断裂，蔬菜供应紧张问题突出，可食景观的食用功能为缓解食物供应紧张发挥了重要作用。居民可以通过劳作体验到播种、采摘、收获的过程，亲眼见证可食景观从播种、生长再到收获的发展过程，感受日月交替、四季轮回的自然变化规律，与自然亲密接触，缓解工作及生活压力，并体验一分耕耘、一分收获的田园乐趣，其身心体验远远超过一成不变的观赏植物。因此可食景观不仅可以加深绿地与民众生活的深度融合，还可以提供新鲜、优质、安全的食品，实现景观与自然、城市与乡郊、美观与食用的融合。

⑥管理体制创新整合的实践需求。

社区花园、市民农园的建设、组织、运营模式要避免直接照搬国外的管理模式，应立足中国体制基础，以可食地景的实践探索为载体，探索自上而下和自下而上相结合的以政府为主导，由社

---

① 数据来源于 http://data.stats.gov.cn/search.htm?s=城镇化。

② 何伟，李慧．探析社区中可食景观的空间载体及设计理念和技术[J]．风景园林．2017(9)：43-49．

③ 贺慧，张彤，李婷婷．"平战"结合的社区可食景观营造——基于传染性疾病防控的思考[J]．中国园林，2021，37(5)：56-61．

④ 李树华．园艺疗法概论[M]．北京：中国林业出版社，2011．

会组织引导，企业、市民多方参与的合作模式，也可以借鉴共享经济、互联网思维下基于社会体验需求的运营模式，推进可食地景—可食森林—共享城市的未来发展。

二、欧美可食地景的发展

自公元前 2600 年的古埃及墓室铭文记载以来，人类的园林已经有近 5000 年的历史。各种植物的栽植和修剪组织出不同关系，加上掘池理水、筑台堆山，结合建筑与其他人文要素，营造出人造环境与自然环境相结合的意蕴。古代传说或将园林上溯到更久远的时候，即神话和宗教中的创世之初，神把人类放在特意为他们建造的园林中①。民以食为天，人的生活离不开食物，从农业社会时期开始，人们更离不开耕种，人类栽培食材的过程代表着地域文化在不同阶段的演变，自始至终农业都是生活的刚需。在《旧约全书·创世纪》中，上帝在东方设立伊甸园，将所造的人安置在那里，“各种的树从地里长出来，可以悦人的眼目，其上的果子好做食物……”上帝让地上长出各种树木，既令人悦目，果实又可充饥，园中还有生命树和知善恶树②。《古兰经》中记载：“所许给谨慎者的田园情形是：诸河流于其中，果实常食不断。”由此可以看出，在西方主流意识形态里，其所期望的“天国”中，园林主要发挥着可供食用的实用性功能，“而人民将理想的‘天堂’付诸现实，世界就出现了法国庄园里的大片果园和法国中世纪修道院里的果蔬和菜地，以及伊斯兰园林果实累累的‘天园’”。

对古希腊文化进行记载的荷马史诗《奥德赛》中描写了两处园林景观：“一处是水泽仙女卡吕普索的住地，一处是人间国王阿尔基努斯的果园。卡吕普索的住处是在一个岛屿的洞穴里：‘洞穴的四周长着葱郁的树木，有生机勃勃的柏树，还有杨树……洞口还爬满青绿的枝藤，垂挂着一串串甜美的葡萄……遍长着欧芹和紫罗兰’③。而阿尔基努斯的园林是一个食用园，反映了同生产活动相关的环境美：‘房院的外面，傍着院门，是一片丰广的果林……长着高大、丰产的果树，有梨树、石榴和挂满闪亮硕果的苹果树，还有粒儿甜美的无花果和丰产的橄榄树……那里还根植着一片葡萄，果实累累……葡萄园的尽头卧躺着条垅整齐的菜地，各式蔬菜，绿油油一片，轮番采摘，长年不断……’”荷马史诗中描述的园林景观是由人力加工的自然景观，除体现人对自然的审美外，也体现出当时园林提供食物的功能。此时期的“园内植物有油橄榄、苹果、梨、无花果、石榴等果树，还有月桂、桃金娘、牡荆等植物。所谓的花园、庭园，主要以实用为目的，绿篱由植物构成，起隔离作用”。

在古希腊的日常生活中，古希腊人除祭祀外，还以各种方式摆放植物来敬神。例如，祭祀爱神阿佛洛狄忒的情人阿多尼斯的方式就是节日里在屋顶上竖起他的雕像，周围摆上播有蔬菜、谷物和花卉种子的陶制花盆，以其发芽来象征他每年复活一段时间，以同爱神相聚。后来这种方式不断演进，场地不断变换，形成了早期的可食用园林景观。考古发现，在公元前 5 世纪左右，“立下战功的雅典贵族派政治家西门‘为广场种植了遮阴的梧桐树……树根坑和水沟的发现，证明这

① 王蔚，等. 外国古代园林史[M]. 北京：中国建筑工业出版社，2011.

② 李雄. 园林植物景观的空间意象与结构解析研究[D]. 北京：北京林业大学，2006.

③ 荷马. 荷马史诗：奥德赛[M]. 陈中梅，译. 广州：花城出版社，1994.

里有橄榄和月桂'"[①]。在宗教统治下的漫长中世纪,"有真实生产功能的实用园林是十分流行的造园手法,如当时的一些修道庭院就是由实用的蔬菜园、药草园和装饰性庭园共同构成"[②]。瑞士圣·高尔教堂东部整齐地种植了15种果树,有山楂、胡桃、月桂、榛子等。具有食用性的景观也被广泛应用于修道院、私人庄园、宫廷庄园的营造,如卡斯特罗别墅园、卡雷吉奥庄园、玛达玛庄园,其中最著名的是16世纪法国凡尔赛宫内建造的"皇家菜园",最初为了满足路易十四以及皇室成员对饮食的需求,在宫殿东北角种植水果和蔬菜,专供国王和皇室成员食用,直至1991年凡尔赛宫的"皇家菜园"作为旅游景点向公众开放,其景观功能才开始显现出来。由此,"在漫长的发展历史中,外国古典园林始终保持着食用性和观赏性兼而有之,即便到了现在,食用性花园在欧洲还是屡见不鲜"。

可食地景在不同国家、不同时期结合不同的子类,有着不同的称谓,但其实质却是相同的。

(一)德国市民农园

市民农园(kleingarten)最早起源于19世纪的德国,又称为施雷贝尔花园(Schrebergarten),是将城市或近郊区用地规划成小块土地租给市民,承租者可以在租地上种花草、树木、蔬菜、瓜果或进行庭院式经营,体验农业耕作、田园生活以及亲近大自然的乐趣。市民农园只能租赁不能购买,租赁者向区协会或者直接向当地市民农园协会申请一块地,申请人必须成为市民农园协会的会员,并要根据花园条件和区位交纳200～5000欧元不等的转让费,有时转让费用高达8000欧元[③]。"市民农园的产权归政府,由相关协会负责管理运作,协会转租给会员,多个小协会组成区域协会联盟,其协会管理人员由民主选举产生,完全出于个人兴趣,没有工资"[④]。小果菜园只能由会员承租自用,不能以转租的形式转让给他人,从中牟取利益。

市民农园的产生是因为在工业革命时期,大量人口涌向城市,为应对当时生活贫困和粮食紧缺的状况,将具有生产性的植物应用于花园景观之中。最初是由德国医生和教育家施雷贝尔侯爵为涌入城市的居民提供空地种植食物,以供居民节约生活开支,实现生活自给。随着城市的不断发展、居民需求的不断变化,市民农园由最初的实用果蔬园向精致花园和生态园转变,最终演变成以观赏、休闲、娱乐、放松为主要功能的景观园。最初,市民农园的功能是"水果和蔬菜的种植、食物生产和维持生计"。可以说,市民农园是城市生活居住和食物供给缺乏时的产物。在第二次世界大战后的20年中,市民农园变得奢华起来,但依然没有完全放弃其食用功能。20世纪70年代,受生态运动的影响,市民农园一改传统的形象,其理想的花园不再是整齐、干净、精心维护和有序管理的,相反,追求一种自然、有控制的混乱美,随着自然疗法、瑜伽、冥想、健身运动的兴起,休闲健身成了21世纪人类社会生活的主旋律。30岁左右的"高尔夫一代"开始重新发现农园的价值,把健康作为基本的生活理念,使市民农园体现出个性化和多样化。作为市民农园出现最早的国家,"德国现在拥有超过10万个市民农园,面积超过4.6万平方千米,市民参与农园活

---

① HOBHOUSE P. The Story of Gardening[M]. London:Dorling Kindersley Limited,2002:35.

② 霍华德. 明日的田园城市[M]. 金经元,译. 北京:商务印书馆,2000.

③ 陈芳,冯革群. 德国市民农园的历史发展及现代启示[J]. 国际城市规划,2008,23(2):78-82.

④ 耿红莉. 德国市民农园发展概况及对北京的启示[J]. 北京农业职业学院学报,2016,30(6):9-13.

动的人数超过400万”[1]，并于1919年颁布《市民农园法》。在德国，拥有农园已经成为风潮和风尚，其影响逐渐辐射至欧美和亚洲的一些国家和地区。在日本，由于人口、城市建设、土地资源之间的矛盾，人们更加重视生产性的景观在城市园林设计中的应用，日本的“市民农园由1979年的737个增加到1999年的6138个”[2]。“在巴塞罗那，遍布城市的市民花园网络有32平方千米，这些市民花园共有12种不同的类型，可供老人和退休人员使用，并且每年都还有新的市民花园在不断地增加（几乎每年一个）”[3]。

（二）英国份地花园

份地花园在英国起源于圈地运动和工业化过程中失去了土地的城市人口的生计需要，在立法的推动下一直稳步发展[4]。英国乡村史学者杰里米·伯查特（Jeremy Burchardt）在《英国份地运动（1793—1873）》中给出两种定义：一种简单地将份地花园描述为“用于蔬菜和土壤生产的小块土地”；另一种认为份地花园是“一小块与居住分离的土地，分成若干小块，周围有一个共同的外部围栏”[5]。英国皇家园艺学会的一份学位论文给出的定义为“充满活力的社区活动的场所，目的在于农艺和园艺的种植和教育，同时有助于城市地区的景观和生态价值”[6]。“份地花园最早可以追溯到中世纪庄园制下农奴从庄园主那里取得的狭长土地”——国内学者称之为份地。13世纪，英国庄园主根据《默顿法令》，圈占公地成为私有的份地。在14—15世纪的农奴制解体过程中，圈地运动愈演愈烈，村社成员失去了他们在土地上享有的公共权力，作为补偿得到一小块土地。到维多利亚时代，份地制度成为大农场制度下的农工福利形式，就是“将土地分成小份，分给农业工人和茅舍农；他们利用空闲耕作，补充家用，但不能代替工资”[7]。这一时期，地主、租地农场主、农业工人之间矛盾重重，社会动荡，地主为缓和社会矛盾，出租份地给工人，小份地的土地耕作产物在一定程度上缓解了工人的生活贫困状况。

伴随着社会保障制度的完善，份地花园在1990年以后实现了从份地花园向休闲花园的过渡。一些非营利组织、私人团体或者地区议会、地方政府将其所拥有的或租用的限制土地分割成小块，廉价租借或是分配给个人和家庭用于园艺或农艺，由志愿者提供技术支援、协调及管理等服务，亦可由居民自发组织起来的团体自行管理运作[8]。“20世纪70年代末，份地花园的需求骤然增加，部分归因于消费的幻灭和环境问题引发的对生活方式的反省。份地成为简单生活的象征，并且使田园理想成为现实，花园作为一种休闲娱乐的资源提供了新鲜、健康的食物，同时因为体力劳作、新鲜空气和自然环境而有益身心健康，渴望一块份地的理由已不再是生计的需要，而

---

① 陈芳，冯革群. 德国市民农园的历史发展及现代启示[J]. 国际城市规划，2008，23(2)：78-82.

② 李双. 城市生产性景观的实践与思考[D]. 北京：中国艺术研究院，2012.

③ 佩利特罗，图尔其尔马兹，等. 巴塞罗那特雷斯突仑斯公园的生产性景观设计战略规划[M]//许禅，译. 北京大学景观设计学研究院. 景观设计学. 哈尔滨：黑龙江科学技术出版社，2010(1).

④ 钱静. 英国份地花园的历史与未来[J]. 中国园林，2010，26(12)：72-76.

⑤ JEREMY B. The Allotment Movement in England，1793—1873[M]. Suffolk：Boydell & Brewer Ltd，2002：240-244.

⑥ Royal Horticultural Society. The New Victory Garden [D/OL]. [2007-11-24]. http：//homepage. mac. com /c ityfarmer/ Allotment Report web.

⑦ 郭爱民. 维多利亚时代英国份田运动缘由及绩效的考察[J]. 世界历史，2008(4)：115-121.

⑧ 钱静. 西欧份地花园与美国社区花园的体系比较[J]. 现代城市研究，2011，26(1)：86-92.

是一种逃离高强度、高密度的社会要求和压力的方式。有关化学残留物与食品安全、土壤侵蚀与森林砍伐、生物多样性,还有过度包装与化石运输成本等相关的话题,吸引了新一代的份地花园园丁——一群渴望某种程度自给自足的、坚持理想主义环保理念的份地拥有者"①。

(三)美国社区花园

当代社区花园起源于19世纪英国的份地花园,随后,美国在第一次世界大战、20世纪30年代经济萧条以及第二次世界大战以后的不同时期,不同类型的社区花园对缓解食物资源短缺、维持生计、增进社区凝聚力以及促进社会和环境的可持续发展方面起到重要作用。20世纪70年代以后,随着各国对环境、经济社会和文化可持续发展理念和实践的不断探索,在世界范围内对社区花园形成了多种认知,也演化出多种类型对空间的创新利用方式,如蜜蜂/蝴蝶花园、治疗花园、农作物认知花园、屋顶有机蔬菜花园等,体现了维持城市生物多样性、自然环境教育、社会文化普及、增进社区活力等多种功能和意义。

19世纪末,美国由于城市迅速扩张,工业衰退,失业人口剧增,底特律政府率先为需要救济的家庭发放土豆种子和划拨小块土地,解决普通居民暂时性的粮食短缺问题,即土豆场圃运动(potato patch movement)。这项政策在底特律获得成功后,继而在美国其他城市得到推广,城市开始提供小块的园艺场地给贫困家庭,以供这些家庭种植自己的粮食。与此同时,作为教育和美学实践课程,第一所学校花园在马萨诸塞州的乔治·帕特南学校建立起来,美国著名哲学家、教育家约翰·杜威提倡在学校设立可食花园,作为"培养自由精神和儿童对学校生活及其周围环境认同的运动"②③。在第一次世界大战期间,美国政府号召人们开辟"解放花园(liberty garden)",通过自给自足为国家尽一份力。在20世纪30年代美国大萧条期间,政府倡导开辟"救济花园(relief garden)",以提供食物和工作。20世纪40年代,美国参与第二次世界大战以后,政府发起了"胜利花园(victory garden)"运动,为国内的粮食和蔬菜的供应起到了重要的作用④。在20世纪60年代,伴随着民权运动,公众参与在理论研究方面也得到长足进展。在规划领域,多元主义规划(Davidoff,1965)和市民参与阶梯是当时最具影响力的著述,保罗·戴维道夫被认为是辩护规划运动的创始者。雪利(Sherry)根据参与程度,将市民参与分为8种水平,其参与模型至今仍在规划实践中起到较贴切的参考作用。随着美国《经济机会法》出台,住房和城市开发部建立了很多社区行动项目。大规模的城市改造,导致在内城区域出现很多小块废弃土地,为避免其成为毒品交易和其他犯罪的场所,市民利用这些闲置土地建设社区花园,为正当使用者提供了绿色空间和参与园艺活动的机会,这为20世纪70年代的社区花园运动奠定了基础。美国社区花园的快速发展阶段是在20世纪70年代末期到20世纪80年代初期。美国社区花园协会成立于1979年,是美国和加拿大两国非营利组织。美国社区花园协会及其成员的主要使命是促进和支持社区花园、城市林业保护和管理开敞空间,并涉及城市和乡村土地开发及规划等工作,对于社区花

---

① 钱静.英国份地花园的历史与未来[J].中国园林,2010,26(12):72-76.

② BIRKY J. The Modern Community Garden Movement in the United States: Its Roots, Its Current Condition and Its Prospects for the Future[D]. Tampa Bay: University of South Florida, 2009.

③ 蔡君.社区花园作为城市持续发展和环境教育的途径——以纽约市为例[J].风景园林,2016(5):114-120.

④ BASSETT J T. Reaping on the Margins: A Century of Community Gardening in Amercial[J]. Landscape, 1981, 25(2): 1-8.

园的持续增长和网络化发展起到推动作用。从20世纪90年代到21世纪，社区花园在环境保护和教育、生态恢复、促进公共健康及城市经济方面起到多种作用。

（四）田园城市

在工业革命背景下的资本主义生产带来了快速城市化的同时，也使环境极度恶化，城市在发展中给自身留下了一道道难以抚平的疤痕，人类作为始作俑者不得不开始寻找一种途径去缓和伤痛，而对自然的期盼也在这个过程中不断增强。19世纪，有着"美国景观设计之父"美誉的奥姆斯特德(Frederick Law Olmsted)在英国田园风景的影响下，创造了独树一帜的自然景观模式，由此拉开了美国现代景观设计的序幕。值得一提的是，19世纪末以来，"回归自然"的呼声开始在城市规划师和建筑师中得到回应，在城市理论中得到集中体现。霍华德的田园城市理论本质上是一种城乡一体化的生态城市模式，他设想田园城市包括城市和乡村两部分：城市居中，四周为农业用地所围绕，农业用地是保留的绿带，永远不得改作他用。城市中的所有土地归全体居民集体所有，使用土地必须缴付租金，租金是城市收入的全部来源。城市将严格控制人口，理想人口为32000人，超过了这一数量则应新建一个城市。霍华德规划的田园城市的平面为一个半径约1134 m的圆，以面积约59 hm^2的公园为中心向外辐射，把城市分成6个区，在城市的最外围设置各类工厂、仓库、市场等，并配备环状道路及铁路，以方便运输[①]。霍华德在晚年时将自己全部的精力都投入莱奇沃思(Letchworth)和韦林(Welwyn)这两个田园城市的建设上，遗憾的是这两座城市都没有引起人们的广泛关注。田园城市虽然是一种理想状态，但不可否认的是其对有机疏散论、卫星城镇等城市规划思想的出现起到了推动作用。它不仅表达了城市人对于田园生活的渴望，同时将"可食地景"这一新型的景观模式逐渐带入人们的视野之中[②]。

第二节　可食地景的概念

一、可食地景的概念探析

国内对可食地景的理解，有的学者从字面意义上理解，有的学者借鉴了国外学者的定义。为了厘清可食地景的概念，本书对可食地景及相关概念进行了大量的文献检索，对国内外可食地景研究者的常用概念进行了梳理(如表1-1所示)。

表1-1　国内外可食地景的概念

学者或机构	概　　念
Rosalind Creasy(1982年)	可食景观指的是运用设计生态的技术方式来营造果园、农园，使其富有美感和生态价值[③]

① 霍华德. 明日的田园城市[M]. 金经元，译. 北京：商务印书馆，2000.

② 徐筱婷，王金瑾. 生产性景观演化的动因分析[J]. 湖南农业大学学报(自然科学版)，2010，36(2)：141-143.

③ CREASY R. The Complete Book of Edible Landscaping[M]. San Francisco：Siena Club Books，1982.

续表

学者或机构	概　　念
吴家骅 (2003 年)	可食地景并非简单的种地,而是用风景园林的设计方式使用可供人类食用的植物种类建造绿地,使其成为富有美感和文化价值的景观场地①
布朗、伊娃·沃登 (2004 年)	可食地景是用可食用的植物取代严格意义上的观赏植物。可食用的景观是拥有美化功能,又能提供水果、蔬菜等的多功能景观
卢克·穆杰特等 (2008 年)	可食景观是指应用可以食用的植物来构建园林景观,将果树、蔬菜、药草等进行综合设计,在设计时进行综合而全面的考虑,从而最大限度地提高其审美性、生产性、休闲性以及抗病虫害等功能②
王梦洁等 (2009 年)	可食用景观指那些由可供人类食用的植物种类构建的园林景象。人们在城市中栽培果树、种植菜园、创办药卉苗圃等以谋取直接经济效益③
Charlie Nardozzi	可食地景与传统景观都具有装饰性特征,与传统景观不同的是,可食地景是强调水果、蔬菜、草本植物种植的一种特殊的景观类型
Barbara Poff	可食地景将可食用植物应用到景观设计中,具有观赏价值和实用价值,是各种具有可食用类型植物和一定尺度的花园的总称(不包含用于食品销售的花园)
Rosalind Creasy (2009 年)	可食用景观是在观赏性或装饰性景观中,对可食用植物的实际整合,是利用观赏类植物设计的原则,用可食用的植物如莴苣、蓝莓等替代一些其他非生产性的植物材料,在景观设计中提供一个独特的装饰成分,以增加健康、美观和经济效益的景观,是观赏性和食用性的统一
俄亥俄州立大学 食品、农业和 环境科学学院 (2010 年)	可食地景是将食物生产与景观设计相结合的一种实践,通过将蔬菜、果树、草本植物、可食用的花朵组合,创造具有吸引力的蔬果景观,以供家庭消费
Bryan Apacionado (2012 年)	可食地景是一种将科学与创意结合起来形成革命性作物生产技术的新方法,旨在创造一个具有吸引力的环境功能区,为餐桌提供安全、有营养的食物,主要以蔬果和草本植物作为主要的软景材料代替传统的欣赏性植物
周燕、尹丽萍 (2014 年)	可食用景观是指那些主要由可供人类食用的植物所构建的景观,如果树行道树、蔬菜垂直绿化等,“作为一种兼具景观美学和丰产功能的景观,其延续了传统农业生活的缩影,同时又具有生态、社会、经济效益”④

① 吴家骅.景观形态学[M].叶南,译.北京:中国建筑工业出版社,1999.

② 穆杰特.养育更美好的城市:都市农业推进可持续发展[M].蔡建明,郑艳婷,王研,译.北京:商务印书馆,2008.

③ 王梦洁,胡希军,金晓玲.居住区可食用景观营造刍议[J].林业实用技术,2009(1):48-50.

④ 周燕,尹丽萍.居住区可食用景观模式初探[C]//中国风景园林学会.中国风景园林学会 2014 年会论文集(下册).北京:中国建筑工业出版社,2014:788-790.

学者或机构	概　　念
任栩辉、刘青林 (2015 年)	可食景观是指一些由可供人类食用的植物种类构建的园林景观,它并非简单地种植,而是用设计生态园林的方式设计农园等场地,使其变成富有美感和生态价值的景观场地①
蒋爱萍、刘连海 (2016 年)	可食地景不是简单地种植农作物,而是选择可供人类食用的植物种类,用生态园林设计方式设计、构建绿地、花园等场所,使其变成富有美感和生态价值的景观场地,它不仅具有生态、观赏的功能,同时也能满足人们小规模生产的需要,是城市生产经济与园林景观完美结合的一个途径②
刘悦来等 (2017 年)	可食地景是由城市居民直接参与的,将可供食用的作物根据产出性植物的颜色、生长状态、生产周期等特性,在园林景观设计中进行运用③
韩静静 (2016 年)	可食景观是在农业园区规划设计、花园景观设计、园林景观设计等过程中,通过蔬菜、瓜果等可食性植物材料的应用,提升景观食用价值、增加景观设计美感、提高景观参与度、丰富景观设计内涵,并积极引导人们的生态观念,实现景观与自然、城市与乡郊、美观与实用的完美融合④
林凌子等 (2017 年)	可食用景观是一种自古已有的景观,它来源于人的生活生产活动,与农耕文化息息相关,是指那些主要由可供人类食用的植物种类通过园林美学的设计手法构建的景观,主要针对种植农业与景观设计的结合,通过对可食用植物的应用,提升景观的实用价值⑤
栾博等 (2017 年)	从狭义理解而言,可食用景观主要是指由可供人类食用的植物所构建的景观,是基于农业生产和景观设计结合产生的。广义而言,可食用景观不仅是在景观设计中融合可食性植物材料的空间生产应用,而且是一种满足人类精神需要和美感追求的生活方式,更是一种能创造经济和生态效益的城乡发展模式。总之,城市可食用景观是指在城市中能够产出食物,并具有参与体验功能的生产性景观⑥
国外网络 (gardener's supply company) (2017 年)	可食地景是突破传统景观设计,在园林中使用醒目的、具有生产性的植物代替观赏性的植物

① 任栩辉,刘青林. 可食景观的功能与发展[J]. 现代园林,2015 12(10):737-746.

② 蒋爱萍,刘连海. 可食地景在园林景观中的应用[J]. 林业与环境科学,2016,32(3):98-103.

③ 刘悦来,尹科娈,魏闽,等. 高密度中心城区社区花园实践探索——以上海创智农园和百草园为例[J]. 风景园林,2017(9):16-22.

④ 韩静静. 基于可食景观的现代都市观光园规划设计[J]. 园林,2016(12):46-50.

⑤ 林凌子,许先升,胡冬妮,等. 海口市居住区可食用景观应用的调查[J]. 热带生物学报,2017,8(1):100-106.

⑥ 栾博,王鑫,黄思涵,等. 中国城市可食用景观的设计探索[J]. 中国园林,2017(9):36-42.

根据文献检索情况，以上学者都从不同的角度对可食地景的概念进行了定义，其共同之处是突破传统的景观设计元素，使用可供食用的植物代替传统景观观赏性植物，突出景观的生产性和食用性功能，其不足之处是对可食地景的类型、尺度、可塑性、居民参与性关注较少。可食地景并不是简单的种地，而是将园林设计应用到农作物园区，或将可食用植物应用到园林景观设计中，根据植物的颜色、生长发育状态、生产周期等特性，进行城市景观的设计营造，在发挥城市景观“美”的功能基础上，将景观设计与都市农业结合，利用城市公园、街道、居住区、办公园区等空间，栽培果树、种植蔬菜、创办药卉圃等，为城市居民提供亲近自然、参与劳作、社区交往的空间。根据中国城市发展特点以及景观设计现状，可食地景的营造不仅能满足城市居民审美、食用等需求，亦可为城市居民提供交往空间，所以，本书将可食地景定义为城市绿地系统的有机组成部分，是利用可供人类食用的植物、果蔬、药材、香草，通过园林美学设计手法构建的景观，兼具景观美学和丰产功能；是景观与自然、城市与乡郊、美观与食用的融合，是具有生态、社会和经济效益，集景观观赏性、可食生产性、活动参与性及生态多样性为一体的城市景观类型。

二、与可食地景相关的概念

（一）都市农业

对都市农业的历史进行探寻，我们发现它与可食地景有交叉的呈现。“德国在1919年创造了‘市民农园’的发展模式，日本在1930年提出了‘都市农业’这一概念，1950年，美国学者欧文、霍克使用‘都市农业区域’一词。1977年，美国农业经济学家艾伦·尼斯发表《日本农业模式》一文，正式提出‘都市农业’的概念。特别是20世纪80年代以来，日本、新加坡、韩国等一些国家的学者，随着新型城市的崛起，相继开展了都市农业的研究”[①]。从历史的演进过程可以得出，都市农业的发展脉络为19世纪农业和城市发展的关系，尤其是内在的区位影响逐渐被人们所认识，20世纪40年代从地理区位和经济功能方面提出了都市农业的概念，奠定了都市农业发展的基本框架；在随后30年里特别是在20世纪70年代，由于发达国家城市环境的恶化，城市农业的景观和生态功能得到重视；20世纪末，在联合国计划开发署（UNDP）、联合国粮食及农业组织（FAO）和世界卫生组织（WHO）等国际组织的推动下，都市农业被广泛地介绍到发展中国家，都市农业的就业和食品等社会功能得到加强。由此，适应时代发展的多功能化是发展都市农业的原动力。

都市农业是在工业化、城市化高度发展的时代，人们对都市区域农业的新认识、新观念，是经济、社会、科技发展的必然结果，是人类生态文明发展的重要内容。农村和农业哺育了城市，但后来城市和农村、农业分离，走上了二元的对立形态。一方面，城市“荒漠化”使市民怀念农业的绿色田园和生物多样性的和谐，这种对生活质量的追求，是生存观、生活观、发展观的一种本质的升华，亦是发展都市农业的基本动力[②]。工业化带来的环境恶化等问题成为都市农业兴起的重要原因，而经济的发展又成为都市农业发展的主要动力，使都市农业脱离传统的农村农业或城郊农业，成为完全依托于城市的社会经济和结构功能的生态系统。另一方面，随着“大量人口涌入城

① 方志权，吴方卫，王威.中国都市农业理论研究若干争议问题综述[J].中国农学通报，2008，24(8)：521-525.

② 关故章，杨泽敏，孙金才.都市农业的发展概况[J].安徽农业科学，2004，32(3)：559-562.

市，而城镇无法提供充足的就业机会，对不断扩大的低收入阶层而言，从事都市农业就成为他们必要的甚至是唯一的选择”①。

都市农业概念众多，国际都市农业基金会、联合国粮食及农业组织和联合国计划开发署对都市农业较为认同的定义：都市农业是指位于城市内部和城市周边地区的农业，是一种包括从生产（或养殖）、加工、运输、消费到为城市提供农产品和服务的完整经济过程，它与乡村农业的重要区别在于它是城市经济和城市生态系统中的组成部分②。联合国粮食及农业组织对都市农业的定义：存在于城市范围内或靠近城市地区，以为居民提供优质、安全的农产品和优美、和谐的生态环境为目的的区域性、局部性农业种植③。

对于都市农业的概念，不同国家的学者有着不同的观点与看法：有的侧重于对农地分布状况的描述，认为都市农业是“镶嵌插花在城市中的小块农田”；有的侧重于外部环境的影响，认为城市的类型就决定了农业的类型；有的侧重于事物之间的联系，认为经济关系密切的都市圈内的农业就是都市农业；有的侧重于某些新兴的生产项目，如“观光农业、休闲农业”。尽管对都市农业的定义不同，但大多数学者都认为都市农业是都市经济发展到较高水平时，随着农村与城市、农业与非农业等进一步融合，为适应都市城乡一体化建设需要，在都市区域范围内形成的紧密依托都市和具有较高生产力水平的现代农业生产体系④。

“事实上，农业的生产、生态、生活等功能本来就是客观存在的，但是对它们的认识有个过程，处理它们之间关系的侧重点也有所不同，在没有解决温饱问题之前，人们往往只是注重农业的生产功能，忽视农业在保持和改善生态平衡、净化空气、涵养水源、调节气候方面的作用；也忽视农业调节身心、教化人民、协调人与自然关系的功能，而当基本生存需要满足以后，才可能利用一部分农业的土地和设施，来有意识地施展和开发农业的这些功能。”实际上，可食地景是在现代化、城市化、工业化的背景下，对都市农业的发展，是人们的物质需要得到满足之后，开始关注农业在生态、教化人民、协调人与自然关系等方面的功能，是城市生活的一种人文关怀的体现。

都市农业追求较高的产出性，追求效率和生产率，因此具有高度的规模化、产业化、市场化特征，要进行增产加销、产研教、农工贸的一体化设计，在生产劳作过程中需要高智能化，需要依靠大专院校、科研院所，发挥大城市的人才优势，应用现代高科技特别是生物工程和电子技术，从基础设施、生产、系列加工、流通、管理等方面，形成高科技、高品质、高附加值的精准农业体系。而可食地景在功能定位、植物选择、区域布局、发展特征等方面与都市农业存在差异，可食地景侧重于协调城市中人与自然环境的关系，而非都市农业的产出效益，多以色彩鲜艳、气味芳香、易于成活的植物在城市的居住区、办公园区、道路两侧、城市建筑等区域进行栽植，在美化城市空间的同时，侧重于可食地景所带来的人与自然的互动、休闲游憩功能。因此，可食地景是在城市经济得到充分发展之后，都市农业在功能定位、区位选择等方面精细化、社会化提升的另一种发展形态。

---

① ZEEUW H. Policy Measures to Facilitate Urban Agriculture and Unhance Urban Food Security [J]. Urban Agriculture Magazine，2003：9-11.

② 蔡建明，杨振山. 国际都市农业发展的经验及其借鉴[J]. 地理研究，2008，27(2)：362-374.

③ SMIT J，NASR J，RATTA A. Urban Agriculture：Food，Jobs，and Sustainable Cities[M]. New York：NY Press，1993.

④ 曹林奎. 都市农业概论[M]. 北京：中国农业出版社，2001(9)：2.

（二）生产性景观

“在当今的社会，快速的城市化进程造成生活环境的恶化，人们迫切需要一个生态自然环境，回归消失已久的田园风光。农业是人类和自然沟通的桥梁和纽带，不但具有生产功能还具有生态功能，可以考虑把农业元素加入城市景观中，希望以此回归自然的淳朴，这就产生了新的代名词——生产性景观”①。

为满足建设生态城市的需求，在城市高密度环境中适度发展生产性景观是解决城市环境问题的重要途径之一②。同以往相比，生产性景观的功用由原来的追求生产、满足生活需求，上升到减少对城市耕地、生产性用地的破坏，将侵占的生产用地演变为生产性景观用地的更高境界。在城市中适度地发展这种生产性景观，强调意识主动性，不仅在于发挥其经济作用，更重要的是试图保持生态平衡，推进城市景观循环系统的建立。

景观生态设计的意义在于：它既能弥补传统景观设计中的缺陷，又能加强对生态环境的保护与改造；在减少资源能源浪费的同时，又能营造适合当前社会和生态环境需求的生态景观③。国外生产性景观与国内生产性景观在生产性功能、景观观赏性功能方面具有一致性，人们在体验了生产性景观所提供的生产性功能的同时，也被其景观观赏性带来的视觉美感所吸引，生产性景观的出现给都市人带来了新的希望。

由此可知，生产性景观是由于生活的需要，人们在自然环境中有了生产劳动并因此产生了劳动成果的景观，包含了对自然资源的人为生产改造和加工，是具有产出性能的特殊景观④。生产性景观从文字层面理解为具备生产性的景观类型，是“生产”与“景观”两个词汇的组合。《说文解字》：“生，进也。象艸木生出土上……产，生也。从生，彦省声。”生产主要指从土地产出的万象物质。⑤ 2010 年第一期《景观设计学》杂志给出了生产性景观的定义，“生产性景观来源于生活和生产劳动，它融入了生产劳动和劳动成果，包含人对自然的生产改造（如农业生产）和对自然资源的再加工（工业生产），是一种有生命、有文化、能长期继承、有明显物质产出的景观”⑥，其“主要包括：种植业、林业、畜牧业及渔业所形成的农业景观以及具有生态产出（如调节微气候、净化空气、生态防护等）和能源产出（如水利等）功能性的景观”⑦。生产性景观是指在利用城市绿地改善城市环境的同时，为城市居民提供新鲜优质的生活产品，如稻米、蔬菜、花卉、鱼产品、药材等，扩充城市绿地系统生态服务功能的景观类型。生产性景观除了具有一般城市绿地所具备的休闲娱乐和改善环境的功能，还具备非常明显的功能性特征，主要体现在农产品供应、增加人与场地的互动和强化地方特征等方面⑧。

---

① 李月民．生产性景观在大学校园中的应用[D]．南京：南京工业大学，2012.

② 李阳．生产性景观在城市环境设计中的应用价值研究[J]．艺术与设计（理论），2012(4)：84-86.

③ 高锦忠．现代园林植物景观生态设计的可持续发展[J]．建材与装饰（中旬刊），2008(4)：154-155.

④ 耿苒．生产性景观在河道生态设计中的应用[D]．福州：福建师范大学，2014.

⑤ 张振兴．生产性景观设计研究——以重庆地区为例[D]．重庆：重庆大学，2015.

⑥ 《景观设计学》编辑部．生产性景观访谈[J]．景观设计学，2010(1).

⑦ 《景观设计学》编辑部．生产性景观认知调查问卷[J]．景观设计学，2010.

⑧ 甘德欣，罗军，陈琼琳，等．生产型景观在城市景观建设中的功能及应用原则[J]．湖南农业大学学报（自然科学版），2010(2)：144-147.

生产性景观设计在一定程度上削弱了城市发展带来的负面影响。一方面,将生产性景观引入城市,在满足市民娱乐与审美需求的同时,一定程度上减少了运输消耗和环境污染。另一方面,将田间劳作用于消遣和解压,是解决城市人"富贵病"的较好途径。此外,医疗环境中引入生产性景观,可以对患者重拾心理健康与精神交流起到辅助治疗作用。最后,生产性景观将人们对于网络的"情有独钟"转移到真实生活中来,引导人们在校园、在公园、在河道边开辟农业种植场所,亲近土地、探索自然奥秘,体验源于自然、融入自然的快乐。生产性景观与可食地景在生产性、地域性、生态性、经济性、参与性等方面是有一致性的。生产性景观是农、林、牧、渔方面的生产,而可食地景是依托于城市进行园林设计的景观形式。较之广义的生产性景观,可食地景经营范围较窄、种类较少,在植物选择上注重种植成本较低,并且易于管理的、粗放型经营的生产性作物,以适应当地的气候、水文、土壤、光照等特点,在不需要过多的人工处理的情况下减少后期维护成本。可食地景在此基础上更侧重于交往功能、生态功能和观赏功能,其实现城市居民之间的交往,是对当代城市社区关系的调节与活跃——通过建立私有空间与公共空间之间的绿色过渡空间,为城市居民提供交往的空间。总之,可食地景是广义生产性景观的都市可食植物分支。

(三)菜园

菜园(又称菜地),是种植蔬果的土地利用模式,与仅为审美目的而存在的花圃形成对照,它是蔬菜生长的一种小规模形式。一个传统菜园通常包括堆肥堆以及几个地块或土地的分割区,目的是在每个地块上种植一种或两种植物。在不同的土地分割区里,也可以将不同的蔬菜分排种植。随着对有机和可持续生活兴趣的增加,许多人开始将蔬菜种植作为他们家庭饮食的补充。在后院种植的食物几乎不消耗任何燃料来运输或维护,而且种植者可以确定到底是用什么来种植它的。有机园艺或有机种植越来越受现代家庭的欢迎[①]。"目前,家庭菜园在国内还只是停留在阳台种菜、屋顶角落种菜的简单模式上,其实在国外以及一些发达地区,家庭菜园已经非常普及,甚至在一些城市中,人们吃的蔬菜有一半是通过'私家菜园'供给"[②]。"家庭菜园在蔬菜食用、室内观赏、环境保护、调节气候、陶冶情操等诸多方面有很大优势,但因为城市家庭空间有限,家庭菜园的规模受到限制,而广阔的城市公共空间又为家庭菜园的延伸发展提供了无限可能"。

共享菜园,又可称为社区菜园,即在城市或农村地区,由一个居民团体共同管理的公共花园,允许外部人员进入。它旨在以打理菜园为载体,通过社交、文化、教育活动来发展和深化邻里之间的社交网络。共享菜园的实施一般需要遵守四项原则:参与者管理原则、目标多样化原则、激活社区氛围原则和尊重环境原则。其种类形式多样,通常有沿宅间步行道布置的狭长花圃、屋顶花园、集体所有的蔬菜园、科教花园等类型。社区菜园使居民们一起劳作,互相帮助,互相分享蔬菜、水果和种植经验,加深邻里交往,提高居民社区归属感,也有利于儿童的学习成长和丰富老年人的晚年生活。[③]

可食地景是菜园与花园的结合,选用可供食用的、颜色鲜艳的、易于成活的、植株形状多样的

---

① 资料来源:https://en.wikipedia.org/wiki/Kitchen_garden#cite_note-5。

② 赵鑫.家庭菜园的传统回归及可食地景的升级应用[J].现代园艺,2017(7):60.

③ 雷爽.共享菜园提升国内社区生活质量可行性研究[C]//中国城市规划学会,成都市人民政府.面向高质量发展的空间治理——2020中国城市规划年会论文集.北京:中国建筑工业出版社,2021.

植物或蔬菜进行种植，是用园艺设计的方法对菜园用地的设计和应用，可在更高层次上满足城市居民的观赏需求、互动需求和交往需求。

（四）生态农业

人类从事农业生产已有10000多年的历史，农业经历了原始农业、传统农业和现代农业的发展历程，农业的发展支撑着人类的延续和人类文明的发展。而在现代农业的发展阶段，"即'石油农业'阶段之后，资源破坏、环境污染、人口膨胀、粮食紧张、能源短缺已构成全球性的生态危机，使农业的发展陷入新的困境"[①]，为了摆脱这种困境，农业发展在注重产出性的同时转向生态农业的发展。英国工业学家Worthington将生态农业明确定义为"生态上能自我维持，低输入，经济上有生命，在环境、伦理和审美方面可接受的小型农业"[②]。Wenhua指出生态农业以生物组分为中心，是一个复合的生物—社会—经济系统，管理的最终目标是寻求整个系统的综合效益[③]。李太平等从生态学和经济学原理的层面对生态农业进行界定，认为所谓生态农业就是从系统论思想出发，按照生态学与经济学原理，运用现代科学技术成果和管理手段以及传统农业的有效经验建立起来的，以期获得最佳经济效益、生态效益和社会效益的现代化农业发展模式。简要地说，生态农业就是遵循生态经济学规律进行生产、经营和管理的集约化农业体系。生态农业要求在宏观上协调生态经济系统结构，协调生态、经济、技术之间的关系，促进生态经济系统的稳定、有序、协调发展，建立宏观的生态经济动态平衡。要求在微观上做到多层次物质循环和综合利用，提高其能量转换与物质循环效率，建立微观的生态经济相对平衡。生态农业一方面要求以较少的物质投入提供品种多样、质量较高的农副产品，另一方面强调保护自然资源，不断增加可再生资源量，提高环境质量，为人类提供良好的生活环境，为农业的稳定持续发展创造条件[④]。生态农业是一种农业景观，"农业"就是种植作物和饲养牲畜的生产活动[⑤]。《现代汉语词典》中对"农业"的定义为：栽培农作物和饲养牲畜的生产事业。"农村"主要是指与农业紧密联系、地域上以农业生产为主体和农民聚居的场所[⑥]。国内外文献中与农业景观相关的词汇有"田园农业""观光农业""农村旅游""体验农业""观赏农业""观尝农业"等十余种，所指的区域是城市之外，并以农业和农村为载体。结合俞孔坚、王仰麟、韩荡、郑文俊等专家的观点，可以认为"农业景观是在第一自然（天然景观）的基础之上，经历人们长期的农业生产活动的改造而形成，是复杂的自然、人文过程，是人类价值在土地上的显现，是人与自然共荣的第二自然"。

生态农业主要是在生态经济学、系统工程学、现代管理学和现代农业理论指导下，优化配置土地空间、生物资源、现代技术和实践序列，以适度规模建立与环境相适宜的多业并举的复合生产系统，促进系统结构优化、功能完善、效益持续，最终形成区域化布局、基地化建设、专业化生产，并建立产供销一条龙、农工商一体化的多层面链式复合农业产业经营体系。生态农业强调农

---

① 胡人荣，余长义．我国生态农业发展现状与展望[J]．中国生态农业学报，2000，8(3)：95-98．

② 阎成．中国生态农业建设成就与发展[J]．农业环境保护，1997(1)：32-34．

③ WENHUA L，QINGWEN M. Integrated Farming Systems：An Important Approach Toward Sustainable Agriculture in China [J]. AMBIO，1999，28(8)：655-662.

④ 李太平，桑闰生，马万明．论生态农业的发展[J]．中国农史，2011，30(2)：122-128．

⑤ 王恩涌．文化地理学导论：人，地，文化[M]．北京：高等教育出版社，1989：12．

⑥ 陈威．景观新农村：乡村景观规划理论与方法[M]．北京：中国电力出版社，2007：21．

业的生态本质、强调生产系统的良性循环、强调生态化和科学化的统一，是以多资源利用为基础的综合农业产业化经营体系。[①]

由此可见，生态农业在乡村或城郊农业发展过程中，关注生态环境的保护及农业可持续发展，结合现代科学技术以及管理模式和运营模式的发展，其主要是农业的生态生产，在注重产出效益的同时重视农业生产的生态环境效益。可食地景是生态农业发展的更高阶段，是在生态农业发展的基础上，聚焦于城市和城市郊区，将农业与城市融合，是农业的可食用植物在城市办公区、居住区等场所的应用，可食地景是生态农业在作物种类、作物种植范围、种植及经营模式方面的精细化。

（五）社区花园

社区花园一词最早出现在第一次世界大战时，最初是指集体培育花园[②]。美国社区园艺联合会给出的定义是："只要有一群人共同从事园艺活动，任何一块土地都可以成为社区花园，它可以在城市，在郊区或者在乡村。它可以培育花卉或蔬菜。它可以是一个公共的地块，也可以是许多个人的份地。它可以在学校、医院或者街道，甚至在公园。它也可以是一系列用于'都市农业'的份地，其产品供应市场。"美国社区园艺联合会给出的定义主要是人对植物种植的参与，其定义过于宽泛，而我们认为的社区花园是"城市绿色空间的一种形式，提供多种环境、社会、经济和健康利益"[③]。"社区花园的设计因社区社会文化背景和参与者不同而呈现高度多样性"，正是由于社区花园所呈现出来的多样性，"为社区居民提供了共同劳作、分享果实的空间，对于促进社会相互交往，为各年龄各阶层的人士尤其是少年儿童提供环境教育机会，培养公民可持续发展及生态意识，增加传播花粉的昆虫的种类和数量，维持城市生物多样性等具有积极的作用"[④]。社区花园最重要的特点是为城市居民提供了亲自参与种植蔬菜、花卉等的场所，通过亲近土地，参与劳作和管理，对维护城市生物多样性、推进民主化和增强社区凝聚力都有积极作用。

可食地景与社区花园相伴而生，从早期保障食品供应的基本诉求，到后来随着社会发展折射的人们对食品安全、可持续发展、公共空间的忧思等，两者都不可或缺。两者的融合发展也体现出社区花园的社会、文化、生态环境等多元属性，也为社区花园的发展提供了多方向的可能。可食地景与社区花园有重叠的范畴，如社区花园可包含可食植物，而可食地景不仅可以分布在社区花园，亦可分布在公园、校园、公共建筑及城市道路两旁地域。

（六）疗养花园

疗养花园或称为康复花园、康健花园、康复医疗花园或医疗花园，是近30年来开始兴起于美国的一类园林形式。埃克灵对疗养花园进行了定义："一个旨在让人们感觉更好的疗愈环境中的

---

① 邓玉林. 论生态农业的内涵和产业尺度[J]. 农业现代化研究，2002，23(1)：38-40.

② 王晓洁，严国泰. 城镇化背景下社区花园管理初探[C]//中国风景园林学会. 中国风景园林学会2014年会论文集(下册). 北京：中国建筑工业出版社，2014：369-371.

③ HOU J，JOHNSON J，LAWSON L. Greening Cities，Growing Communities[M]. Seattle：University of Washington Press，2010.

④ CLARK L W，JENERTTE G D. Biodiversity and Direct Ecosystem Service Regulation in the Community Gardens of Los Angeles，CA[J]. Landscape Ecology，2015，30(4)：637-653.

花园。”罗杰·乌尔里希提出，疗养花园应该有相当数量的绿色植物、花、水，通过观察自然景物或者元素，可以唤起人类的积极情绪，减少负面情绪，有效保持注意力集中和对外界事物的兴趣，阻止或者减少紧张的想法，能为大多数的使用者提供治疗或助益。因此，疗养花园是一种通过自然景观及人文景观，以康复为目的，让人有安全感，缓解压力，甚至能够受到激励和鼓舞，从而对人们身心健康提供助益的户外空间。

疗养花园按照使用对象可以分为两大类。一是针对病患或残疾者的康复花园：①综合医院、专科医院等医疗机构的附属花园，花园的主要特点是讲求医疗效率，综合了各种使用者的特殊要求，提供不同的场所供不同人群使用，花园也给使用者提供心理上的保护感，比较注重场所的自然条件以及小气候的营造；②自然风景疗养区及疗养院、康复中心等疗养机构中的花园，适宜的景观环境和景观小品，能够帮助人们缓解压力和抒发情感，能够增强人们对生活的兴趣，重新明确生活目标，改善人们的心理和精神状态。二是针对健康或亚健康人群的疗养花园：①感官花园，利用感官刺激来改善人们感觉压力大、悲伤等消极的情绪；②纪念花园，有抚慰人们悲伤情绪的功效；③居住区或别墅庭院中用于锻炼、园艺操作等活动的花园及开敞空间。[①]

绿色开放空间带来的生理、心理、社会健康作用，在治疗慢性病和精神疾病时起到疗愈的作用。疗愈花园、花园城市、社区营造等在景观设计实践中多有体现。[②]

康复景观是一个发展和扩充的概念，因为在与其他学科交叉研究的过程中，学者对“康复景观”一词有不同的理解，国内在研究初期产生了大量定义，如“医疗花园”“疗愈花园”“益康花园”等，但其本质都是通过空间营造来进行身体与心灵的康复。国内对康复景观前期的研究集中在介绍国外康复景观的理论成果，并展望国内本土的运用，研究学者以风景园林专业背景为主。张文英等和杨欢等提出运用传统养生文化，推行中国特色的康复景观模式；赵晶等从中国古典园林中提炼空间营造手法，探讨建设时代特色的现代医院康复景观；雷艳华等综述国内外康复花园的概念与类型，分析其发展及研究现状，提出我国康复花园的研究发展建议；郭庭鸿等基于循证设计方法论，探讨康复景观的循证设计过程。近年来，也有学者从空间组成上探讨影响康复景观的设计要素和因子。余茜等分析案例和文献以总结康复景观设计元素；王哲等提出在环境规划、空间和细节设计各个阶段都需布置景观疗愈因子，提升我国医疗环境的质量。[③]

（七）社区支持农业

社区支持农业是指一群消费者共同支持农场运作的生产模式，消费者提前支付预订款，农场向其供应安全的农产品，从而实现生产者和消费者风险共担、利益共享的合作模式[④]。其作为“有机农业中的一种模式，很好地秉承了环保农业的理念，同时与传统有机农业和生态农业相比，它将农民与城市居民联系起来，拉近了城市与乡村的距离”[⑤]。它不仅可满足当代社会的粮食安全

---

① 雷瑜，钱雪瑶，彭璇等．景观里的治愈系——疗养花园设计初探[C]//中国城市规划学会，杭州市人民政府．共享与品质——2018 中国城市规划年会论文集．北京：中国建筑工业出版社，2018．

② 孟丹诚，徐磊青．疗愈建筑与疗愈环境的回顾及展望——基于文献计量分析方法[J]．建筑学报，2022，25(S1)：170-178．

③ 赖文波，蒋璐韩，谢超，等．健康中国视角下我国医院景观研究进展——基于 CITESPACE 的可视化分析[J]．城市发展研究，2021，28(04)：114-124．

④ 李良涛，王文惠，王忠义，等．日本和美国社区支持型农业的发展及其启示[J]．中国农学通报，2012，28(2)：97-102．

⑤ 马加强，丁宁，白忠荣，等．社区支持农业的起源·发展与运营模式[J]．安徽农业科学，2016，44(16)：240-244．

需求，实现消费者和生产者之间的直接沟通，还能够促进城乡之间的交往。社区支持农业采用以营利为主要导向而向城市居民提供服务的模式，以满足城市居民对食品安全的需求，拉近乡村与城市之间的距离，实现城市居民与乡村居民之间的互哺。而可食地景是以拉动城市居民之间的交往为导向，以可食植物的景观空间为媒介，通过城市居民的参与式劳作，促进人与人的交往及居民身心健康。此外，与社区支持农业不同的是，可食地景多以公益性、非营利式的景观设计模式为主导。

第三节　可食地景的价值

可食地景作为生产性和观赏性相结合的景观形式，一方面能满足城市绿地系统的功能需求，为城市居民提供生态的绿化空间；另一方面，是居民亲近自然、认识自然的桥梁，为居民提供休闲娱乐的场所。可食地景在城市园林景观设计中的应用，除具有传统景观的观赏性价值外，还具有经济、社会、生态等方面的价值。

一、观赏价值

可食地景并非是简单地种地，区别于传统单一性的景观园林形式，可食地景是对农作物进行艺术化的景观设计，“充分利用农作物的形体、色彩和气味等元素创造景观，使农业也拥有景观艺术的美感，与常规的绿化植被相比较，形成一种富有特色的景观”①。农作物的生长经历幼苗、成株、成熟、收获的不同阶段，其生长形态、颜色等的变化直接影响着景观空间，不同的生长阶段带给居民不一样的感受。作物在幼苗阶段，受其生长形态的限制，作物与作物之间空间较大，带给人空旷感，嫩绿的颜色展现出盎然生机；随着作物的不断生长、植株枝叶的繁茂，形成了具有层次感的景观空间，使景观空间更加丰富；作物生长至开花结果的阶段，其花果及颜色变化使景观空间充满季节气息，增添了城市的活力。伴随植物生长不断变化的景观空间，体现出丰产的美，避免居民对传统单一景观产生审美疲劳，带给居民新鲜感。同时，在种植过程中使用农具的趣味性、作物收获时的满足感，增加了可食地景对大众居民的吸引力。

二、经济价值

可食地景区别于传统园林造景形式，在植物设计素材方面以可食用的具有产出性的农作物为主，在作为景观形式的同时也能带来作物的产出，具有明显的经济效益。

首先，可食地景能使建筑物增值，产生直接的经济效益。可食地景的营造，一方面增加了建筑区绿化面积，为居民提供休憩、娱乐的场所，宜居的环境使开发商能以较高的价格出售商铺或住宅；另一方面，幽静闲适的环境让游客流连忘返，增加建筑区人流量，带动整个区域商业的发

① 王远石，周建华. 可食用景观在居住区中的应用[J]. 西南师范大学学报（自然科学版），2017，42(1)：109-114.

展，给开发商带来直观的经济效益。以开创中国极小别墅先河的绿城集团桃李春风项目为例，以朴门可食地景设计理念建造住宅区，为绿城集团带来上亿的经济效益。可食地景的应用已经不仅是一种景观设计，还在改善城市环境、进行社区营造、产生经济价值等方面发挥重大作用。

其次，可食地景能够提供有机花卉、蔬菜、瓜果，带来直观的经济效益。一方面，快速的城市化使大量人口向城市聚集，城市脱离传统农业的生产，长途的粮食运输增加粮食成本，城市物价较高，粮食短缺问题成为当今人类面临的主要问题；另一方面，食品安全问题激发了居民对绿色有机食品的需求。近年来，毒韭菜、毒豆芽、染色紫菜、激素草莓等食品安全问题成为大众关注的热点，居民不仅对食品加工过程产生怀疑，也质疑基本食品——蔬菜、水果等的安全性。居民对食品安全的需求为可食地景的发展带来机遇，越来越多的居民参与到食品生产和加工的过程，居民通过自种蔬果的方式，即食即摘，在满足食品安全需求的同时，能降低食物运送里程、降低农作物的运输和仓储成本、节约生活成本，同时通过“高质量农产品的生产、加工、销售，提高居民生活水平和收入”[①]。

最后，居民的参与降低了景观建造和维护的成本。园林景观的建造以及后期维护过程要投入大量的人力，需要支付雇用人员的工资费用，居民在作物的种植、后期的修缮管理方面的加入，在一定程度上节约了人力资源，同时植物产出带来的收益亦能补偿雇用工人的工资费用，节约景观建造和维护的成本。

三、社会价值

可食地景是参与性的现代都市景观园艺形式，在传统的景观空间中，游人多是被动的（无意识的）景观接受，多以观光游览为主，与景观的互动无法展开，而在可食地景营造的园林或“场”中，大部分植物是农作物，需要人在自然条件下，以劳动的形式加入互动，人们不仅在景观营造的空间中欣赏景观，同时在景观空间中参与劳作，以劳作收获的形式放松身心。“人们在参与的同时感受生命周期，从植物的发芽到开花再到结果，人们所要参与的活动是不同的，因此不再是单一的内容，这就更增加了劳动的乐趣。同时人在参与的同时也成为景观的一部分，由此从被动变为主动，也是人尊重自然、热爱自然、与自然和谐相处的充分体现”[②]。园艺景观空间中的劳动并非是严格意义上的体力劳动，而是一种自娱自乐的锻炼形式。可食地景不再是只能“看上一眼”的欣赏性花园，而是人与环境、人与自然之间的交往空间，使城市空间充满活力，拉近人与人、人与自然之间的关系。同时可食地景能够满足不同年龄阶段的人类的需求。对于退休的老人，可食地景是其通过集群活动和外界交流、消除孤独的手段之一；对于朝九晚五的上班族而言，与自然田园的亲近是消除疲劳、缓解工作压力的方式；对于远离田园的青少年而言，空旷、新异的景观环境是天然乐园，可在景观中释放儿童天性。同时，可食地景在园林设计中的应用，具有社会教育的广泛意义。一方面，“农作物生长周期的变化有较为准确的时间，这对于人们感知生命变化与内涵有着重要的作用”[③]，直接的景观生产实践使人们不再停留于理论上的认知，通过亲身感

① 贺丽洁，方智果．都市农业在绿色住区中的发展策略研究［J］．国际城市规划，2017，32（3）：76-82．

② 李阳．生产性景观在城市环境设计中的应用价值研究［J］．艺术与设计（理论），2012（4）：84-86．

③ 李阳．生产性景观在城市环境设计中的应用价值研究［J］．艺术与设计（理论），2012（4）：84-86．

受，领悟真谛；另一方面，生活在城市中的孩子很少接触农业工具，青少年与可食地景互动，不仅能体验中国传统农耕文明和接受自然教育，而且能培养吃苦耐劳、尊重自然、爱护自然的良好道德品质。

四、生态价值

可食地景作为景观形式，本身具有传统园林景观所具有的生态价值，一方面，在营造城市宜居环境、增加城市绿化率、调节城市微气候、缓解城市热岛效应、增加城市空气湿度方面发挥作用；另一方面，与传统园林景观相比，可食地景的出现和发展，为现代化都市农业的发展和自然环境的改善提供良好平台，是解决城市用地与绿化用地之间、丰富景观园林形式与发展经济之间矛盾的途径之一，在减少环境污染、丰富城市生态多样性等方面发挥作用。食品安全是现代都市居民关注的热点问题之一，因此，居民在参与可食地景营造的过程中，出于健康、节约、环保的原则，多采取无污染、无公害、无农药的种植方式，使种植场所成为一个绿色健康的生态系统，在一定程度上缓解了农业生产对自然环境的污染，同时即食即摘的使用模式缩减了“食物里程”，减少了食物运输、仓储过程中资源的损耗以及碳的排放。另外，“当可食用的作物处于生态食物链中，伴随着可食用作物的成熟，会招来昆虫、鸟类及其他生物”[①]，从而形成一个小而完整的生物链系统，使城市景观与自然化、乡村化的生态环境融合。

五、教育价值

可更多利用可食地景的独特性来展现与众不同的景观，增强游客的可参与性，并起到乡土科普教育作用。由于空间的差异，城市居民与农业生产、田园生活存在距离感和陌生感。城市中可食地景的多样运用能够让城市居民从田园生产的旁观者变成感知者、参与者，建立城市居民与自然生态的新关系，特别是对青少年可以起到至关重要的科普教育作用。[②]

六、文化价值

结合文化特色，著名的景观设计师劳伦斯·哈普林（Lawrence Halprin）曾说：“设计师在向自然学习如何种植的同时，更应该从当地的环境中获取灵感进行设计。”可食地景作为农耕文化的载体，具有独特的自然和人文基因，它诉说着农业社会以来人与土地的密切联系，具有景观和文化的双重价值。可食地景在进入城市后，需要将当地原有的独特农业文化提取与表现出来，结合地域文化进行设计，如江西永新村将可食地景与地方非物质文化遗产相结合，设置稻田剧场，成为大地和人的联结之所。城市景观如果以可食地景为主角，在设计时凸显浓郁的田园风情，将会更受欢迎。以可食地景为载体的农业景观同样具有叙事性特征，需要向游人娓娓道来它的意义和文化内涵等。常见的可食地景有的以特殊造型为主题，通过常规作物的景观造型设计营造节

---

① 李鑫锁.生产性景观应用于上海城市绿地的设计研究[D].上海：东华大学，2013.

② 刘宁京，郭恒.回归田园——城市绿地规划视角下的可食地景[J].风景园林，2017(09)：23-28.

点。如使用彩色作物构建田园艺术画，用大尺度的大地景观给人以视觉上的震撼；以作物生产为主题，种植大面积的五谷杂粮，营造广阔的肌理视觉空间感受，使人们沉浸式地感受田园风光；以油料加工为主题，使用油菜、花生、向日葵等油料作物进行油脂的提炼，向人们展示农产品加工制备的过程，具有新鲜感。同时在种植设计中，规则式的排列使作物显得整齐划一，曲线式排列使景观生动且富有美感，而自然式的随机布局可以让可食地景充满趣味。应当根据不同的主题选择相应的排布方式，营造丰富多样的景观。①

第四节　可食地景的功能

一、拉动城市的农业经济发展

1. 农业产业直接经济效益的增长

可食地景产出粮食和果蔬等一系列的过程都在一定程度上改变了传统农业耕作的被动形式，使人们以新的农业生产方式自给自足，同时推动城市农业产品和景观环境的更新及现代农业产业经济的发展，进而保证城市经济体系的稳定，以此来刺激和强化可持续的城市食品安全保障体系及农业产业发展，并拉动城市直接经济效益的增长。

2. 农业产业间接经济效益的体现

搭配种植以及有效利用可带来一定数量的可食农产品与具有良好观赏效果的各种乡土植物，在食物生产过程和运输过程中能适当减少各种资源耗损，使食品不论是从生产到加工，还是从运输到销售，都串联成一个全新的链条，形成便捷和现代化的农业经济系统。快捷便利又美观享受的产品生产过程自然就会吸引更多城市居民对这种特殊的生产模式、景观模式产生兴趣和关注，继而将其由过去单调、耗时、耗能的旧有农业经济发展模式，转变为可供全民参与的，多方式、低消耗的现代化农业经济发展模式，最终提升农业产业的间接经济效益，推动国民经济发展。

3. 合理利用土地空间的经济回报

随着城市可用土地资源的减少，如何高效利用土地成为一个迫切问题，可食地景的优势便逐渐凸显出来。它利用零散土地在满足景观需求的同时，也满足城市的物质需求，提高土地利用价值，降低食物运输、销售和包装成本，进而增加经济效益。可食地景高效利用土地资源，从有限的土地空间挖掘更大的空间使用潜力，更大限度地发挥土地的价值，使用闲置地或碎片化区域产出粮食作物和果蔬，适度满足附近居民的日常生活需求。和以往的土地利用模式不同，可食地景确实可帮助居民实现使用身边土地自由耕作的愿望。无论土地面积大小，只要人们充分利用，就可在满足自身需求的同时，为食品供求市场贡献部分力量，适度调整供求关系，缓解土地使用压力，实现土地利用价值最大化，收获居民力所能及的土地经济回报。

---

① 沈姗姗，黄胜孟，杨凡，等. 回归自然的都市田园——浅析可食地景在城市景观中的应用[C]//中国风景园林学会. 中国风景园林学会 2019 年会论文集(下册). 北京：中国建筑工业出版社，2019：311-318.

二、促进社会的和谐发展

1. 有益城市居民身心健康

可食地景对于参与者的健康大有裨益，主要体现在身心两个方面。首先，不论是哪种类型的可食地景，均能为人们提供一个在生活中参与农耕劳动和锻炼的机会，长此以往，必然增强人们的身体素质并改善其身体状况。与此同时，也正因为是自己亲手种植的作物，并尽可能地保证劳作过程的科学性与规范性，无形中也就增强了产出食品的质量，保证了食用者的食用安全。此外，又因可食地景具有较强的观赏性，会为城市人的工作和生活减压，帮助其排解不良情绪，保持轻松的心情和舒缓的精神状态，可谓一举两得。长此以往，便可大幅提高城市居民的身心健康水平，进而提升城市幸福指数，打造符合城市特色的整体精神风貌。

2. 缓解城市压力，保障城市稳定

如果尝试利用身边的土地自己动手生产日常所需食物，或购买当地生产的产品，都会不同程度地减缓环境能源消耗压力。可食地景从种植养护到产出的全过程均需要人力参与，需要投入大量人力和物力资源，这也为城市打开了多种工作岗位的缺口，为城市居民提供更多工作机会，也适度缓解了城市的就业压力，减小了社会负担，有利于保持社会就业的整体稳定。

3. 宣扬新型景观理念，推动生态建设

可食地景的发展，为人们提供了一个可以理解更适于现代化城市农业产业发展和自然生态改善的新型景观模式的珍贵机会，使人们开始思考城市究竟需要什么样的植物景观，如何才能有效缓解社会经济发展与自然环境之间日益严重的冲突及矛盾。同时，可食地景在切实取得明显经济和生态效益的基础上，也为人们提供了许多机会参与劳作过程，从而亲近、了解并感受身边随处可见的植物景观，继而帮助人真正从内心接受、理解并认同这种全新的景观设计理念。而认可该理念的人们也会更加用心地参与到创造和延续可食地景的各种活动中，这无疑会形成城市居民与可食地景之间、经济发展与生态保护之间和谐发展的良性循环。

三、改善城市的生态环境

1. 可食地景产出模式减少了环境污染

可食地景由于其相对特殊的生产地点和种植方式，与传统农业生产方式相比，具有许多优点。由于可食地景多数是城市居民自行设计和维护的，景观产出的销售和食用过程又牵涉整个城市居民的食品安全问题。所以，人们试图对这种特殊景观模式从设计到建造再到产出的全过程都遵循无污染、无公害和无浪费的基本准则，这或许能减少生产环境污染状况的发生，保证城市食品的安全性和有机性，保护人们的身体健康。生产时有效减少废物和有害物质的制造，充分利用有机堆肥替代各种农药等多种环保耕作手段和工艺都可减少产出过程中的环境污染。如对生物垃圾和生活废料，应用先进技术，将其加工成有益于景观建设的材料或肥料，用以改良城市土壤、增强土壤透气性和保水性及其肥力，为植物提供丰富营养等方式均是可行的。

2. 可食地景设计丰富了城市景观类型

可食地景是一种特殊的绿地系统，它是一种食用、观赏两不误的景观类型，在有效拉动城市农业经济发展的同时，也带给城市居民不同以往的感官享受和亲身体验。这种景观类型可从身边的小场地入手，逐渐扩展到整个城市环境，从都市农业产品生产销售到人居环境品质提升，再到城市居民精神生活满足，最终完成景观创新和可持续发展。

3. 可食地景建设保持了城市生态多样性和稳定性

满足最基本的衣、食、住、行需求曾是我国人民生存的基本要求，因此，在当时人们对于经济发展的重视要远胜于对自然的关注。随着生活水平的不断提升，城市居民对自己生活的环境也有了更多追求，如何能在不破坏环境的同时保持经济和社会的正常运转，甚至是将其变得更美好、更适于人类生存，慢慢成为人们关注的焦点。站在城市社会发展的重要转折点，丰富和保持城市生态多样性及生态发展稳定性就显得尤为重要了。可食地景的建设就是一种可有效利用的生态建设途径。根据城市气候和地域特点，因地制宜地选取植物品种，对既有观赏性又可食用的植物与观赏类的植物进行恰当的设计，营造小生境，形成观赏性极佳的景观效果，美化城市居住生态环境的同时，也增加植物多样性，甚至可稳定区域内的景观生态系统，创造出全新的、和谐的小型生物群落，并使其健康地延续下去，这对城市居民的物质生活和精神生活都有积极的影响，有利于城市生态的多样性和稳定性发展。

第五节　可食地景的类型

中国目前所面临的环境和资源形势需要城市景观从纯粹美化设施转型为绿色基础设施，可食地景作为绿色基础设施的一部分，是符合时代需要的景观实践方式。

可食地景区别于传统园艺的单一观赏性，回归了土地原有的物质产出功能，不仅将植物生产重新植入人们的生活，更为居民提供自然馈赠的生活资料，诸如蔬菜、瓜果、药材等。在中国城市发展从增量扩展向存量优化的转型中，可食地景可以充分利用城市中各类开放空间与绿地，发挥其作为绿色基础设施的多样功能，因而，可食地景不仅可以应用于大面积的城市近郊，亦可利用城市中的间隙地、闲置地、荒废地，弹性地与城市功能单元结合，在所营造的城市景观中形成“景中之景”，其可赏可食的独特魅力对城市居民有着较强的吸引力。本书以其占地规模和空间尺度、景观特点、植物种植类型、功能单元为依据，将可食地景分为如下几种。

一、按占地规模和空间尺度分类

1. 大型可食地景

大型可食地景以农作物生产为主，同时兼具生态建设、观赏游览和经济产出的功能。大型可食地景尤其注重生态系统的整体性与稳定性，以“统一、协调”为原则，植物配置分明。其应用形式有可食农场、教育农园、农家庄园等。大型可食地景一般位于城郊地区，交通较为便利，以供城市居民周末或假期体验乡土农乐。可食农场一般以租赁的方式向城市居民提供农耕乐趣体验，是大规模的小块经营模式——农场分区租赁；教育农园是“兼具农业生产和科普教育功能的经营形态”①；农家庄园则是集餐饮、农作、观光于一体的建造模式，向游客提供采摘、垂钓、餐饮等休闲形式，同时亦可提供农舍或乡村民宿供游客留宿。

2. 中型可食地景

中型可食地景主要包括近郊农业观光园、公园、广场以及整条街道的可食地景。中型可食地景多为城市居民休闲游憩的场所，分布于城市中心区以及城乡结合区之中，其设计协调于整体城市环境，营造自然生态的景观形式，因此在视觉效果上对植物的种类、植物形态以及花叶颜色有严格的要求，并以乡土植物为主，在不破坏整体环境的基础上，仿照自然生态系统构建整体景观。其应用形式主要有城市可食地景公园、观光可食地景街道、可食地景广场等。

3. 微型可食地景

微型可食地景主要是在建筑户外隙地、地下灰色空间、屋顶、阳台等空间进行可食景观设计，兼具食用性与观赏性的功能，以选择抗性植物为主。微型可食地景是实现美化城市、提高城市空间利用率的居民直接参与的景观设计形式。尤其是对居住建筑的户外隙地，居民可根据土壤、温度、干湿、气候等因素进行景观协同建造，需重点考虑高空承重、给排水与防水等限制因素。

二、按景观特点分类

1. 农业景观

农业景观作为一种大地艺术的景观类型，也是现代社会发展影响下产生的一个新概念。曾经的农业景观在人们眼中是随处可见、毫无新意的，所以人们总是习惯性忽略它们。但殊不知，农业不仅是一种生产对象，也是一种审美对象，可为人们带来许多的感官享受。农业景观是一种以农业为主，尤其是以农作物为主的生产性景观，具有良好的景观效果、浓郁的农耕文化意蕴，以及现代田园生活的理念，可以说是可食地景中不可缺少的一种典型类型。我国云南元阳哈尼族整齐且壮观的梯田景观就是极好的例子。

2. 可食树木、花卉景观

可食树木和花卉景观，是可食地景中由植物材料类别区分的最常见的一种景观形式。许多常见的果木和花卉都可被人们应用在其中，与其他纯观赏性植物结合设置，组成各种风格的可食地景。它在不同性质的场地均能发挥观赏和使用的双重价值，值得重视。

3. 可食水田景观

可食水田景观是指由可食用的水生植物组成的景观，稻田景观是人们最常见的一种类型。在水中成片生长的植物从始至终体现的是一个动态过程，其季节性的栽植、生长和收割都完美地体现出水田景观每个阶段的变化。它们在突出水生植物不同于陆生植物的独特景观风格的同时，最终也产出丰富的水生产品作物，丰富了农产品的种类和数量，提升了农业经济发展动力。

---

① 郑文婧，郭丽. 成都市可食用景观的发展现状研究[C]//中国风景园林学会. 中国风景园林学会 2015 年会论文集. 北京：中国建筑工业出版社，2015：468-472.

4. 可食菌类景观

食用菌是可供人类食用的大型真菌，包括香菇、草菇、木耳、银耳、猴头菇、竹荪、口蘑、红菇和牛肝菌等。20 世纪 80 年代中期，食用菌栽培作为一项投资小、周期短、见效快的致富项目在中国迅速发展，其产品更是一度供不应求，价格不菲。食用菌是一类有机、营养、保健的绿色食品，同时也是形成可食菌类景观的基本原料。发展既供观赏又供食用的食用菌菇的种植及加工业，既符合人们消费增长和城市农业可持续发展的需要，又在丰富可食地景类型的同时，提升和美化了城市景观环境，可谓真正的集城市经济效益、社会效益和生态效益于一体。①

三、按植物种植类型分类

1. 粮食作物类

食物自给自足是一个国家可持续发展的基础，也是农业经济稳定的前提，更是人类健康生活的良好保障。在城市中适时发展自给自足的新型农业是现今城市农业经济发展的重要手段。其中，粮食作物就是一类以收获成熟果实为目的，经去壳、碾磨等加工程序而成为人类基本食物的作物，它们是农业栽培植物种类中作为人类基本食物来源之一的重要类别，又可称食用作物，具体由稻谷、大麦、玉米、高粱等谷类作物，甘薯、马铃薯、木薯等薯类作物和大豆、豌豆、绿豆、小豆等豆类作物组合而成。由于粮食作物含有丰富的淀粉、蛋白质、脂肪及维生素，而种子含水量却较少，比蔬菜或水果更易贮存，因此很久以前人们便开始栽培它们，以满足人们的生存需要，使得它们成为多数国家农业的基础和最基本的农业经济收益来源。一些具有特殊景观效果的粮食农作物，通过借助特定景观设计方法或与其他可食用植物及观赏植物搭配种植，也能打造出美丽的田园景观。

2. 观赏蔬菜类

观赏蔬菜是可食用又可观赏的新型多功能蔬菜的总称，它集食用、观赏和美化于一体，在农业栽培植物中属于经济作物的一种。20 世纪 30 年代，日本和欧美国家都开始研究观光农业和开发观赏蔬菜。20 世纪 90 年代，中国也开始在北京和上海等地发展观光农业，观赏蔬菜的概念随即被引入。它们不仅作为佐餐食物，也适用于室内外环境布置、美化景观，丰富人们的文化生活。在景观设计中，尤其是可食地景设计中，如能对其加以利用，更可带来可观的农业经济效益。“观赏蔬菜指的是一些形状奇特或植株株形优雅，具观赏价值且植株相对较小，集食用、观赏、美化于一体的新型多功能蔬菜，如红叶甜菜、羽衣甘蓝、紫菜苔、艾叶、欧芹、茼蒿等，在可食地景设计中，不但可以美化环境，还可带来一定的农业经济效益”②。

3. 观赏果木、花卉类

观赏果木和花卉就是依托现有植物体系，能有效增加园林植物多样性和景观持续性，既有良好生态效益，又产生经济价值的树木和花卉，它们一般具有观赏性好、观赏期长和维护成本低的特点。但其中稀缺的食用品种种植量较少。如今，日趋严重的环境污染使人们回归自然的愿望

---

① 任栩辉，刘青林. 可食景观的功能与发展[J]. 现代园林，2015，12(10)：737-746.

② 蒋爱萍，刘连海. 可食地景在园林景观中的应用[J]. 林业与环境科学，2016，32(3)：98-103.

日渐强烈，与在公共绿地见到的观赏性极佳的植物品种相比，人们更喜欢在自家花园中培育出“两用式”甚至“多用式”植物，他们不再需要使用化学药品维护植物观赏价值，而采用绿色、有机、生态的方式种植多种类的可食用植物，保证植物观赏性的同时也将营养和健康吃进腹中，越来越多果木和食用花卉的营养价值也陆续被人们发现和认可。至此，食用果木和花卉开始被频繁应用在现代城市景观环境建设与农业经济发展过程中，它们的存在正慢慢成为现代田园城市的独特象征，配菜花园、可食花卉园等一些观赏和食用两不误的可食地景模式受到人们的重视，开发和广泛利用果木、可食花卉的前景广阔。

目前可食用的瓜果类和花卉类植物等在城市景观建设中的应用日趋广泛，如杧果、柿、无花果、桑、枇杷、石榴、阳桃等。有的果树已经成为部分城市景观的代表，如以椰子树作为行道树，已成为海南省的标志性景观。城市公园中的花架也可利用可食用的藤本类瓜果植物设计成独具特色的瓜果廊，如葡萄等。还有茉莉、玫瑰和桂花等观赏性极佳的花卉，与传统制茶工艺结合，形成极具中国特色的花果茶。

4. 可食药草类

广义来讲，可食药草是指根、茎、叶、花、果实等含有特殊成分，可供人类食用的植物，一般都具备治疗疾病、强身保健等多种医疗功效。人类对药用植物的利用可追溯到 6000 年以前，药用植物与园林景观具有深厚的历史渊源。在中国，中医的历史悠久，许多书中记载的中草药都是被人们所熟知的芳香植物，因此芳香可食植物具有养生保健的作用也是有据可循的。如神香草有健胃、降压的功效，藿香有解暑化湿的作用，果香菊有发汗解表、祛风止痉功效，大叶铁线莲可治手足关节痛风、腹泻等。

芳香植物在饮食方面的应用主要以欧美国家为主，无论是主食面包还是饭后甜点，无论是煎烤还是烹调，欧美人都习惯性地加入具有芳香味的蔬菜，用以增加食品的香味。欧洲人很早就懂得用丁香、豆蔻等香料腌肉，像罗勒不论是用来做菜、熬汤还是做酱，风味都非常独特，很多意大利厨师常用罗勒来代替比萨草，除此之外，迷迭香、百里香、薰衣草等也是西方人餐桌上不可缺少的食物调味料。在古代中国，一些芳香植物就已经被作为蔬菜来使用，如紫苏叶、薄荷叶、老山芹等，都是中国的传统食物，而生姜、花椒、八角、桂皮等也是腌制肉类和烹饪的传统食材。

近年来，中国药用植物的种植开发也成为一种新趋势，将其应用在园林景观中，不仅是丰富园林景观的有效途径，也可充分发挥它们自身的综合价值。而把各种芳香植物种植在公园、社区等公共绿地，构建具有保健功能的芳香植物景观区域，更能在体现芳香植物观赏性能的基础上，进一步满足正常人在嗅觉方面的需要，使人们感到精神愉悦的同时，也形成一种独特的园艺疗法，发挥一定的保健功能。例如，丹参具有镇静和消炎的作用，德国鸢尾有益于促进皮肤创伤愈合，黄芩具有清热燥湿的作用，独活则具有祛风止痛的功效，栀子的香味有益于抗菌及抗病毒，金桂的香气有益于鼻炎的治疗，而茉莉的香气则具有抗焦虑的功效。

在我国，可食地景的实践运用中主要以栽植芳香类多年生草本植物为主，如薄荷、甘草、药百合、桔梗、糖芥等，偏向于利用它们的食用保健功能，或以可食药草的气味作为独特的园艺疗法，对一些疾病的康复治疗起到了较好的辅助作用。其实，可食药草的色彩和外形并不全都“低调”，如丹参、鸢尾、马鞭草等的观赏性极高，以莪术、紫苏为代表的红色系，以沙枣花为代表的黄色系，以金樱子、独活为代表的白色系，以苜蓿、神仙草为代表的紫色系，足以让可食药草园因色彩斑斓而赏心悦目。

四、按功能单元分类

如图 1-1 所示，可食地景可渗透到城市生活不同层级的空间中，按照与不同城市功能单元的结合，在设计原则协同的基础上，根据不同城市功能单元的特点，可食地景与之的集合会呈现出设计方法、营造方式及运营维护的不同侧重点，具体内容会在本书的第三章详述。根据目前城市可食地景的实践，按其结合的功能单元，可分为以下六种类型：

①可食地景与校园；

②可食地景与社区；

③可食地景与公共建筑；

④可食地景与城郊农园；

⑤可食地景与功能园区；

⑥可食地景与道路(图 1-2)。

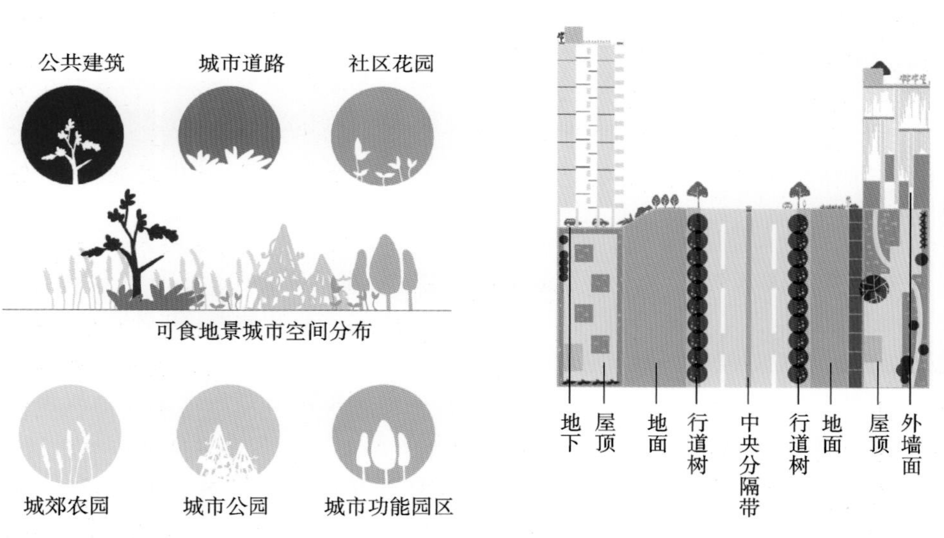

图 1-1　可食地景在城市空间中的分布

图 1-2　可食地景与道路

第二章　可食地景设计营造的资源影响要素

许多场地的资源要素会影响设计选择，因此，在启动项目设计之前应对以下资源影响要素进行调查和分析，进而因地制宜地提出可行性设计方案。

一、光照条件

可食用植物的健康成长需要充足的阳光，为了保证其正常生长，每天至少需要 6 个小时的充足日照。有的粮食作物只需要部分日照，并且应远离充足的阳光，以免因暴露于有害射线下而被烧伤，可将它们置于能保护它们的作物后方或下方。如果在既有的场地试图营造可食地景园，那么，结合该场地的日照条件，有针对性地规划种植何种植物以及植物间如何交互分布是可行的方法。设计者在前期调研中，与生活在当地的居民及园丁进行讨论是一个行之有效的方法。

二、热量

在农业生产中，农事安排应该考虑热量资源的时空匹配问题。①

农业气候资源指能为农业生产所利用的气候要素中的物质和能量，由农业光资源、热量资源和水分资源组成。农业热量资源是作物生活所必需的环境条件之一，在很大程度上决定了当地的自然景观、所能栽培的作物种类、耕作制度及各种农事活动。它是农业生产中最重要的环境因子之一，通常用农业界限温度、积温、无霜期等指标来衡量。②

热量资源是农业气候资源的重要组成部分，其变化直接影响农作物布局、种植制度和农业生产。③

热量资源指农业生产上可利用的温度条件及其持续时间的综合指标，通常以积温表示。不同作物可利用的温度条件不同，因而相对于不同作物的热量资源也就不同。只有结合作物对温度条件的需求，积温所代表的热量资源才有实际意义。综上所述，积温无论是反映作物生长发育的热量条件，还是表征区域热量资源，都离不开作物对于温度条件及其作用时间的需求，离不开温度的有效性订正，离不开作物三基点温度。④

---

① 郭佳，张宝林，高聚林，等. 内蒙古东部农业热量资源的空间分异及玉米资源利用率[J]. 西北农业学报，2020，29(03)：476-486.

② 赵俊芳，穆佳，郭建平. 近 50 年东北地区≥10 ℃农业热量资源对气候变化的响应[J]. 自然灾害学报，2015，24(03)：190-198.

③ 胡莉婷，胡琦，潘学标，等. 气候变暖和覆膜对新疆不同熟性棉花种植区划的影响[J]. 农业工程学报，2019，35(02)：90-99.

④ 古书鸿，严小冬，石艳，等. 贵州省温度界限内积温特征分析[J]. 中国农业气象，2011，32(04)：521-524.

三、可达的道路

场地周边是否已有可依附的道路，也是可食地景园选址的重要资源影响因素之一，该因素意味着使用者的可达性，除了充分考虑与城市不同层级公共道路的衔接，也要考虑园路本身的循环和通达。另外，为了栽培、养护及采摘的方便，种植床两侧的园路宜预留至少 1 m 的宽度。

四、可选的材料

当地材料的使用与随时可以进行的废物利用、回收及再利用一样，是可食地景营造方案的实质性影响因素，尤其是依赖于志愿者与捐赠者的低预算项目。在有机种植中，选择可就地取材的、不含化学防腐剂的材料至关重要，可使用自然可再生的生态敏感型材料、可持续性收获木材、涂料以及不含挥发性有机物化合物的密封材料。

五、可利用的水资源

由于人口增长和相关的土地利用对水资源数量和质量的双重影响，水已成为种植的限制因素。但是目前很多国家的水费相当低廉，全球面临的大规模水危机并不易被察觉。由于人们日益重视对水资源的保护及管理，用水管理工作中必定会反映出可持续性和资源管理的特点。以各地区气候特点和区域条件为基础，建立以提高当地水域健康度为目标的水管理模式更为明智。巨型雨洪管理基础设施建设价格昂贵，在建设实践中，我们可采用成本更低的方式，即本地化、分散化的雨洪管理方法。

各地在考虑建设可食地景园时，需要找出能满足各项活动需要的水资源管理办法，比如采集雨水、使用可循环水、采用基于最新气候数据控制的滴灌灌溉技术，滴灌还能提高水资源的利用效率和效能。采集雨水的方式极广，从小规模的雨桶设施到蓄水池这类集雨体系都可因地制宜地加以应用。在可食地景园设计之初，人们就应考虑到适于该项目的集雨设施类型以及相应的空间及技术要求。

六、健康的土壤

与阳光一样，耕种土壤的健康对可食地景的持续发展极为重要。土壤是数十亿微生物以及生活在土壤中的小动物混合而成的完整生态系统。它包含复杂的食物链与共生关系，包括植物的根、水、空气、土壤成分以及土壤质地，所有的元素都非常重要。健康的土壤各方面都很平衡，同时又能自动保持适量的水分，排出过量的部分，以确保植物能获得所需的营养和水分，因此，管理土壤生态对于可食地景的可持续营造是非常必要的。[①]

---

① PHILIPS A. Designing Urban Agriculture: A Complete Guide to the Planning, Design, Construction, Maintenance, and Management of Edible Landscapes[M]. Hoboken: John Wiley&Sons, 2013.

七、生物降解的可行性

生物降解是利用微生物代谢从土壤中去除污染物以及杂质的一个过程。植物修复和堆肥是用于去除土壤中金属杂质的方法。土壤试验应在早期阶段完成，来推断这对于可食地景而言是否会成为一个显著的问题。一些重金属例如镉和铅不容易被吸收，在这种情况下，利用一些植物例如向日葵来吸收土壤毒素，然后将它们从土壤中移除来帮助缓和土壤毒素。还有一些真菌能够通过一种叫作真菌修复的过程来缓和土壤其他的毒素作用，但是对于特殊污染物需要选择适当的真菌。对于这一类土壤，土壤专家能够给予一些建议并进行监控。许多可食地景园利用抬起的种植床和防护栏来保护它们免于被污染，生物修复是一个需要耗费大量时间与金钱的过程。

八、就地的堆肥办法

农业堆肥最好的选择是在现场堆肥系统中为有机绿色和金属废物建立一个封闭循环系统，废物一旦分解，会成为处理堆肥的丰富棕色土壤并可重新置入花园中，一片堆肥区域可放置一个或很多垃圾桶来辅助降解，整个过程需要保持一定的温度。学校小型的可食地景园可能会使用堆肥箱，即将所谓的蚯蚓分解处理用于堆肥。利用植物筛选、生态安装技术、堆肥之类的有机修正等生态措施，不仅可以恢复土壤活性、增加食品活力、保证食品健康，还可减少都市环境侵蚀情况。

堆肥很少需要修复，它减少了送往垃圾场的垃圾，对保护环境是有益的，同时也能产生健康的土壤，使之成为可食地景园的“食物”。在社区可食地景园的营造实践中，大部分家庭多达 2/3 的生活垃圾是可以做成堆肥的。

堆肥减少了对人造肥料的需求，以及到商店购买土壤的需求，能够节省开支。对于城郊可食地景园而言，鸡粪是容易获得的很好的肥料，还能用于激活堆肥来加速堆肥过程。

九、应对季节性气候的措施

如果当地的气候不能为植物提供足够的生长时间，便需要用一些方法来延长生长季节，以使植物尤其是暖季植物的生命力更长久。当然，这些方法需要提供更多的空间，如可弹性增设温室及暖房，或者提供人工光源的照射等，因此，以上方法在可食地景园设计营造之初就应放在规划中整体考虑。

十、管理

保持可食地景的有序运行需要适当的管理，即依据植物的生活习性、生长规律与形态作出合理的种植区域规划与后续养护。植物按照生活习性可分为水生、地生、沙生、附生、气生、腐生植物，有效的管理能“点对点”地将植物精确地安置在适宜的环境中，展现出植物更好的生长状态。

植物种类丰富，生长规律也各不相同，熟知植物特性的管理者能够结合植物在速生时节、开花时节与凋败时节的不同景观效果，依据不同的观景目的种植植物，做到四季有景且景致各异。同时，植物生长是自由的，如果放任其发展，再整洁的花园也会变得杂乱不堪，对植物的管理不仅仅只有浇水、施肥和简单的修剪，还需通过编枝、阻隔、搭建廊架等方式控制植物的生长趋势，避免植物过度生长后遮挡视线与阳光。并且，植物的形态多样，如何组合不同形态的植物以达到完美的视觉效果，就像“几何形体”如何依据美学原则排列一样复杂。兼具美学的种植管理，能通过植物“高矮胖瘦”的组合，营造如单面观赏可食地景、双面观赏可食地景、对应观赏可食地景等不同观赏效果的植物群。

第三章　可食地景与城市

第一节　可食地景与社区

可食地景不仅仅为人们提供新鲜安全的蔬菜，还丰富了城市绿地的类型，是传统农耕文明的传承，更成为城市生物多样性的样本。我们可以和邻居一起在具有社区属性的公园种菜养花，孩子从小就能懂得“粒粒皆辛苦”的意义……一点一点改变，一点一点渗透，总有一天，高密度的城市不再是钢筋丛林的代名词，而是诗情画意的田园，真正属于每一个人的田园。

一、案例

(一) 国内案例

1. 上海杨浦区创智农园

创智天地的创智农园位于上海杨浦区五角场商圈,周边是繁华的大学路和创智天地产业园,这块地原本是创智天地开发后剩下的一块狭长形“边角料”,如图 3-1 所示。如图 3-2 所示,2016 年,在杨浦科创集团与瑞安集团的委托与支持下,四叶草堂作为设计与运营方将其改造成上海杨浦区首个社区可食地景项目,以自然教育及社区共融为出发点,试图用朴门永续理念进行生态营造,社区组织、社区居民及周边有机小农场主市集联手运营;创智农园可谓是国内社区可食地景项目的先驱,运营时间长,宣传力度较大,管理日趋成熟。有关方面结合生态、节气等主题,以该可食地景园为依托,经常组织各种社区融合及自然教育的活动,使用和分享者已不仅仅囿于该社区,使其在上海市乃至全国起到了良好的示范作用。因其地处围墙残缺的老旧社区和围墙森严的新高端社区间的夹缝地带,可食地景向周边街区的渗透性未来还有进一步提升空间。

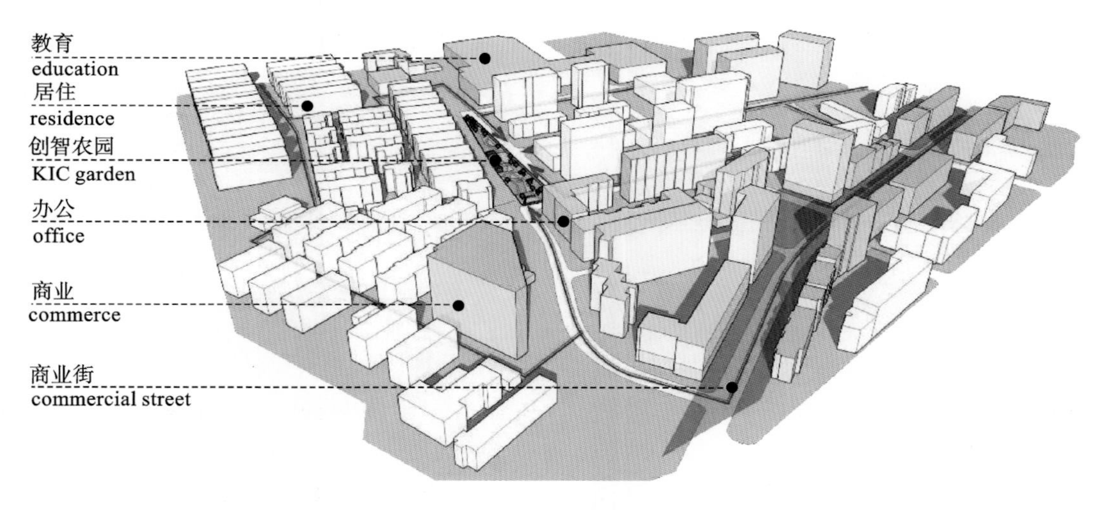

图 3-1 创智农园区位分析

(图片来源:景观之路微信公众号)

2. 四川广元金台村[①]

世界建筑杂志 *Dazeen* 出炉了一份重磅榜单“年度最佳住宅设计 TOP10”,意料之外的是 10 个名额中唯一入选的中国住宅竟然是位于四川广元的一个叫金台村的农村社区。*Dazeen* 对它的评价是“2017 年最具社会责任感的房屋设计之一”。金台村的设计师是香港大学建筑学院的两位年轻副教授,林君翰和 Bolchove,2005 年,他们创办了非营利设计机构“城村架构”,更崇尚功能大

① 图片资料来源:http://mp.weixin.qq.com/s/pQOohDilMBzXqY92Hvfqag。

图 3-2　创智农园实景

（图片来源：作者自摄）

于形式的设计。

在过去的十多年中，金台村遭受了两次严重的自然灾害。2008 年的汶川大地震，这里是受灾最严重的地区之一。2011 年夏天，一场大暴雨引发山体滑坡，震后才修复好的房屋又一次被摧毁。在当地政府和公益组织的帮助下，金台村得以再一次重建。远远看去，如图 3-3 至图 3-5 所示，22 栋居民楼参差错落地分布于群山间，每一栋居民楼的抗震性都经过了模型的高强度安全测试。最酷的是城市里人人向往的屋顶农场这里家家都有一个，可以种花种菜，沐浴着雨水阳光自成一个循环的生态系统。如图 3-6 所示，梯田状的屋顶既挑高了房屋的高度以实现冬暖夏凉，而且依着山势分布，和周围的群山遥相呼应。村子里有公共街道，所有的房屋都沿着街道排列，如图 3-7 所示，入口也设置在了临街的方向，同时给一楼的入口处留下了足够的空间，人们可以坐在自家门口兜售农产品。

图 3-3 金台村建筑构造 1

图 3-4 金台村建筑构造 2

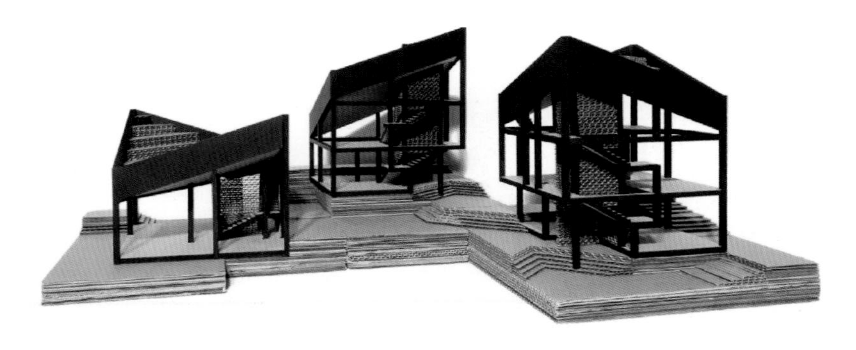

图 3-5　金台村建筑构造 3

图 3-6　梯田状屋顶

图 3-7　一楼入口处空间

为了增加村民间的沟通，设计师还打造了一个简单的社区中心，如图 3-8 所示。这是一个贯通村落的连廊，一楼是敞开式的活动场所，村民可以在这里置办酒席、开会协商各项公共事务。二楼则是一个公共的屋顶农场，可以种花及种果树（图 3-9）。设计师希望可以通过住宅设计实现村落的自给自足，同时促进人与人之间的交流。

图 3-8　社区中心

图 3-9　屋顶农场

现在很多农村和城市一样，人与人之间越来越疏离。而该农村社区公共空间的规划，让人们在同一空间内锻炼、阅读、交流，使人与人之间的连接重新成为可能。公共空间二楼的屋顶农场已成为村民交往的自然媒介，另外，每户住宅屋顶的可食地景园成为村民生活自给自足的新方式。公共空间建设的专项资金基本为零，而在预算有限的项目中规划出这样的功能，不得不说是设计师的匠心之举。

3. 武汉市江汉区花楼水塔街永康社区①

可食地景不仅能作为物质空间促进社区融合，成为社区花园的新型载体，而且还可以拓展为园艺治疗的小型社区基地，为社区的特殊群体服务。

武汉市江汉区的民权路打铜社区，花楼水塔街永康社区，民意街天后社区、多闻社区，在专业社工机构新叶园艺治疗工作坊的发起和引导下，针对社区的空巢老人、认知障碍症患者（阿尔茨海默病），定期在各社区党群活动中心开展可食地景的园艺治疗分享会。

以上社区每期可食地景园艺治疗分享会的活动步骤如下（图 3-10 至图 3-14）。

图 3-10　运用双手种植花材

图 3-11　种植花材

① 图片资料来源：新叶园艺治疗工作坊。

图 3-12　学习设计技巧

图 3-13　分享成果 1

图 3-14　分享成果 2

①园艺师介绍可食地景植物、种子及幼苗特性与种植工具。

②园艺师带领参与者利用五感(眼、耳、口、鼻、皮肤)去感受花材的特征。

③参与者按引导将花材进行分类,例如按照长短、颜色、种类等。

④园艺师示范修剪枯枝或播种方法:可使用圆口剪刀、铲子或多运用双手去完成松土、播种、施肥、拔草、剪枝等动作。

⑤参与者按引导加水或浇水,观察浇水后植物的姿态、颜色的变化。

⑥园艺师引导参与者学习基本种植设计技巧,例如前短后长,突出焦点,植物间需高低错落、预留空间等。

⑦园艺师鼓励参与者对植物命名及分享感受。

可食地景拓展的园艺治疗让参与者从种子的发芽、生长到开花结果,感受到生命的律动,使参与者从认知、社交、情绪管理、身心疗愈等方面受益,认识生命循环并反思人生哲理,同时,让他们在自创设计中获得自信、满足感和成就感,培养参与者的审美能力,让其更好地回归生活、热爱生活,以至能够健康生活。

(二)国外案例

1. 夏威夷州火奴鲁鲁市的榕街庄园

榕街庄园是一个低收入人口集中的居住社区,最初建于1976年,由夏威夷公共住房管理署负责管理,2011年被维达斯集团收购。维达斯集团是一家开发公司,专门建造低收入人群住房,强调绿化设计、绿化施工,也重视社区翻新。

该项目开辟的屋顶农场是惠及社区的一大重要改进措施,如图3-15所示,这片半集约型屋顶农场具有186 m^2 左右的种植面积,使用花草设备可以种植20种以上可食植物,如番茄、茄子、生菜、草莓、青豆及多种亚洲药草等。近一半收成将免费供给榕街庄园的居民,其余农产品将在当地杂货店出售,以抵消劳工费用,弥补农场日常开支。经营这片农场有助于维达斯集团提高社区可持续发展能力,宣扬健康生活,增强居民社区自豪感及归属感。

图3-15　榕街庄园实景图

(图片来源:中国建筑绿化网)

2. 法国巴黎罗曼维尔社区农业塔楼[①]

城市建筑的密集化使得社区单元越来越紧凑,有些社区由分散的别墅和绿地组成,也有社区

① 图片资料来源:http://mp.weixin.qq.com/s/fRdRx8e4fVSJEW-5FBFkpQ,浩丰规划设计。

因为面积有限采用了集约资源的方式以开辟出新的绿地，譬如罗曼维尔社区农业塔楼（图 3-16 至图 3-18）。该塔楼位于法国巴黎罗曼维尔社区，占地 2000 m^2，由 ABF-Lab 事务所设计。罗曼维尔农业塔楼的设计理念基于两个基本概念：①优化建筑体量以便于种植可食植物的塔板能尽可能接受阳光照射，进而最大限度提高产量；②在项目概念构思阶段以及结构的处理上，考虑到作为住宅建筑的可能性，即一栋建筑，两种功能。

图 3-16　罗曼维尔社区农业塔楼

图 3-17　可食景观与建筑搭配

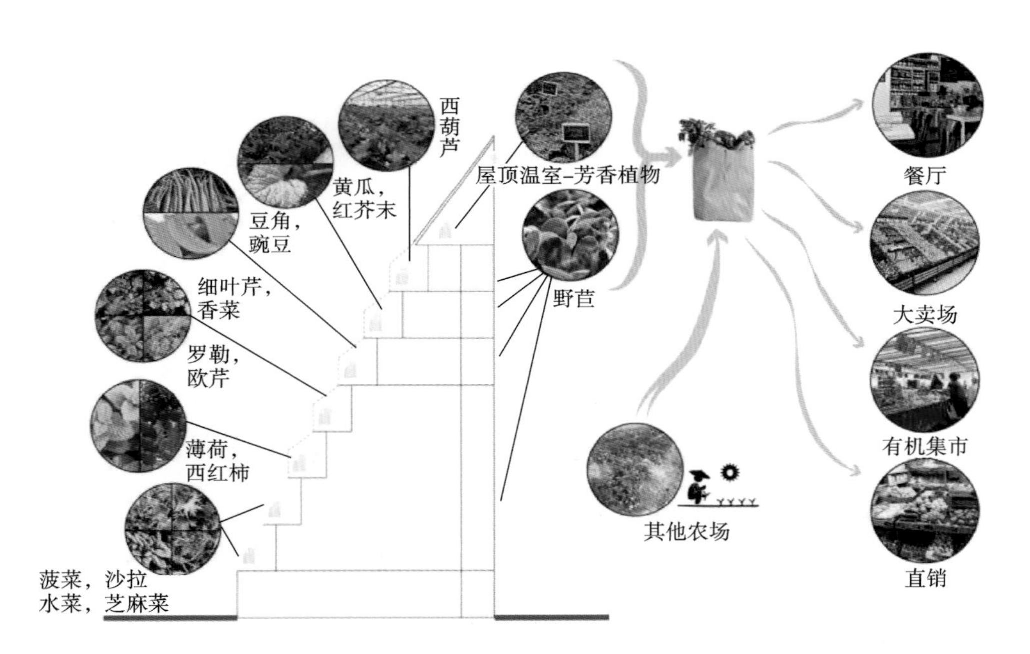

图 3-18　可食地景营造方式及价值

该建筑设计结合了人的尺度、创新环保措施和新经济模式 3 个方面。在创新方面主要用可食用景观软化建筑僵硬的一面，开放、共享的公共园林空间也使居住者能够更容易去接受这栋建筑，社区邻里关系也能通过参与可食用景观的营造和维护得到加强。在人的视觉体验上将塔楼低层融入周围环境，以开放空间、面向社区。建筑屋顶利用太阳能为建筑内部提供热能，收集雨水浇灌植物，回收绿色垃圾为植物提供肥料，切斜窗口为植物生长提供最大直射阳光，使得可食地景在建筑内部以可持续方式运行生产。

为了使可食地景能够获得更好的生长环境，从而提供优质的食品，太阳的方位对于该建设项目有着重大意义。建筑师尝试利用建筑设计挑战不使用任何人工光源参与作物培育的可能，并且尽量做到种植品种的多样性。同时，为了避免创新的设计仅仅局限于一项实验，建筑师决定将设计围绕着可调整性以及部分和整体功能的灵活转变方面展开。

该项目对于改善人居环境有着重大意义，本地种植高品质有机可食植物，不仅投入成本不高，二氧化碳的排放量少，而且对化石燃料的需求量低，对减少都市环境污染非常有利。这种基于城市尺度之上的，将人与建筑间的良性互动关系考虑其中的设计方式，将取代传统的以人为中心的单向设计思考方式。

3. 土耳其但萨社区屋顶花园

土耳其但萨社区的屋顶可食地景园为社区的发展增添了更多可能性，自然石材、木材和植物在质感上形成强烈对比，而色彩上又较为统一(图 3-19)。

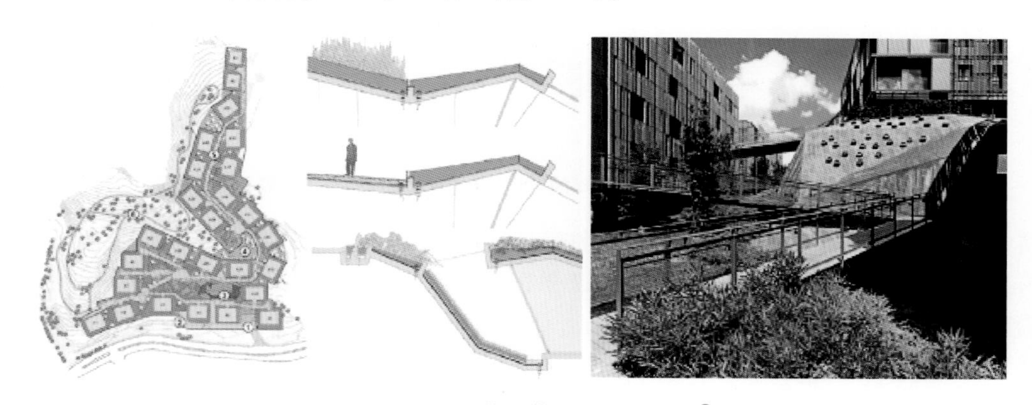

图 3-19　土耳其但萨社区屋顶花园①

统一模化的三角面以不同的倾斜角度相连，创造出竖向微妙变化的屋顶空间，由此，地面与屋顶融为一体。可食景观的出现看似随机化又有一定规律可循，即在平坦区域以可食地景为主，倾斜角度超过 30°的场地则以观赏草本和小灌木为主。石材覆盖了陡峭的屋顶结构，并且与周围的四季植物景观形成强烈的刚与柔对比。

4. 美国华盛顿西雅图市 P-Patch 社区园

(1) P-Patch 社区园艺计划部经营理念

P-Patch 社区园艺计划部是美国西雅图市政府的邻里社区农园项目部与非政府组织 P-Patch 信托基金共同创立的，是以建设城市社区园艺为目标的部门。

社区园艺不仅让路人能欣赏它的美丽，更是给社会活动参与者提供了交流场地。它使可食地景园不再只是生产基地，而是成为一个有价值的开放场所，图 3-20 所示为西雅图市已建成的 88 个 P-Patch 社区可食地景园。P-Patch 社区园艺计划部希望可食地景园能成为城市永久性建

---

① 何伟，李慧. 探析社区中可食景观的空间载体及设计理念和技术[J]. 风景园林，2017(9)：43-49.

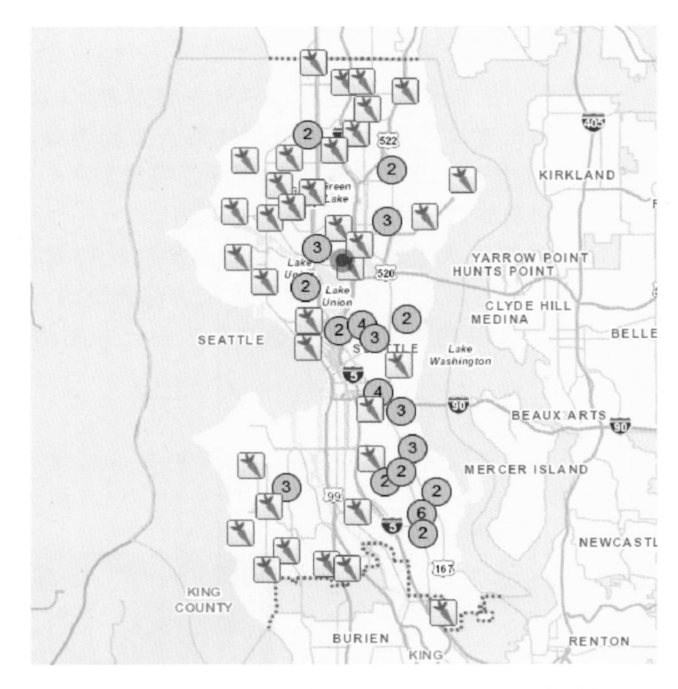

图 3-20　西雅图市现有的 88 个 P-Patch 社区可食地景园

筑并获得同公园及其他娱乐服务设施一样的保护，包括进行保护区分类。

为此政府做了许多努力来迁移和运营蔬果园，使用公共用地来确保其安全性。创立者通过城市捐款计划，比如邻里经费补助方案及私人征集来筹得资金。计划部本身由雇员组成，雇员维护并促进了蔬果园的创造力，他们关注社区、青年、蔬菜农场及食品政策。基金会还与食品银行捐赠计划协作，并与 P-Patch 社区园艺计划部进行日常交流。

(2) P-Patch Interbay 社区可食地景园①

P-Patch Interbay 是西雅图 P-Patch 社区园艺计划部旗下最大的社区可食地景园，被评价为是对可持续性理念的充分体现。

最初的 P-Patch Interbay 蔬果园建立于 1974 年，1992 年根据城市规划不得不搬迁至土壤条件较差的位于城市东北角落的垃圾填埋场，通过园丁和志愿者长期的土壤建设和堆肥处理才有了用于种植的肥沃的土壤，图 3-21 所示为历史上的 P-Patch Interbay 蔬果园。然而，1996 年新的高尔夫球场计划致使 P-Patch Interbay 蔬果园不得不于 1997 年搬迁到如今的位置——惠勒街 15 号大道西部。正是由于诸多志愿者和捐赠者的支持，P-Patch Interbay 蔬果园虽两次迁移，但仍然存在于城市之中，市民和政府都认可了其重要性。

该社区可食地景园占地约 4000 m^2，目前属公园用地，如图 3-22 所示，共拥有 132 小块土地，毗邻繁华的商业街道，通过一条长长的景观坡道将果园同外面的交通隔离开来。蔬果园东侧种植了李子树、梨树和苹果树，很多是从原址一起迁移过来的。蔬果园一侧还有一个用于蜜蜂养殖

① 资料来源于 P-Patch Interbay 官方网站。

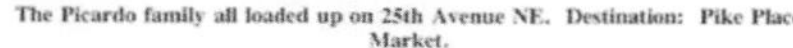

The Picardo family all loaded up on 25th Avenue NE. Destination: Pike Place Market.

图 3-21　历史上的 P-Patch Interbay 蔬果园

图 3-22　P-Patch Interbay 社区可食地景园

的蜂房区域。该蔬果园的特色是丰厚肥沃的土壤层、自然养殖的蜜蜂、丰富的蔬果类型、便民的公共服务及良好的自然景观。正是因为园丁们种植时反对使用农药和除草剂,并且使用自然堆肥方法,该园的有机蔬果十分受欢迎。

场地内的建筑主要由志愿者们修建并维护,Rowe家族在2000年捐献了一栋温室,市政府在2003年捐献了便捷的公共厕所设施,园丁们也捐献了具有纪念意义的长椅以感谢克莱尔·沃特金斯对P-Patch Interbay堆肥事业的巨大贡献等。同时,蔬果园中所用到的材料很多都回收自其他城市项目或者由私人公司捐赠,包括堆肥使用的有机肥料、步行道使用的砂石等。因此,捐献与回收是这个蔬果园持续存在的灵魂文化。

该园是以当地居民认领种植的方式运营的,完全可以做到自给自足,并且欢迎外地来访者参观蔬果园及参与到他们的社交活动中来,使社区蔬果园实际上成了社会交往的公共空间。

该园也提供了一种方法来回馈社会:志愿者园丁在2012年工作了超过32690 h(相当于15.7个全职工人),并向社区乃至向西雅图食品银行和饲养项目提供新鲜农产品。仅在2014年,P-Patch社区园艺计划部的园丁就捐赠了18732.2 kg的食材给食品银行和饲养项目。除了社区园艺方面,该项目在其他方面也有促进作用和合作伙伴:市场园艺、青年园艺和社区食品安全。这些项目为西雅图全体市民,重点是低收入、移民人口和青少年提供更多的机会。由此,该园不仅增加了市民对城市农业的兴趣(社区园艺是一个部分),而且为城市食物森林体系增添特色。

5. 美国宾夕法尼亚州费城的城市农场项目

费城的托马斯·培恩广场位于费城市政厅的正对面,荒芜的花岗岩广场在18层高的市政服务大楼前方形成一处高耸的平台:平台高于相邻的人行道,几乎与视线相平。在城市农场项目建设初期,提出建设该项目的客户与景观设计团队期望将这个广场改造为一个185 m^2的优美农场。五分之一的费城公民面临着食品安全问题,为了改善这一状况,该项目鼓励城市居民利用园艺的力量来丰富自己所在的社区,同时帮助有需要的人群,使他们更加容易获取健康的食物。客户与设计团队共同致力于将未被充分利用的空间转化为社区资产,该项目作为具有代表性的案例,向人们证明了一块普通的空地,或者空置的城市空间,可以通过重新利用转变为葱郁的花园或绿地,哪怕只是暂时性的,也足以让社区乃至整个城市从中受益。该项目在每年的6月至9月,成为广场上一道充满活力的风景线,它向人们展示了一处“死气沉沉”的公共空间如何迅速地转变为“硕果累累”的社区资产。

这个“快闪式”的城市农场围绕着既有的大型游戏雕塑呈螺旋状铺展开来,并将其“手臂”伸向城市,不仅融合了农场与艺术品的功能,更提供了超过544 kg的农产品,为8600位流离失所或低收入的民众补充了食物。螺壳般的空间一方面邀请着人们进入和体验花园,另一方面又将他们推向城市,鼓励他们分享自己的知识和热情。人们可以从地面层或从周围的高楼上欣赏花园的美景。“鹦鹉螺”的核心地带设有一个遮阳的圆形剧场,可用作表演空间——广场上的巨型棋子装置则提供了现成的舞台。农场中种植的农作物是经过精心挑选的,不仅彰显了物种的多样性,更为空间赋予了最理想的外观和氛围。以整个城市的社区花园和文化作为参考,该农场种植了超过50种作物,这些农作物还经过了多位厨师的检验。具有遗产价值的作物被单独展示出来,包括德拉瓦人带来的玉米和30多年前来费城的移民从种子仓库带往美国的作物。其他农作物包括甜菜、洋葱、芥菜、胡萝卜、茴香、非洲茄、Huauzontle(一种墨西哥叶菜)、木豆等蔬菜,以及罗勒、土荆芥、百里香、薄荷和薰衣草等香草。此外，互动展览和种植农场还邀请公众通过参与工作坊和公共论坛在植物生长季节举办的各类免费活动了解更多有关社区园艺的知识。

项目选用的建造材料同样以当地的社区花园为参照，尤其是那些能够被二次利用的材料。它们全部都是在场地外完成建造和检查，随后由人工搬运至广场。农场中的所有部件均可回收，并可在拆卸后被重新安置到全市的花园里。种植池是由椰壳和木制花盆构成的，“容器花园”是以金属槽、回收的塑料桶和木制的农产品箱子构成，上面还印有客户的联系方式。带有社区图案的旗帜向街上的路人宣告着农场的近况，露天剧场也使用了同样的图案，营造出一个充满活力的中心点。户外桌椅和大型遮阳伞都是从客户的仓库中精心挑选而来(图 3-23)。花园中使用的土壤由堆肥、表层土和松树皮混合而成，其中松树皮有助于排水和防止植物根部腐烂。由于广场的地面同时也是下方办公室的屋顶，因此具有严格的重量和风载要求，对此景观设计团队也进行了谨慎的考量。

图 3-23　城市农场项目

随着季节的更替，景观设计团队从农场主那里收集了关于种植农场成功和挑战的反馈，同时了解公众对于该空间的看法和反应，这些信息将被用于丰富未来的设计。

在景观设计团队、建筑公司及作为客户的非营利组织的合作下，该项目在既定的时间(6 个月)和预算内顺利完成。在为期 4 个月的种植季，设计师亲自参与了客户的实践计划，提醒他们重视食品的安全问题，为的是能够真正地保护和改善属于所有费城公民的社区花园。[①]

二、营造原则和要点

(一) 营造原则

1. 生态性

社区可食地景园的选址可利用社区既有的绿化用地或闲置地，结合既有的原始地形、地貌，

① 资料来源：https://www.gooood.cn/2021-asla-urban-design-award-of-honor-farm-for-the-city-viridian-landscape-studio.htm。

种植适宜本地生长的各类作物、蔬果品种，尽最大可能地运用可循环方式，进行生态的充分保护和延续。

2. 教育性

社区可食地景园的存在，给社区居民尤其是孩子们创造了一个自然教育的就近机会。社区居民可以通过劳作与自然亲密接触，减缓工作生活压力，并且体验一分耕耘一分收获的乐趣；社区孩子可以通过阳光下的体力劳动，结合果蔬标示牌、种子图书馆等领会“粒粒皆辛苦”的深意。

3. 观赏性

社区可食地景园是社区绿地的一种特殊类别，其设计更应注意种植品种的选择和布局，甄选审美可靠的品种置于外显区，审美稍次的品种置于背景区，同时考虑到季相变化更迭，四季常绿的植物或可预留一定配比作为基本绿量的“形象”留存。

4. 共融性

社区可食地景园为社区居民提供了一个互相交流的平台，居民们从互不认识到见面商议，从互不关心到分享劳动成果，从互不合作到一起营造维护。渐进式的设计和营造更能实现社区可食地景园的共融。

(二) 营造要点

1. 选择花园地址

在实际操作中，社区可食地景园的选址多是由业主与物业管理公司共同协商确定的，对于新建小区，可选择区位较好的公共绿化区域，方便业主参与。对于老旧社区，可优先选择闲置、闲散的公共空间(多为养护不良而荒废的原公共绿化区域)，结合老旧社区老年居民占比高的特点，方便以他们为主体的参与和维护。

作为社区公共绿化的一种特殊类型，在尽可能节约用水的原则下，社区可食地景园日常灌溉用水一般纳入社区物业的管理中。

2. 分区利用光照

大部分植物的生长都需要足够的阳光，理想的社区可食地景园宜大部分处于阳光区域及小部分处于半阴区域，充足的阳光区域适合种植喜阳耐旱植物，同时，适当预留原场地的乔木和灌木来营造树荫，也可增加空气湿度，形成宜人的微气候。树荫遮蔽并不一定是劣势，阳光完全照不到的阴暗区域除了可以种植喜阴植物，还可以巧妙存放工具或放置堆肥设施，树荫下种植耐阴又有色彩的植物，可以让阳光变得更加柔和，更适合老年人的休息活动。

3. 合理利用地形

在社区可食地景园的营造中应尽量尊重原始地形，但局部可进行适度调整，如对原地形中的小洼地进行填平以防积水和蚊蝇生长。若通过现场预调研发现排水不畅，需要考虑利用地形将水流导向雨水井，一定要保证排水点的地势处于全园的最低点。另外，原始地形中若存在坡地，其实是可以稍加利用的良好条件，利用坡地的能力直接关系到收集和储存水的能力，坡地还会影响日照量、风的作用和空气温度。因此，营造者通过了解和运用坡地，可以疏导和储存水分，甚至营造防护林带和储热区。一个看似平坦的场地也或许有一些坡度可供利用，有时对地形进行适度的改造，或可快速提高场地的生产力和自我修复能力。[①]

4. 培育和照顾土壤

土壤的健康程度决定了植物的生长状态，对用地进行基本的土壤调查是必要的，如了解其酸碱性、排水能力和现状已存的植被类型，然后根据规划品种和当地气候采取相应的土壤改良办法。通常，改良土壤的措施包括：提高土壤中的有机质含量，可通过绿肥作物、厚土栽培、天然肥料来改变土壤环境；利用土壤覆盖物，土壤覆盖物能掩盖土壤并隔绝极端的酷热和严寒；调节极端地温也能使土壤保持潮湿，抑制杂草生长。常见的土壤覆盖物有干草、腐败的碎木屑、果壳、稻草等，在分解时会逐步将有机质分解到土壤里，发挥养分储藏的功能。[②]

活性土壤及永续方式可改善社区可食地景园微气候，吸引昆虫、鸟类时时来做客，对社区的孩子们而言，社区可食地景园是与自然对话的媒介。

5. 演替设计以确保绿量

一个森林包括林冠层、林下空间层、灌木层、草本层、地被层、地下根茎类植物和藤蔓植物。这些分层为营养物质和光相互作用提供庇护和支持，即合理的植物组群组合比独植更具有生态性。

同理，建设可食地景的一个必不可少的考量就是演替设计，即利用原生物种和先锋物种创造适合目标物种的生长条件，并滋养其成长，必须强调的重要前提是，尽量选择适合本土气候及土壤条件的植物品种来种植。

在较小规模的社区可食地景园内，也可以使用同样的演替设计，有选择性地种植“伴生作物”或“共荣作物组合”，同时，蔬果种植土壤表层的覆盖也是对自然生态系统的模拟，它替代了森林地面枯枝落叶的功能——减少蒸发、增加土壤养分和保护植物。[③]

另外，若社区可食地景园的选址在社区人流量大且居中的醒目位置，适当搭配少量的观赏类植物和四季常绿植物，在蔬果更迭种植的过渡期，花园将更有绿量下的“形象”。

6. 园路设计

在社区中，千万不要因为一个地方过于潮湿或过于干燥就认为它不可能成为花园，园路的设计能够帮助弥补一些场地本身的限制，所以经验丰富的花园设计师会了解园路的多重用途，并在最初就将此纳入设计。

园路的材料选择应重点考虑以下要素：儿童及使用者的安全、轮椅同行的需求、维护及造价。

营造之初可尝试采用一个经济实惠的方案：垫上一层厚厚的报纸或草席来阻挡杂草，然后用碾碎的尘土铺在上面。当可食地景园的使用频率增加且逐步确定后，就可使用耐久性的面层了。可考虑预算以及材料在生产和运输中所消耗的能量，考虑材料的反射特性，他们对周围建筑和植

---

① NUTTALL C，MILLINGTON J. 户外教室——学校花园手册[M]. 帅莱，刘易楠，刘云帆，译. 北京：电子工业出版社，2017：48.

② 刘悦来，魏闽. 共建美丽家园——社区花园实践手册[M]. 上海：上海科学技术出版社，2018：37.

③ NUTTALL C，MILLINGTON J. 户外教室——学校花园手册[M]. 帅莱，刘易楠，刘云帆，译. 北京：电子工业出版社，2017：49.

物的影响，对排水的需求，杂草控制问题以及花园的审美需求。①

一般社区可食地景园的对外出入口为一至三个，宜连接到园区外缘的主要道路上，若只有一个出入口，可考虑园内道路以环形布置为主，主要园路需要贯穿园内的所有分区，依附于主要园路的次要支路或小径则延伸到园内的各个角落。

7. 适当使用棚架

使用棚架支持攀缘植物生长，能让可食地景园的种植区域显著增加。这些棚架可以形成部分或全部可食地景园的边界，或者是架在园路上作为构筑物覆顶，为穿行者提供阴凉。棚架亦可以被放置在墙边上为墙面提供阴凉，紧靠着墙或离墙 1 m 的距离皆可。观察植物蜿蜒盘绕而上攀附在一个构筑物上，对社区的孩子来说有无尽的魔力——植物循着光照射的方向去获取阳光并摸索着去寻找下一个支持物，同时用卷须来作为一个可靠的固定物。

有一种特别的棚架形式叫作“垣架式整枝”，是一种古老的捆绑整枝法，通过将果蔬的树枝用绳子绑在篱笆上或靠着墙，这种方法非常适合于狭小的空间。植物也可以支持其他植物，当它们以这种方法种植在一起时，被称为“共荣作物组合”。

最著名的共荣作物组合可能是玉米、扁豆和南瓜。玉米支撑了扁豆生长的藤蔓，扁豆为玉米和南瓜提供了营养，而南瓜则覆盖了地面，保持水分且控制杂草。一个社区可能会决定种植玉米来做玉米饼，并且同时种植提供馅料的植物。了解水果和蔬菜的渊源，能让孩子们深入了解世界的多样性。同时，了解一些食物品种的起源以及他们如何被先民挑选出来逐渐演化，并在今天成为我们的食物。学习创造共荣作物组合的无限可能，可以让孩子们拥有设计和种植高产可食地景园的能力，同时让他们对于双赢局面和寄生关系的不同之处有一个清晰的认知。②

8. 巧用屋顶雨水

通常情况下，社区可食地景园会被安置到当下没有其他用途的地块上，但是仍可利用许多屋顶上的雨水来浇灌种植空间。

屋顶雨水是一个非常清洁的水源，饮用水水箱需要一个初期弃流系统及一些过滤装置，而可食地景园用水水箱可以灌满从屋顶排水沟流下的水，并且将溢流部分排到雨水管网内，仅需在集水点和溢流点之间加一个储水装置即可。如果屋顶位于场地高处，将会非常简单易行，因为这会让水在落入储水装置中之后，依然相对于浇灌区有一定的高差，人们通过重力就可以将水输送到可食地景园的其他地方。

如果储水装置低于可食地景园的位置，那么可以用一个小型供水泵来运送水，甚至可以提供足够的水压用于滴灌和喷灌系统。

社区孩子们将能够看到可食地景园的水来自哪里，了解水箱的容量以及屋顶的集水区域。他们会意识到降雨过程能带来可食地景园所需的水，水是可食地景园产量的限制性因素，因而在参与其建设和维护期间可以不断加强节约用水的概念。

---

① NUTTALL C, MILLINGTON J. 户外教室——学校花园手册[M]. 帅莱，刘易楠，刘云帆，译. 北京：电子工业出版社，2017：66.

② NUTTALL C, MILLINGTON J. 户外教室——学校花园手册[M]. 帅莱，刘易楠，刘云帆，译. 北京：电子工业出版社，2017：66-67.

（三）社区可食地景园或可使用的类型

以下几种类型可根据总体布局中可食地景园的规模及性质有选择性地使用。

1. 高种植床可食地景园、下沉式可食地景园、螺旋式可食地景园

高种植床可食地景园(图 3-24)在社区中比较有用的原因有以下几点。

①比起那些必须向下观察的地面可食地景园来说，它可以让孩子和老年人尽可能少地受限于他们的视野范围(取决于年龄)，他们可以更好地观察可食地景园、其他孩子和家长。对家长尤其是老年家长来说，同时对着较多孩子指出高种植床可食地景园中的某一处要更容易，如若面向下沉可食地景园，向下指的时候，只有第一排的孩子才可以看见。

②在稍直立的姿势中工作会更简单，对于老年人而言尤其能减轻弯腰工作的负担。

③如果可食地景园被抬起并且轮廓分明，步道会更容易维护。

④路上野草的种子会较少地进入抬高的种植床中。

⑤因为高种植床可食地景园在地面之上且排水良好，所以在潮湿区域甚至少量沼泽地也可使用，能变废为宝。

2. 下沉式可食地景园

和高种植床可食地景园相反，下沉式可食地景园(图 3-25)更适用于炎热干燥的地区，在那里蒸发量可能大于降水量，其优点有以下几点。

图 3-24　高种植床式可食地景园

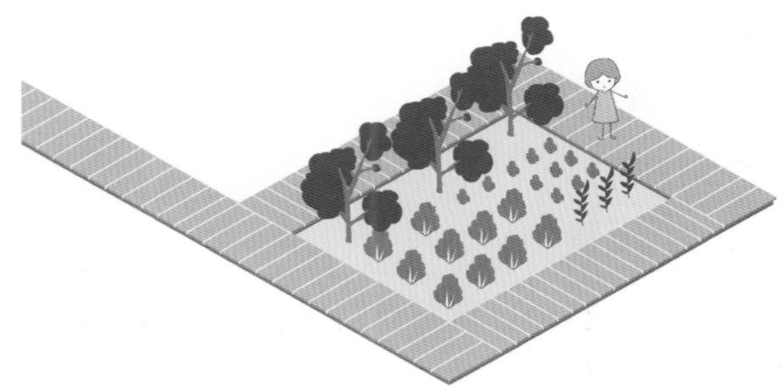

图 3-25　下沉式可食地景园

①下沉式可食地景园可以在降雨很少的地区保持高产，在这些地方如果不依靠下沉可食地景园，就很可能无法建立可食地景园。

②可在同一个区域中通过增加种植空间和层次的数量来示范边缘效应的原理。

③水的收集和转移在这种可食地景园的设计中是高度可见的。

④下沉式可食地景园清楚地展示了对场地中所有水的充分利用，以及对潜在洪水的适应程度。

⑤如果可食地景园的边界足够大，许多孩子就可以窥探到可食地景园的内部，并且一次看到整个展示区域。

3. 螺旋式可食地景园

螺旋式可食地景园(图 3-26)是善用立体空间,在有限的范围内,争取更多的种植面的可食地景园类型。

图 3-26　螺旋式可食地景园

这种可食地景园构造的优势有以下几点。

①许多蔬菜可以在不同圈层种植,这个区域提供了多样的光照角度和水分湿度。

②建一个相对于平地的小丘,可以使种植面积成倍增加。

③因为增加了边界并且有环绕的路径,维护和采收都非常方便。

④建造螺旋式可食地景园仅需要 2 m^2 的空地,而且可以直接布置在教室外或厨房外。

⑤蔬菜可以用于感知(触觉、嗅觉等)活动,还可以成为给有特殊需求的孩子和老人建造的感知可食地景园的一部分。

⑥按水向低处流的自然定律,将喜旱的植物种植于螺旋的顶部,喜湿的植物种植于螺旋较低处。

⑦螺旋状的路径可以在多方面得到延展,如数学中的斐波那契数列、艺术课程,或者关于大自然中具有螺旋结构的动植物生命体的研究,有利于户外教学。

三、运营和维护

(一) 运营

对于社区内的绿地而言,由于产权属于全体业主,在绿化条例的范畴内不减少绿地即可自由运营。可经业委会决议,选取一定的区域进行社区可食地景园的营造,因为蔬菜、瓜果园也是绿地的一种特殊类型。社区绿地内的可食地景园可动员社区退休人员、亲子家庭进行认养种植、维护工作,聚人气、享收获,这种每个人身边的园艺活动,是普通社区营造的最佳方式。①

社区可食地景园运营或可采取的方式有如下几种。

1. 社区可食地景园与学校可食地景园相结合

社区常常希望建立一个可食地景园,却苦于没有在某个特定地点获得土地的途径,在学校可食地景园中拥有或附带一个社区可食地景园是很好的方法。学校往往处于社区的中心,而且拥有可以用作可食地景园的土地,对于这个空间的分享时间可以涵盖上学和放学时间。

如果社区居民对学校可食地景园的兴趣不是很大,那么最初可以建立规模比较小的可食地景园,随后先提高参与性,再拓展园区空间。只有学校和更广大范围的社区之间保持良好的关

① 刘悦来.社区园艺——城市空间微更新的有效途径[J].公共艺术,2016(4):10-15.

系，并且有专门的推动者和引导者参与其中，这种合作关系才能存在。

在任何一段时间内，这个可食地景园可以由二者中的任何一方来运营和管理，或者都参与管理这个可食地景园。大家对于可食地景园的持续存在抱有信心，使得老师们能在有保障的情况下，将他们的计划和活动时间投入到与可食地景园相关的课程里。一旦老师们确认该园是有未来的，他们就必然会加入其中，引导学生以一种全新的激动人心的方式来体验这些课程，这些工作反过来也保障了可食地景园的维护和未来。

2. 选择合适的亲子家庭或社区业主作为可食地景园的引领者

在社区可食地景园的运营建设之初，可以物业为单位组织甄选社区中的亲子家庭或志愿者作为可食地景园的引领者，制订运营维护计划，发布社区公告，志愿轮班式地进行维护和管理。许多社区可食地景园的实践证明，通过“种子漂移站”活动，即社区居民志愿分享蔬果及花卉种子，不仅在季相更迭时有稳定的种子来源，而且在分享种子的过程中，促进了社区居民的交流和共融。许多社区退休老人积极热情地为社区可食地景园提供种植品种及种植经验，甚至带动家人积极主动参与可食地景园的建设与运营，发挥余热。

3. 由专业可食地景园老师引导整体计划

有些社区选择让一位专职或兼职的社区工作者成为专业的可食地景园老师，由其负责传递与社区整体规划文件相关联的可食地景园课程计划，可食地景园的维护需求成就了该园里的活动。在多数情况下，老师会对可食地景园做一整年的计划，并制作社区组团轮换使用名册，以便可食地景园的养护工作都可以分摊到社区的所有楼栋中。对于与社区孩子们一起学习园艺技能的社区居民来说，可食地景园专业老师可提供一种有力的支持。

由专业可食地景园老师引导，社区可食地景园的价值将被许多或绝大多数社区居民所认可，他们可一起规划一系列围绕社区可食地景园开展的体验活动。这些可食地景园只有被看作是学习的地方，才有机会被很好地使用和妥善地维护，社区亲子活动可以预定进入不同的可食地景园教学景观，同时，结合不同主题的社区活动，可食地景园或可成为活动的载体。

产量有限的社区可食地景园，其果实主要用于社区孩子们的户外聚餐活动、美术手作活动、由社区老年志愿者发起的自然素食的教授活动，当然最主要的作用是作为社区自然教育的实践基地。

（二）维护

可食地景与一般城市绿化相比，由于大部分为种子种植，前期投入低，有一定的产出（收获的蔬果等），主要成本在于维护人员的投入。

设计师在设计维护系统时，要充分考虑业主、租客、工作者和附近居住者的意见和建议，确保维护计划与社区日常规律一致，社区可食地景园工作者能帮助确定维护所需工具及具体作业信息，以满足工作者需求及社区使用要求，这些细节还能反映他们融入社区周边建筑的情况，如果社区居民对可食地景园表示满意，他们会通过在园中进行食品交换、维护可食地景园、志愿者参与可食地景园活动和开业主委员会等方式，使可食地景园长期运作，在帮助提高食品系统可行性的同时，改善人们的生活质量。

维护是可食地景园设计中的一个重要方面，不应事后才考虑使用者的需求，要考虑产生最少的垃圾和最少的维护成本,这将使社区可食地景园获得更为长久的成功,相反,可食地景园会因为看起来杂草丛生或缺少关爱而失败,这让其显得操作困难、管理耗时而令人生畏。

对于维护的设计除了应该体现于可食地景园的实体空间,还需要对不可见的系统和网络予以支持,有更多的家庭使用可食地景园,它就有更多的机会被照看好,并一直对社区居民充满吸引力。

如果可食地景园维护所需要的能源完全来自社区内部,那么可食地景园的位置是最为重要的。在这种情况下,可食地景园必须接近现有的物业活动区域,布置在视线之外或者远离物业重点监管的可食地景园肯定是很少会被使用到的,所以在开始的时候可建设小规模的可食地景园,并且靠近物业或社区中心,这样可食地景园就可以得到孩子和物业的照顾。如果这样的方式可操作性不强,那么可以考虑在可食地景园旁边建造一个棚架,为孩子们提供室外活动的庇护并启发场地活力。

可食地景园种植床的形式将会极大地影响维护的难易程度,抬高的种植床比地面上的种植床要更容易维护,因为后者很容易杂草泛滥,考虑使用未经处理的原木所制的圆形水箱、抬高的种植床,能达到更好的排水效果。铺砖或水泥小路要比碎石或草地更容易维护,不过地面处理的决策确实取决于很多方面,如资金、水资源可利用量、热量和反射问题,以及关于可食地景园可以长期使用的承诺等。

维护框架计划应包括以下几个方面的内容。

①土壤管理,包括堆肥、覆盖作物、有机营养与无机营养、土壤食物系统、监督与分析等。

②生产管理,包括覆盖作物、种子采集与繁殖、轮作、季节性生产计划、产物收获、季节性战略设施(织物覆盖、花格子架、拱形温室等)等。

③水域管理,包括水源保护、蓄水池雨水收集、生态效应灌溉、可再利用废水收集等。

④有害生物综合治理方案,包括制订方案和协议、培训、鉴别害虫和病害等。

⑤废物回收管理,包括收集绿色废物、采用绿色循环系统制造堆肥、材料循环及再利用、制定零废物目标和草案等。

⑥收获分配管理,包括确定每周、每日及每月的分配方案,确定与社区组织和当地企业的合作关系,制定目标及草案等。

在对于生态的理解及对于食品和健康问题的认知方面,社区可食地景园被证明是很有效的方法,孩子们可以跟随可食地景园的生长,进入一个可以获得丰厚回报的奇妙之地。通过管理一块菜地,他们可以了解自然的工作方式,这可以很好地帮助他们了解自己:我是谁?要到哪里去?可以做什么?他们可以学习和实践,可变得足智多谋,还能为提高自己和他人的生活品质做贡献。[①]

同时,社区居民可以通过对可食地景园的建设、维护和运营,在完整的播种、期待和收获的过程中,加深邻里感情,体会分享劳动果实的喜悦。

① NUTTALL C,MILLINGTON J. 户外教室——学校花园手册[M]. 帅莱,刘易楠,刘云帆,译. 北京:电子工业出版社,2017.

第二节　可食地景与校园

每一所学校不管空间大小，都应思考其空间潜力，即让每一个使用者置身于其中，均能参与多元的学习与各种活动，让人与人联系起来，产生新的活动连接，也可以在其中享受观察、体验与思考自然的乐趣。一个被称为学校的地方，应该不只是外观看起来像校园，而是其空间充满了学习机会，有价值的教学活动都可以在这里开展，不仅是关于自然和种植，还有团队合作、观察、系统思考等，这些都可以通过与自然连接形成一个更为紧密的学习结构，引导学生“以万物为师，与自然为友”。

著名作家林清玄曾在《在繁花中长大的孩子》一文中写过一所迷你又迷人的金竹小学。金竹小学深信“环境的教育可以美化心灵”，“在繁花中长大的孩子，心里也会开满繁花”。让孩子在美好的环境中得到熏陶就会产生怜惜心，会爱惜环境，这样的孩子怎么会变坏呢。[①]

① 林清玄.林清玄散文自选集[M].石家庄:河北教育出版社,2010.

一、案例分析

（一）国内案例

1. 上海同济大学附属实验小学的“一米菜园”

在上海同济大学附属实验小学校园内，经过园林景观设计师的后期“加工”，“一米菜园”成了这所学校独一无二的景观。来自同济大学建筑与城市规划学院的设计师们通过构建可食化自然校园，为孩子们营造出一个美好的自然环境。让孩子主动地亲近自然、了解自然，发现大自然中的植物更替规律，探索大自然中的生态平衡，体验自然之美，这是设计的初衷。

整个校园被分为5个区域，每个班级都有专属的菜地，学生在这里亲手种植各种农作物。而在学校沿着吴淞江的区域，一块标准化大田正在孕育而生，在这里将种植水稻、玉米等大田作物。在校园另一侧，预留的墨玉南路沿线的空地将种植一些高“颜值”的零散作物，起到屏障和美观的作用。最后一个区域是展现生态多样性的生态塘，将引入吴淞江的水，通过生态塘的自然净化，再供给水稻田。对学生们而言，这个小型的生态系统就是一个神秘的自然课堂。根据小学自然课本，将一些课本中的花卉植物融入这个大区域，学生在身边就能找到对应的植物。

设计师将同济大学秉承的可持续理念植入校园。厨余也会被转化成最好的土壤，比如说被设计成北欧风格的芭蕉圈，所有的厨余都能放进这个区域，成为芭蕉树的肥料。在食堂二楼的外侧，学生洗手池的废水被收集后，通过管道进入二次处理区，用于浇灌周边的植被。这些设计传递了环保理念，让更多的孩子去热爱自然，了解可持续的理念。

“一米菜园”不仅是一门自然课程，也是一门跨学科的课程。如图3-27所示，在“一米菜园”里，学生们亲自上阵，将1 m×1 m大小的种植箱分为9个小格，每个小方格中种上不同的蔬菜。种植箱由学生们自己制作，蔬菜和花草品种由学生们自己计划决定，菜园里的土壤也是学生们自己用厚土栽培的方式获得的。根据校本课程的要求，学生还要自己制作蚯蚓塔和堆肥箱，整个种植过程学生要学会浇水、施肥、纪录植物生长情况以及收获果实等。

图 3-27 “一米菜园”

（图片来源：http://jiadingbao.jiading.gov.cn/jdtt/content_277895）

在收获的季节，校园里还将迎来“校园好市集”公益活动，其中包括宣传、策划、摄像、采访等，都由学生们自行组织。整个过程综合了数学、英语、语文、美术等多个学科，让学生们在娱乐中学习，并且学会学以致用，这或是对跨学科课程的一次有效探索。

2. 台湾高雄金竹小学

金竹小学是位于台湾高雄内门乡偏远山村的“创艺”小学，以阅读、生态、艺术为学校的发展重点，一走进校园内，彷佛到了一座世外美丽花园(图 3-28)。该校以金竹传薪、竹意传情的乡土特色而闻名。

图 3-28　金竹小学校园景观

金竹小学校名取自学区所在两个村庄的地名，依学校地理位置区分，北村庄名金瓜寮，南村庄名竹围，各取第一个字，结合为“金竹”，这就是该校校名的由来。校园花团锦簇、绿木蔽地，学风纯朴，是莘莘学子的学习天堂。图 3-29 为该校动土典礼的场景。

图 3-29　动土典礼

学校特色有以下几点：①发展植物主题学校，加强绿化美化成效；②推动生活化的田园教学，诠释开放教育的精神；③推动小班教学精神；④强调个别化、适性化的教学；⑤体现校如家、家如校的温馨化教育。

学习课程内容架构如图 3-30 所示。

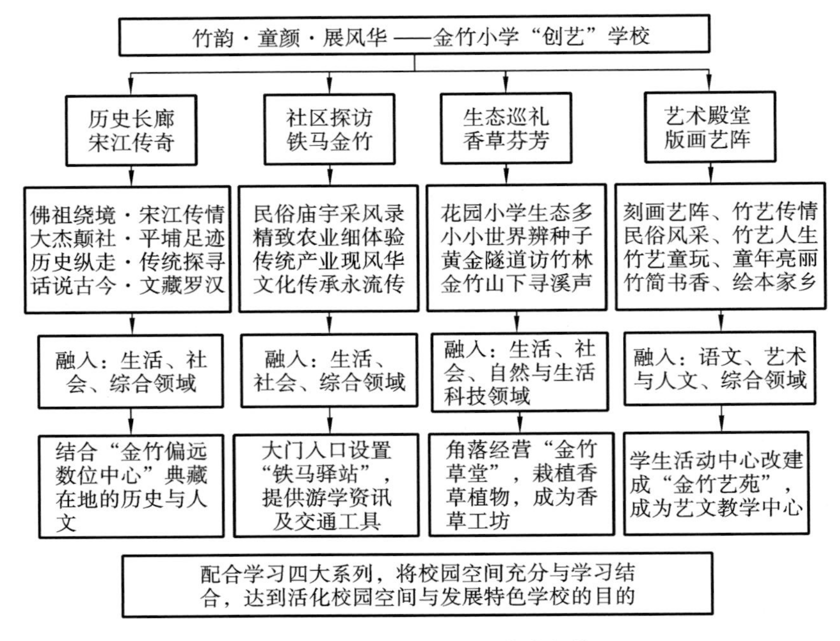

图 3-30　金竹小学课程内容架构

考虑到节令的民俗活动和植物生态，发展出配合季节时令的四季套装游学行程。贯穿四大内涵的十六项主题课程，让学生在不同季节、不同时令学习不同系列的课程。表 3-1 分别介绍了这些课程。

表 3-1　金竹小学四季套装游学行程

四季套装的四大内涵	春访宋江	夏探平埔	秋赏竹园	冬游书海
历史长廊	佛祖绕境·宋江传情	大杰颠社·平埔足迹	历史纵走·传统探寻	话说古今·文藏罗汉
社区探访	民俗庙宇采风录	精致农业细体验	传统产业现风华	文化传承永流传
生态巡礼	花园小学生态多	小小世界辨种子	黄金隧道访竹林	金竹山下寻溪声
艺术殿堂	刻画艺阵、竹艺传情	民俗风采、竹艺人生	竹艺童玩、童年亮丽	竹简书香、绘本家乡
实施对象	全体师生	本校中高年级及有兴趣的学区外学生	全体师生	本校中高年级及有兴趣的学区外学生
实施时间	配合内门宋江嘉年华会，于三四月实施	暑假期间	年度第一学期	寒假期间

续表

四季套装的四大内涵	春访宋江	夏探平埔	秋赏竹园	冬游书海
实施方式	融入各相关领域单独实施及采取户外教学方式	结合各界人力、资源办理暑假游学营	融入各相关领域单独实施及采取社区户外教学方式	结合各界人力、资源办理寒假游学营
学习形态	以实地田野探访、实操、参观、创作为主要学习方式			

该校通过活化闲置空间,让空间利用更细致、学习内涵更丰盈;通过发展特色学校方案的延续,以期构建融合社区文化、地方风貌以及学校条件的本位课程;除了让山村孩子尽情学习,学校也乐意让其他学区的孩子分享在地之美;更希望构建社区数位中心,让偏远山村居民和外界信息交流无距离,落实竹韵·童颜·展风华——“创艺”学校的愿景。

(1) 以地方人文关怀为学习内涵

历史长廊:以历史探寻,涵养一颗看重自己、尊重他人的心灵,注重人文关怀、情意教育。

社区探访:用乡土访查,孕育一份社区认同、爱家、爱乡的乡土情怀。

(2) 以传统民情风俗为创作元素

生态巡礼:以香草植物领略自然,培养一种认识自然、关怀环境的永续环保观念。

艺术殿堂:用版画素材创作一段创意鲜活、欢乐童年的快乐学习、成长时光。

1997 年金竹传薪·竹艺传情——金竹小学“竹艺”创造力学校活动照片如图 3-31 所示。

(3) 以人文关怀深耕金竹

打造一个帮孩子圆梦、实现金竹梦想、展现丰富社区、认识家乡、亮丽金竹的特色学校。

(4) 用艺术风华促欢乐童颜

一份对土地的认同,一份对成长地方的热爱,才是一生一世的眷恋,让人文的关怀、艺术的涵养,为童年写真,为生命织锦。[①]

3. 台湾东华大学可食地景校园计划

台湾东华大学校园建立在花莲一片宽广无际的土地上,人工河道与天然湖泊装点着美丽的校园。遵循坐北朝南的设计,中轴线由北向西偏约 20°、至南向东偏约 20°,以避免太阳东西向的直射。塔状建筑成为台湾东华大学所有建筑的共有特点。

过去,校园的规划在景观的需求上尽可能实现了视觉上的美感及部分教育上的意义,但对于和学生整体生活的连接与经验并不充足,校园的景观不应只表现校园建筑与景观的形象意义,更为重要的是应促进使用者(教师、职员和学生)工作与生活关系的密切融合。校园的景观应提供多元与多层次的功能,给予用户足够的身体经验与环境感受,除了大环境的校园景观、生态功能,还可提供给校园使用者有感官感受的实际生活经验。有别于过去的课程体验方式,台湾东华大学可食地景校园计划更注重真实的环境操作,特别是在校的大学生们,他们必须在校园生活四年的时间,要充分地运用对环境的观察、体会与理解来学习课程。

① 资料来源:http://www.loxa.edu.tw/schoolweb/view/index.php? WebID=35&schnum=124721&MainType=HOME.

图 3-31　1997 年金竹传薪·竹艺传情——金竹小学“竹艺”创造力学校活动照片

如图 3-32 所示，部分传统的农作物在台湾东华大学有了新的景观用途，玉米不只是作物，更可以当成欢迎来宾的低矮行道树，在维持三个多月的挂果景观后，也给师生提供了美味的生态玉米。

图 3-32　传统农作物新的景观用途

台湾东华大学校方公开提倡的可食地景校园贴士有以下几点。

①选定良好的替代品或是景观作物进行校园可食地景的改造，让可食地景取代原来的行道树、灌丛、草花、地被等作物。

②找一个天气晴朗的时间，可以清楚地看见前后左右的环境，在公共开放的场景氛围下种植。

③需要挖洞种植的请挖洞，不需要的请直接播种，并将育苗好的种苗置入其中。

④请记住清楚的标记是必要的，提醒自己种在哪一个位置，另外这些标记也是让其他人知道这里种有东西，以防割草工不知情地将幼苗除去。

⑤时时观察，注意作物的生长情况，每天多给它们一些关爱，会长得更好。[①]

以上的景观实践和温馨的校园贴士表明，"与自然为友，以自然为师"的生态教育理念，在台湾东华大学以可食地景为媒介得到了充分体现。

4. 台湾东华大学绿色校园餐厅

位于花莲的台湾东华大学开设了全台湾第一家绿色校园餐厅，认养学校附近的小农作物，提供有机餐点。花莲县有机农场面积达 1072 hm^2，名列全台之冠，台湾东华大学隔壁就有一座 60 hm^2 的有机专区，开设绿色餐厅看似天时地利人和，但其实在那之前，许多台湾东华大学的学生和教职员完全不知道有这么一个专区存在。花莲地形多属山区，种植规模小，每每遇到大雨，道路塌方，农民只能眼睁睁看着菜烂掉，并常常得从外地购入蔬菜，一来一往不但耗费资源，也降低了农民收入。

台湾东华大学自然资源与环境系宋秉明老师是绿色餐厅的灵魂人物，餐厅对他而言是一个食农教育的场合，要提供的不只是美味营养的餐点，还要让每个上门的人都知道餐点背后的意义。他首先开始在学校推动绿色饮食，先是开了通识课"校园绿色厨房"，如图 3-33 所示，他在东华有机专区租了一块田让学生实际耕种。他结合该通识课，带着 50 多名学生承租了约 70 m^2 的学习田，小小的田里种满玉米、莴苣、葱、丝瓜、胡萝卜等，农忙时期还带着学生去帮忙拔胡萝卜，很多学生第一次踏在田地里，既兴奋又紧张。为了让学生更明白产地到餐桌的意义，宋秉明还曾搬了两张桌子到田里，让学生用自己种的生菜包春卷，吃完再到田里做苦工，虽然有学生直说这

图 3-33　学习田课程

① 资料来源：http://permacultureyourcampus.strikingly.com/。

是除了体育课之外上过最累的课，但每个人都乐此不疲，每年都有100多名学生等着选这堂课。

在校领导的支持下，如图3-34所示，台湾东华大学在校内开设绿色实验餐厅，每天提供全蔬食、轻荤食简餐，食材全部来自附近的有机小农场，这里没有菜单，全看当天农家提供什么食材。从距离学校10 min路程的东华有机专区到最南边的邦查有机农场，30 km内迅速解决掉一餐。用脑用了一个早上，午餐不妨来碗胚芽米饭，搭配有机红薯、非转基因豆腐、人工饲养放山鸡蛋，饭后再来杯咖啡，如此健康的一餐不用千里迢迢跑到哪间有机店，台湾东华大学的学生只需要骑个几分钟脚踏车，准备好85～100元就可以享用到。①

图3-34　校园绿色实验餐厅

5．沈阳建筑大学

沈阳建筑大学浑南新区校园总占地面积为80 hm^2。2002年初，校方委托北京土人景观规划设计研究院进行整体场地设计和景观规划设计。位于校园西南角的稻田景观区域占地约3 hm^2，用地现状如下所示：①场地原属高产农田，是东北稻的种植地，土地肥沃、水源丰沛，生长茂盛的稗草、水蓼等乡土物种的场地特征在现场踏勘时给设计师留下了深刻的印象；②时间紧迫，校方希望在最短时间内形成新校园的景观效果，迎接当年九月的新生入学；③资金有限，校园基建预算基本只能满足校舍建设，很难有资金用于环境建设；④特色要求，新校园需要有可意象性，由此景观起着关键的作用。

经过现场探勘和分析，土人景观的设计师确定了稻田景观策略。第一，水稻适宜于在本地生长，而且东北稻有150～200天的生长期，因此有较长的观赏期。第二，稻田的建设和管理成本低，技术要求低，比传统校园的花草管理还要简单，几个普通农民就能很好完成从播种到收割的全过程，还可以创收。第三，见效快，几个月内就可以形成四季交替的稻田景观。第四，有特色，可以形成符合场地特点的稻田校园。第五，具有深刻的教育和文化意义，经过3年的春种秋收，沈阳建筑大学已经围绕校园稻田形成了独特的校园文化。中国的农耕文化，包括二十四节气在内，在师生的劳动参与和季节变换中得到了充分的展现。校园的插秧节、收割节、接待中学生参观稻田等活动，已成为校园文化的一个重要组成部分，校园稻田还被沈阳世界园艺博览会作为博览园的一个部分展示。第六，"建院金米"——年产近万斤的稻米收获后被包装成学校的纪念品，深受国内外嘉宾的喜爱，袁隆平院士为之题词曰："校园飘稻香，育米如育人"。可谓意味深长。

---

① 资料来源：https://www.newsmarket.com.tw/blog/26789/。

沈阳建筑大学的可食地景的特点可归纳为以下几点。

①大田稻作背景的读书台：如图 3-35 所示，在大面积的稻田中，便捷的步道连着一个个漂浮在稻田中央的四方形读书台，每个读书台中都有一棵庭阴树和一圈座凳，它们是自习读书和感情交流的场所。

图 3-35　稻田中的读书台

②便捷的路网体系：遵从两点一线的最近距离法则，用直线道路连接宿舍、食堂、教室和实验室，形成穿越稻田的便捷路网。挺拔的杨树夹道排列，强化了稻田的简洁、明快气氛，3 m 宽的水泥路面中央，留出宽 20 cm 的种植带，专门让乡土野草在这里生长，座椅散布在路旁的林荫下。

③强调景观的动态过程：从春天的播种、秋天的收割，到冬天收割完留在田里的稻禾斑块及稻茬，以及晾晒在田间地头的稻穗垛子，都被作为设计的内容。

④可参与性：校园稻田是学校师生参与劳动而共同创造的景观，参与过程本身已成为景观不可或缺的一部分，通过这种参与，校园景观的场所感和认同感油然而生。[①]

6. 无锡市天一实验小学农乐园

无锡市天一实验小学营造校园可食地景已有多年了，为培养孩子的劳动能力，寓教于乐，一直延续至今。现今，其阳光校区为了让学生走出课堂、亲近自然，已对分布在校园西门的土地进行了分片管理，56 个班级都有属于自己的菜园。让学生种植一些常见的蔬菜和农作物，让他们在实践中体验劳动的乐趣。活动开始后，各个班级根据自己的兴趣爱好自由组成活动小组，进行人员的分工，推选组长、记录员、摄像员、资料员等，各小组成员积极发挥团队意识，纷纷为农田取出个性的名字来，比如茁壮农园、蔬菜王国、番茄太阳、碧玉小苑、开心菜园、宜菜怡园等。

同学们在老师的引导下浇水、施肥、拔草，管理自己的菜园，学校还根据蔬菜特点，在种植品种和形状上进行了规划。在老师和家长志愿者的带领下，各个班级在设计好的农田造型上开始

---

① 刘宁京，郭恒. 回归田园——城市绿地规划视角下的可食地景[J]. 风景园林，2017(9)：23-28.

翻土、播种，种下了常见的茄子、玉米、辣椒、生菜、豆角等。每天安排的同学利用下课时间对农田进行浇水、施肥、除草等，同时还细心观察蔬菜的生长变化，做好每日的记录工作。

如图3-36所示，该校的科学老师姜艳霏经常会在课余带着三、四年级的学生到校园里上植物课，比如番茄属于哪个科，青菜又是如何施肥的，通过实地教学让学生明白它们的生长规律和特点。对于学生们来说，学校里开辟的这片可食地景园俨然成了最好的教科书。

图3-36 实地教学

虽然学校的生源以农村学生为主，但他们很少有亲手种植蔬菜的经历，在这个农园里，学生通过自己亲身种植，培养对土地的感情。通过教师指导掌握一些简单的栽培技术，激发了劳动的兴趣，从而进一步懂得了“粒粒皆辛苦”的深刻内涵，同时，学生通过认知粮食蔬果种植等知识，培养了乐于分享以及均衡饮食的良好健康习惯。[①②]

（二）国外案例

1. 查尔斯顿南卡罗来纳医科大学的城市农场

查尔斯顿南卡罗来纳医科大学的城市农场的前身是一处停车场，之后被指定为非生产性绿化地区，一位景观规划师开发了它的潜力，如图3-37所示，他规划建设了由大学环绕的城市农场，在此基础上组织实施了多种保护公众健康、传授公众知识的活动和措施，除了作为教学工具，该

① 资料来源：http://www.tysyxx.cn/cms/xwzx/xyxw/2018_05_10_13329.html。

② 资料来源：http://www.tysyxx.cn/cms/xwzx/xyxw/2018_04_20_13307.html。

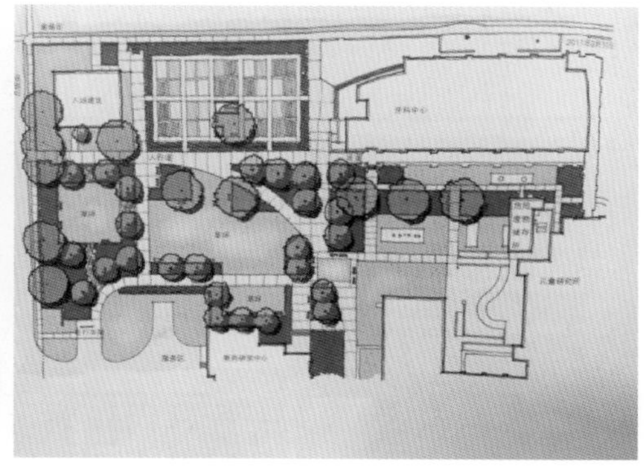

图 3-37　南卡罗来纳医科大学的城市农场

农场同时服务于大学社区和更广大的查尔斯顿公共地区，还能为南卡罗来纳医科大学的咖啡馆提供原料。

该农场使用多种工具推动健康生活，其中，每种种植 50 株以上的作物都会单独建立一份信息资料，其内容包括种植及收获的过程和技巧，以及相关膳食营养信息，该可食地景园还为南卡罗来纳医科大学的师生和居住者提供机会，去接触他们不熟悉或曾经对之抱有疑惑的食品。人们还在生态教室中定期举行厨艺展示活动，为生态农场的建设者们提供种植参考。通过推广生态教室理念，该城市农场吸引了大量志愿者学习实践，对维护者的需求压力大大减少，农场由地勤人员、营养师、实物销售协调员等组成的多学科专家组管理。志愿者们在花园中实践操作，同时学习多种作物的培育知识。他们不仅能将学到的知识与亲友分享，还能将部分劳动成果与之共享，此外他们还会在户外学习空间中定期召开研习会和一系列生态讲座。农场通过与查尔斯顿南卡罗来纳医科大学的健康管理中心等组织机构建立合作，面向更加广阔的社会，进一步推广营养饮食习惯，以及更加健康的生活方式，其盈余的收获物还将被运往当地的食物银行及教堂。[①]

2．加利福尼亚州亚瑟顿市圣心预备学校有机蔬菜园

加利福尼亚州亚瑟顿市圣心预备学校有机蔬菜园隶属于 Michael J. Homer 科学与学生活动中心，如图 3-38 所示，有机蔬菜园是围绕主体大楼的户外教室之一。学校一位极富热情的园林设计冠军将该园设计成与露天餐厅侧面相接的蔬菜园。大楼南面，一条平直的走道走到尽头，是一排排笔直的种植行，每行只种植一种蔬菜，它的后面是一个“小奥莉”式篱笆，使园子在蔬菜的所有生长阶段看起来都非常整齐，而灌溉水则来自校园的井下。对设计团队来说，挑战源自初期需要的大量管理，即让它能被人们所接受，而且接着几个月后，另一个占地 5.8 m^2 的园子也通过适度修整，由园林景观改造成蔬果园。因为项目十分成功，两个园子之间开始联手协作，比如在废物、灌溉水管理以及生产管理上进行合作。作为总体可持续发展战略的一部分，几十年的老路面被收拾出来，50 棵树龄过百年的老橄榄树组成约 300 m 长的行列。过去该校一直收获、榨取橄榄树果实，而今这里更成了设计师公园，2009 年以来，每到 11 月初，学校社团聚集在一起采摘这些果实，榨取优质橄榄油，然后装瓶售卖来筹款。学校课程还面向学校学生，教授他们如何管理这

① PHILIPS A. 都市农业设计[M]. 申思，译. 北京：电子工业出版社，2014.

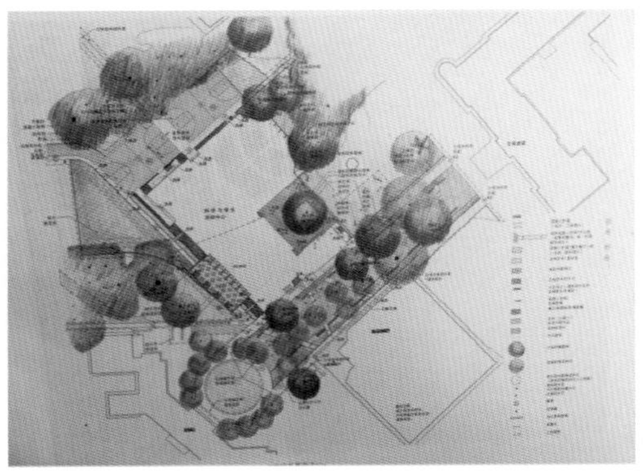

图 3-38　圣心预备学校有机蔬菜园

些树木，怎样产出高质量的橄榄油，怎样让橄榄油更纯，哪些因素会影响它的口感，以及让人们感受果实从树上采下到送上餐桌的整个过程。每年圣心预备学校的学生及社团都在维护管理这片共占地 64.5 m^2 的有机蔬果园，并作为他们环境科学及全球研习课程的一部分。该有机蔬菜园建立的主要目的之一就是教会学生理解地球资源，让年轻人了解可持续发展这一概念，让他们学会种植食物，并清楚整个过程，以便理解农业可以建立在可持续发展的基础上。①

3. 加利福尼亚州马林县米勒克里克蔬菜园及户外厨房

在加利福尼亚州马林县米勒克里克中学建立蔬菜园的想法来自该校的一名学生，这名学生打算抵制食品引发的肥胖症，同时减少自己及同学对环境的影响。这一想法某种程度上受到了当时第一夫人米歇尔·奥巴马的影响，她倡导运动，抵制儿童肥胖，还在白宫建立了有机园林。后来，加利福尼亚州伯克利马丁·路德·金中学的哈里斯·沃特斯发起蔬果校园项目，提倡有机园艺、健康饮食，这带来了更深的影响。这片有机蔬菜园不使用杀虫剂，内有近 16000 L 容量的用于收集雨水的水池，还有一个循环灌溉供水系统，蔬菜园内还有为烹饪班或其他特殊活动准备的户外可移动厨房。这片蔬菜园可供全校师生使用，其特点有如下几点。

第一，设高深花槽用于种植药草、蔬菜；第二，用原生墙面种植药草，教室垂直面用以种植小型绿色蔬菜；第三，设置雨水池以及循环灌溉系统；第四，创建户外班级规模的露天教室；第五，蔬菜园棚屋用于储藏食物，并具有现场展示厨房的功能；第六，温室用于育苗和初期种植；第七，产品由学生及家长带回。

如图 3-39 所示，可食地景园的一期建设工程由学生家长及社区志愿者在 2010 年仲夏动工，第一个蔬菜园种植目标恰好在放假前一周达成，它包括种植多种冬天或凉爽季节收获的蔬菜、草本植物和有益植物。该校校长不仅是从农场到餐桌哲学和慢食运动的忠实拥护者，还强烈支持蔬菜园初始种子基金的建立。校长还提到，作为户外教室，蔬菜园还将创造巨大的价值，为中学生创建可持续发展的增益性课程，户外教室的总体目标是为学生提供体验性的学习环境，使学生接触有机蔬菜园、基础营养、烹饪意识及技巧的各方面知识，此外蔬菜园还为学生提供了研究生命科学和环境可持续发展概念、慢食概念以及从农场到餐桌哲学的场所。随着遮阳格子棚和更

① PHILIPS A. 都市农业设计[M]. 申思，译. 北京：电子工业出版社，2014.

图 3-39 米勒克里克蔬菜园及户外厨房

多户外厨房的发展，蔬菜园的二期建设工程计划完全使用太阳能发电机和风力发电机发电。[①]

4. 澳大利亚食农小学计划

城市孩童罹患肥胖症或糖尿病的比例居高不下，一定程度可归咎于学校餐厅里贩售的食品，很多是电视广告中常出现的食物与含糖饮品，以及现代人因忙碌而选择方便的外食。因此研究专家认为，应该在中小学教育中建立起健康饮食的课程。另外，发展社区内学校的永续食农教育、教导孩童亲自栽种并了解厨房烹饪、让城市未来主人翁与家长们了解如何健康饮食，也都是现代城市发展适宜各个年龄层的永续健康社区不可或缺的重要手段(图 3-40)。

图 3-40 食农小学菜园

澳大利亚的食农小学计划架构在城市空间尺度上的田园城市计划内，辅以热心家长及景观、朴门园艺等空间专业人员的协力合作(图 3-41)，创造出令人惊喜的孩童友善学习空间。而食农教育本身则从环境感官连接到孩童使用的专业厨房空间，配合当季节令食谱，从硬件到软件，将田园计划由内到外整体结合得非常完整，让孩子们与家长都能够获益良多。

① PHILIPS A. 都市农业设计[M]. 申思，译. 北京：电子工业出版社，2014.

图 3-41　食农计划课程

目前在英国及澳大利亚两地所倡导的厨房菜园食农计划和学区内的公立小学合作，孩童们由中年级开始，接受实验性课程，学校将厨房菜园食农教育编入每周课程中，每周两小时，一周在学校厨房实作学习，一周在学校菜园学习。

在澳大利亚，政府推动斯蒂芬妮亚历山大厨房菜园国家计划，如图 3-42 所示，旨在改变孩子对于食物的思考方式，教导小学生如何种植、采收、准备和分享新鲜有营养的食物。

图 3-42　厨房菜园国家计划

厨房菜园食农计划的课程相当受孩子们的欢迎，每周的餐点实作课程鼓励孩子们亲自动手，学习如何制面团，如何堆厨余，如何将学校菜园所生产的时蔬运用到餐点中。

孩童除了可以享用自己种植、照顾的食物，也学习到如何运用这些时令食物创造不同的餐点。有研究指出，孩子们自己动手学习烹饪的过程，能够有效地减少食物的浪费。在这个课程中，当季没有及时使用完的食材，皆被制作成果酱或其他相关产品，成为学校向家长或邻里募集公款的交换实物来源。

Majura 小学是澳大利亚首都特区中唯一获得斯蒂芬妮亚历山大厨房菜园国家计划全额补助的学校，后来也成为食农教育示范学校。最初是由一群家长提出校园空间的相关改造想法，主动发起这项活动。拿到经费后，家长志愿者开始每月一次的周末早晨集思会议，构思如何善用经费进行校园改造，当时分类成六大组：菜园组、厨房组、营销信息组、校园人际网络组、赞助捐款组以及社区信息组。从写计划申请补助，到召集家长凝聚共识一起动手对校园进行彻头彻尾的改造。改造的范围包括校园前入口、学校中庭、游戏场、菜园、学生学习厨房、脚踏车停车棚及特色蜡笔围墙等。如今，学校的孩子们拥有自己的小型厨房以及非常吸引人的农食菜园。

Majura 小学里的菜园在 2010 年被正式命名为“Annungoola”，有“丰富地方”的意思，是萨顿附近地区有药草植物生长并有大量新鲜水源的一个基地。

菜园由 2 个主要区域组成，一个区域是市场花园，规划线性种植作物，有着非常明显、成排的覆土种植床；另一个区域则是非线性种植的家庭花园，该区域的不同植物使学生们能方便尝试不同的有机农艺方法。如图 3-43 所示，菜园空间的一角还会不定期出售从菜园里分株种植的植物，可供学校贩卖、募款使用。

图 3-43　菜园空间贩卖募款的一角

鸡是有机菜园中非常重要的一部分，为下一期的种植堆肥提供大量新鲜粪便以提升土壤的质量。鸡也会吃菜园里的蜗牛、蛞蝓等害虫，回报给学校师生新鲜的鸡蛋。总之，该可食地景园的设计始终贯穿朴门永续设计原则。

从国家级的厨房菜园食农计划到唯一获得全额补助的小学案例，从热心家长开始构思，找寻适当可申请的奖金，慢慢地组织学生家长，慢慢地改造相关空间，可以看出澳大利亚民间参与公共事务的蓬勃发展以及政府公开支持校园可食地景的决心。同时，该食农教育计划的相关软硬件配套措施，包含丰富的教育内容资源、季节性菜单、专业教育师资，除了为现代都会里的小学生们提供完整的食材健康教育学习资源，也扩展出附近居民和家长们能够互动、凝聚向心的“心”空间。①

5. 泰国国立法政大学屋顶有机农场

泰国国立法政大学重新利用了浪费的 22000 m^2 屋顶空间，打造了亚洲最大的屋顶有机农

① 资料来源：https://mp.weixin.qq.com/s?_biz=MzAxNTE1ODI1Nw%3D%3D&idx=1&mid=2660404381&sn=7d46caebe0c6dd3d96a3e6b4946ed24e。

场——萨玛萨特城市屋顶农场(TURF)。结合了建筑景观与独特的传统梯田模式,TURF 项目集可持续粮食生产、能源再生、有机废物与水资源管理及公共活动空间于一体(图 3-44)。

图 3-44　萨玛萨特城市屋顶农场

土堆形的建筑表达了对大学前校长 Dr Puey Ungphakorn 的敬意。"Puey"在泰语中意为"树下的土堆"或"养分"。农场的建设结合了梯田的土方结构和现代绿色屋顶技术,与传统混凝土屋顶相比,这种阶梯式的屋顶将雨水的收集、过滤及减缓径流的效率提高了 20 倍。

当郁郁葱葱的绿色染上成熟的金黄时,TURF 向人们展示了一个既现实又充满希望的可行性方案(图 3-45)。项目的核心理念旨在让城市居民重新适应农业生产。传统泰国农业、景观规划及本土土壤处理的经验,都被吸纳到项目中。通过建设可持续的城市,为未来的接班人指明了迎接与适应气候挑战的道路。[1]

图 3-45　农场景观

① 资料来源:https://www.gooood.cn/thammasat-university-rooftop-farm-by-landprocess.htm。

二、营造原则和要点

(一) 营造原则

1. 可观察性

学校建立可食地景园的初衷是希望孩子们“以万物为师,与自然为友”。基于不同年龄段学生的特点,因地制宜地设计可食地景园的布局,创造可供观察的场地和形式,便于孩子们观察植物的生长、发育(生命循环),学习相同目标不同的解决方式与自然生态位等。

2. 可劳作性

学校可食地景园为孩子们创造了参加体力劳作的机会。孩子们在阳光下劳作,增强体质的同时,也明白了“一切靠劳动创造”“粒粒皆辛苦”的道理。结合不同年龄段学生的行为特点,从场地选择、分区片设计到植物品种的选择,切身考虑学生进行劳作的需要。

3. 可关联性

学校营建可食地景园应该考虑和部分科目教学的关联性,除了部分中小学校开设的园艺课程,可食植物的相关知识完全可以结合数学、生物、历史等科目进行拓展,另外,考虑在可食地景园的轮班管理和维护中,让孩子们更多地增强责任感。部分大学有关城市设计和景观学的专业,完全可以将可食地景园作为新类型城市绿地的实验基地。

4. 可延续性

学校可食地景园的良好设计以及行之有效的维护管理,是使其成功和长久运营的保障,以可持续发展为终极目标,一旦建立,应不需要任何人工化学品的投入,让孩子们有机会与一个正常运作的系统相互影响,并在这个过程中发展可延续性思维。

(二) 营造要点

基于校园的实际情况,可食地景园的分布类型主要有两种:一种是在校园里择地集中设置,另一种则是结合每个年级甚至每个班级教室周边的小院落进行分散式设置。如果是第一种设置方式,那么,其营造要点几乎完全可以参考本章前文中的社区可食地景内容,如果是分散式设置,则补充如下营造要点。

1. 选择适宜青少年的种植品种

适宜青少年的种植品种应具有四个特点。首先是易存活,选择适合初学者种植的蔬菜,先从种植简单、易存活的品种开始,引导学生体会到生长的良性变化,鼓舞劳作的信心,继而慢慢喜欢上与自然的对话。其次是味道好,选择适合青少年口味的蔬果品种,经实践证明,草莓、小番茄、黄瓜、生菜等都是孩子们喜爱的蔬果,收获时的甜蜜更能让他们相信“一分耕耘一分收获”的道理。再次是安全性,合理避免一些根茎带刺或者可能致敏的植物,让孩子们在安全的环境中接受自然教育。最后是共生性,从自然教育的角度重视共生关系蔬果的搭配,如豆科和非葫芦科混合种植,豆科植物根部的根瘤菌有固氮作用,可促进其他植物的生长;紫苏与番茄混合种植,紫苏的香味和抗菌成分能抑制番茄的虫害。如此利用植物混种,营造相互保护、减少虫害的环境,非常有益于孩子们理解自然生态系统的友好关系。

2. 考虑过渡空间和停留设施的结合

教室周边的户外分散式可食地景园,除了有让孩子们体验种植乐趣的主要园区,还应考虑其作为自然教室的作用,考虑让孩子们在此听自然生物课,进行自然观察,甚至可进行实时记录,因此,如果场地允许,适当设置过渡空间和停留设施(小型台阶和桌椅)是有必要的,最好可以在老师或园艺设计师的指导下,发挥孩子们的创造性,就地取材或变废为宝。另外,可以对现有设施进行改良,如将教室周边现有的树池拓展为防腐木质的环形坐凳,方便孩子们在树荫下写蔬果观察日记等。

(三)学校可食地景园或可使用的类型

以下几种类型可根据总体布局中可食地景园的规模及性质有选择性地使用。

1. 高种植床可食地景园、种植环或种植箱可食地景园

高种植床可食地景园较适合学校的理由有如下几点。

①比起那些必须向下观察的地面可食地景园来说,高种植床可食地景园可以让学生尽可能少地受他们受限的视野范围影响(取决于年龄),他们可以更好地观察可食地景园、其他孩子和老师。对老师来说,同时对着一群学生指出高种植床可食地景园中的某一处要更容易,如若面向下沉可食地景园,向下指的时候,只有第一排学生可以看见。

②在稍直立的姿势中工作会更简单,并且减轻弯腰工作的负担。

③如果可食地景园被抬起并且轮廓分明,步道会更容易维护。

④路上野草的种子会较少地进入抬高的种植床中。

⑤在假期或者班级轮流使用的间隔,高种植床可食地景园很容易停用,也可以把高种植床可食地景园变成覆盖作物区或者蚯蚓农场。

⑥因为高种植床可食地景园在地面之上且排水良好,所以可在潮湿区域或者沼泽地使用。

2. 下沉可食地景园

和抬高的种植床相反,下沉可食地景园更适用于炎热干燥的地区,在那里蒸发量可能大于降水量,其优点有以下几点。

①下沉可食地景园可以在降雨很少的地区保持高产,在这些地方如果不依靠下沉可食地景园,就很可能无法建立可食地景园。

②可在同一个区域中通过增加种植空间和层次的数量来示范边缘效应的原理。

③水的收集和转移在这种可食地景园的设计中是高度可见的。

④清楚地展示了对场地中所有水的充分利用,以及对潜在洪水的适应程度。

⑤如果可食地景园的边界足够大,许多孩子就可以窥探到可食地景园的内部,并且一次看到整个展示区域。

⑥这些可食地景园还可以串联排布形成水景,这样前一个可食地景园溢出的水将流入下一个可食地景园。

3. 螺旋可食地景园

螺旋可食地景园是善用立体空间,在细小的范围内,争取更多的种植面的可食地景园类型。

这种可食地景园构造的优势有以下几点。

①许多蔬菜可以在不同圈层种植,这个区域提供了多样的光照角度和水分湿度。

②建一个相对于平地的小丘,可以使种植面积成倍增加。

③因为增加了边界并且有环绕的路径,维护和采收都非常方便。

④建造螺旋可食地景园仅需要 2 m^2 的空地,而且可以直接布置在教室外或厨房外。

⑤蔬菜可以用于感知(触觉、嗅觉等)活动,还可以成为给有特殊需求的孩子建造的感知可食地景园的一部分。

⑥按水向低处流的自然定律,把喜旱的植物植于螺旋的顶部,喜湿的植物种植于螺旋较低处。

⑦可按各种植物的日照需求,编排种植种类区位置。

4. 锁孔可食地景园

锁孔可食地景园的形状可以是一个单独的带有一个开口的“锁孔”,也可以是带有一串锁孔入口的边界笔直或弯曲的公园。它可以在地面建造,也可以建在抬高的种植床上。

锁孔可食地景园构造的优势有以下几点。

①在可食地景园里创造边界效应。

②对可食地景园的所有区域有最大的可达性。

③其尺寸可以适应任何年龄的园丁,并以手臂能触及的距离来度量。

④害虫很难沿一条道从头吃到尾,因为锁孔可食地景园的边界是充满弯折的曲线。

⑤利用了所有向不同方向拓展的种植空间。

⑥展示了“与自然协作而非抵抗”的原则。

⑦展示了运用形式产生的辅助功能。

⑧比起边界笔直的可食地景园,锁孔可食地景园在同一个空间里可以容纳更多的学生。

锁孔可食地景园的名字源于该园的形状,如图 3-46 所示,而这个形状是为了使边界最大化及可达性最佳而设计的。①

图 3-46 锁孔式可食地景园

---

① NUTTALL C,MILLINGTON J. 户外教室——学校花园手册[M]. 帅莱,刘易楠,刘云帆,译. 北京:电子工业出版社,2017.

四、运营和维护

(一) 运营

①让可食地景园成为孩子们自己的可食地景园。

②激发孩子们的积极性。

③选择孩子们喜欢吃的植物(诸如樱桃、番茄、豌豆、蚕豆、草莓、香菜、生菜和蓝莓等)。

④选择生长快的植物,如生菜、萝卜、向日葵等。

⑤工具应该是真的,而不是玩具。

⑥使用堆肥,引导孩子用儿童手套徒手种植。

⑦路径和边界是有趣的,并且相信孩子们可以设计这些设施。

⑧给每个孩子都安排一项重要工作。

⑨庆祝并让孩子们感觉自己很重要。

校园可食地景园运营或可采取的方式有如下几点。

1. 学校可食地景园与社区可食地景园相结合

在学校可食地景园中拥有或附带一个社区可食地景园是很好的方法,社区常常希望建立一个可食地景园,却苦于没有在某个特定地点获得土地的途径。学校往往处于社区的中心,而且拥有可以用作可食地景园的土地,对于这个空间的分享可以涵盖上学和放学期间。

如果社区居民对学校可食地景园的兴趣不是很大,那么最初可以建立规模比较小的可食地景园,随后先提高参与性,再拓展可食地景园空间。只有学校和更广大范围的社区之间保持良好的关系,并且有专门的推动者和引导者参与其中,这种合作关系才能长久存在。

在任何一段时间内,这个可食地景园可以由二者中的任何一方来营运和管理,或者都参与管理这个可食地景园。大家对于可食地景园的持续存在抱有信心,使得老师们能在有保障的情况下,将他们的计划和活动时间投入到与可食地景园相关的课程里。一旦老师们确认可食地景园是有未来的,他们就必然会加入其中,引导学生以一种全新的激动人心的方式来体验这些课程,这些工作反过来也保障了可食地景园的维护和未来。

2. 作为家长和园艺专家来访基地的可食地景园

在许多学校里有一个区域专门用作这样的可食地景园,每次可由一名或多名家长带着几个孩子在可食地景园里开展工作。实验证明,家长负责指导的孩子在户外工作或教室上课时,很少或完全不会产生行为问题。也允许一位老师带领孩子与家长助手一起在可食地景园里工作,同时由家长担任可食地景园的协调员和访问园艺专家。

3. 作为学校食堂供应方的可食地景园

在欠发达地区,很多学校还为未成年的孩子提供其赖以生存的新鲜食物,可食地景园是供给学习能量的必需品。而在富裕的地区,越来越多的孩子显然被另一种形式的营养失调所困扰,他们摄入了过多且无用的热量,欠缺新鲜、洁净、健康的食物,孩子们无法完全发掘出他们在学习成长或者体育运动中的潜能。

即使学校无法提供完整的演示厨房和就餐区，孩子们也依然可以通过种植香草和蔬菜，来与食物来源建立联系，这些蔬菜可以在校园里种植并分配食用，具体操作方法有如下几点。

①班级可以在放置于走廊的种植槽或者朝阳的花盆中种用于制作沙拉的蔬菜、用于烹调的蔬菜，产出可以用于课堂上。该课程可以与其他课程有一定的相关性，也可以没有。户外的烹饪设备可以用来制作食物，或者将电炒锅等设备接入教室。

②产出可以进入食堂，用来准备健康餐饮。

③可以将这些产出的蔬菜放在学校门口摆摊设点，这样当家长来接孩子的时候，就可以在校门口带走新鲜的蔬菜了。

④孩子们可以把从学校可食地景园里学来的种植技能和一些种子或可扦插的枝条带回家，与父母或祖父母一起种植，并制作真正新鲜健康的食物。

4. 食品生产或市场可食地景园

一些学校向学生供给食物，所以必须种植大量品种丰富的蔬菜和水果，而更大的学校可食地景园甚至能够用他们的产出来供应当地的市场和餐厅，这恰好可以用来教授数学，因为这里会涉及预算和营销的真实经济情景，为高年级的学生提供了宝贵的实践经历。一座可食地景园能获得怎样的产量和收益呢？这取决于杂草管理、种植制度，以及确保可食地景园在学期中得到良好的打理，并且能在放假时关闭，不过如果可食地景园真的非常高产，那么在假期可以由专业园艺工人来接替维护和管理。

5. 由专业可食地景园老师引导的整体计划可食地景园

有些学校选择让一位教学员工成为专业的可食地景园老师，由其负责传递与其他课程的老师或与学校整体规划文件相关联的可食地景园课程计划，可食地景园的维护需求成就了可食地景园里的活动。在多数情况下，这位老师会对可食地景园制定一整年的计划，并制作一个班级轮换使用名册，以便可食地景园的维护工作可以分摊到所有课程中。对于与孩子们一起学习园艺技能的教师来说，可食地景园专业老师可提供一种有力的支持，其支持和指导可以使任课老师在室内工作和可食地景园活动之间建立起重要的连接。

由专业可食地景园老师引导，学校可食地景园的价值将被绝大多数教职工所认可，他们可一起规划一系列围绕学校可食地景园开展的教学体验活动。这些可食地景园只有在被看作学习的地方时，才有机会被很好地使用和妥善地维护。班级可以预定进入不同的可食地景园教学景观，这由他们正在进行的工作单元的需求决定，他们可能会与其他班级共同管理这片空间，或者独占几个星期或一个学期，可由可食地景园专业老师来进行统筹，如果在整个学期中没有专门的团队使用某一个区域，它就可以被关闭。

（二）维护

维护是可食地景园设计中的一个重要方面，不应事后才考虑使用者的需求，要考虑产生最少的垃圾和最少的维护成本，这将使学校可食地景园获得更为长久的成功，相反，可食地景园会因为看起来杂草丛生或缺少关爱而失败，这让其显得操作困难、管理耗时而令人生畏。

对于维护的设计除了应该体现于可食地景园的实体空间，还需要对不可见的系统和网络予以支持，有更多的团体使用可食地景园，它就有更多的机会被照看好，并一直对老师和学生充满吸引力。

如果可食地景园维护所需要的能源完全来自学校内部，那么可食地景园的位置是最为重要的。在这种情况下，可食地景园必须接近现有的教学活动区域，布置在视线之外或者远离教室的可食地景园肯定是很少会被使用到的，所以在开始的时候可建设小规模的可食地景园，并且靠近教室，这样可食地景园就可以得到学生和教职工的照顾，在课堂上或课后都可以使用。如果这样的方式可操作性不强，那么可以考虑在可食地景园旁边建造一个棚架，为孩子们提供室外活动的庇护并启发场地活力。

可食地景园种植床的形式将会极大地影响维护的难易程度，抬高的种植床比地面上的种植床要更容易维护，因为后者很容易杂草泛滥，考虑使用未经处理的原木所制的圆形水箱、抬高的种植床，能达到更好的排水效果。铺砖或水泥小路要比碎石或草地更容易维护，不过地面处理的决策确实取决于很多方面，如资金、水资源可利用量、热量和反射问题，以及关于可食地景园可以长期使用的承诺等。

在促进对于生态的理解和对食品和健康问题的认知方面，学校设立可食地景园被证明是很有效的方法，它有益于价值观的建立以及对于核心科目的学习。

学生可以跟随可食地景园的生长，进入一个可以获得丰厚回报的奇妙之地。通过管理一块菜地，他们可以了解自然的工作方式，同时可以很好地帮助他们了解自己：我是谁？要到哪里去？可以做什么？他们可以学习和实践，可变得足智多谋，还能为提高自己和他人的生活品质做贡献。①

① NUTTALL C，MILLINGTON J. 户外教室——学校花园手册[M]. 帅莱，刘易楠，刘云帆，译. 北京：电子工业出版社，2017.

第三节　可食地景与公共建筑

可食地景与公共建筑结合，按营造位置来分，可形成屋顶可食地景园、垂直可食地景园、室内可食地景园等。涉及的建筑类型包括商业综合体、办公建筑、医院及康复疗养院等。

商业综合体因其商业的招揽功能以及消费人群易接受新鲜事物，更适合与可食地景结合，室内可食地景成为特殊绿量的同时，它作为都市农庄的缩影，也对亲子家庭起到了自然教育的作用。

屋顶可食地景将植被用于美化、食物供给、气候控制等功能上，高可鸟瞰城市风貌，低可蹲拾乡间蔬果，起可漫步绿径，落可品尝香草水果茶。密集型与广泛型屋顶可食地景园将为濒临灭绝的物种提供栖息地，近年来越来越受到欢迎。

除了以上功能，商业综合体的可食地景园在某种程度上说，也是以比萨店为代表的餐饮店的蔬果供应源，如果产量供应允许，可成为减少食物碳旅程的新方法，从产地到餐桌或可实现零旅程。

首先，可食地景园可作为建筑屋顶和垂直绿化墙体的一部分，例如城市中的屋顶农场、屋顶花园、垂直花园等。其次，作为建筑内部的餐饮店的原料来源，包括咖啡店、面包烘焙坊、水果冷饮店等，可在处理操作和食物保存上，用可直接获取的蔬菜、水果作为原料，尽量缩短食物里程、保障食品的新鲜和安全。最后，在装饰风格上，将用餐空间种满芳香植物（薰衣草、迷迭香、薄荷等），让食客们宛如置身花园，与自然亲密接触，为食客们提供更加独特的视觉和味觉盛宴，既具备一定的观赏性，又具备采摘的趣味性和功能性，同时又为进入者提供了交往的媒介和空间。

作家理查德·洛夫在其作品《林间最后的小孩——拯救自然缺失症儿童》中提到"大自然缺失症"的术语，该作品描述了人类远离自然所付出的代价。也许提出这个术语最初针对的是生活在城市环境中的孩子，但现在也更多地用来形容城市中的成人。医院作为城市公共服务设施中重要的组成部分，在通过传统医疗手段对患者进行治疗的同时，也可以借助自然中无形的力量，让患者在更加舒适轻松的环境下理疗康复。医疗景观设计相关的数据显示，景观对患者起到治疗和抚慰的作用，可食地景不仅使患者感受自然，更能增加其与自然的交流。

一、公共建筑之商业综合体

（一）国内案例

1. 珞珈创意城天空农场

珞珈创意城天空农场位于武汉市武昌区珞瑜路33号珞珈创意城12楼，占地面积达1000 m^2，目前已种植了20多种蔬菜，天空农场的主要业务是农作物的采摘与认养，通过蔬菜认养与亲子教育相结合，为都市人尤其是孩子们提供与自然亲近的机会。

该天空农场以可食地景的设计、建造和运营管理为主，以为都市居民提供绿色园艺产品为补充，以城市闲余空间综合利用、体验式农业和亲子自然教育相结合为特色，着力打造完整的都市农业系统与开发运营价值链。

为了使天空农场有田园的感觉，除了有土地和可食植物，运营者还打造了与自然配套的宜人风景，适当增加小型的常青植物作装饰，如柑橘类、松柏类、文竹等植物；增加多年生作物，如香草植物迷迭香、食用芦荟、多肉观赏植物等；根据不同作物的成熟季节，提前做好育种安排，以确保每个时间段都有生长旺盛的蔬果。

在以武汉为代表的夏热冬冷的城市，夏季的太阳都是火辣辣的，都市空气温度在35 ℃左右，而楼顶温度更高，这样的高温对于作物的生长显然是不利的，该农场也想出一些办法以应对夏季高温。

①做可灵活开关的遮阳网。早上9:00左右盖上，下午4:00之后再揭开，这个时间段刚好与农场次要营业时间是吻合的，农场的主题活动可能在下午5:00以后才能开展，这样既能保证作物正常生长而又不影响其他业务的开展。

②增加土壤厚度或增加隔热层。其实这一点在开始建设屋顶农场时就应该做好，根据所在城市的气候情况，在避免土壤负重太大的情况下适当增加土层和隔热层厚度。

③地面洒水降温。利用地面水的蒸发降低屋顶水泥层的温度，以防止植物根部被高温灼伤。

④喷灌降温。利用水雾对楼顶空气进行降温，防止温度过高引起植物叶片灼伤，并对作物开花结果造成不良影响。

在较寒冷的冬季，考虑到可食地景户外观赏的宜人性，该天空农场使用构筑物的形式搭建室内茶吧，给游客提供以花草茶为主题的休息停留空间，不会因为偶尔恶劣的天气而影响使用的舒适感。

该可食地景园经常组织以蔬果为主题的亲子活动，包括教孩子们认识蔬果、蔬果写生与沙拉制作以及庭院设计方案制作等活动。同时还以该园为教室空间，根据不同节气开展以健康慢食为主导的各种活动。目前已有的线下活动包括以美食为主题的线下读者活动、浪漫的生日聚会、瑜伽音乐美食汇以及小小测量师自然教学活动等。

目前天空农场的会员可以以年为单位，租下1 m^2见方的木箱蔬菜格，如图3-47所示，自由选择时间来打理或采摘，忙时也可委托工作人员代为照料。另外，该可食地景园所在的珞珈创意城也是年轻人喜爱的商业综合体，该创意城的几家西餐店和比萨店的蔬菜货源大多由其专供，基本

图 3-47　天空农场

（图片来源：作者自摄）

实现了食物从原材料到餐桌的旅程低碳化。

2. 光谷新世界 K11 屋顶可食地景园

光谷新世界 K11 地处关山大道与新南路交会处，是集酒店、写字楼、购物中心为一体的商业综合体，景观绿化面积为 5681 m^2，如图 3-48 所示，其中五楼屋顶可食地景园绿化面积为 3641 m^2，

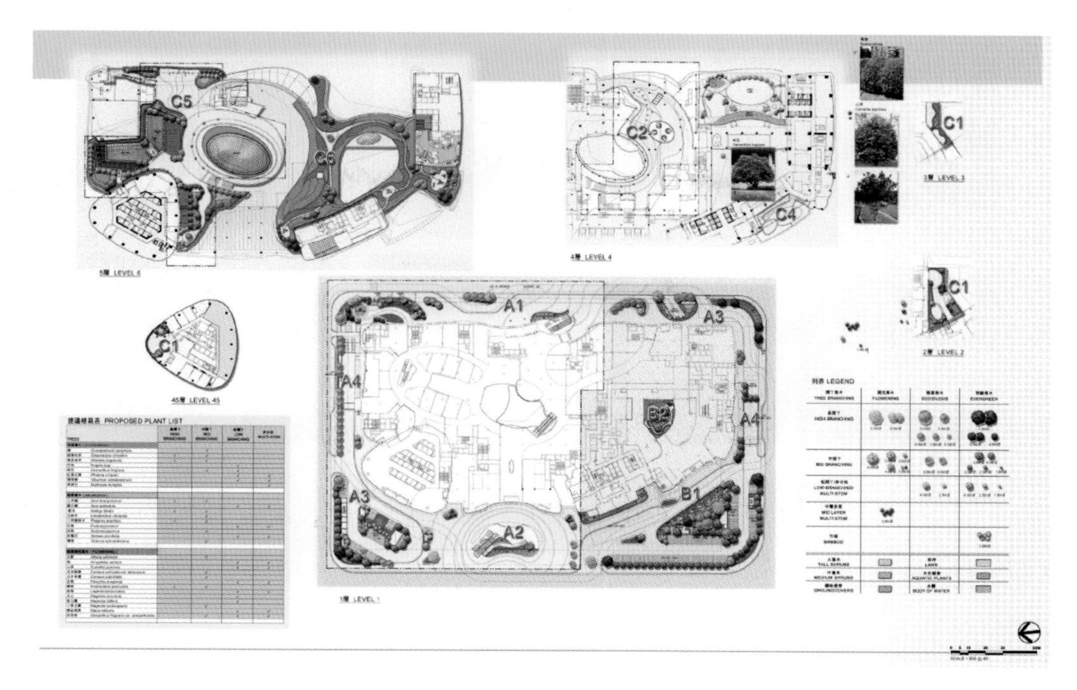

图 3-48　K11 屋顶可食地景园规划图

（图片来源：光谷 K11 绿化工程项目提供）

覆土类型为普通种植土，覆土厚度为 800 mm，部分区域因荷载要求先填充挤塑板再覆种植土以减轻荷载，对于土壤中可能出现的心土、未成熟土进行熟化处理，采用添加有机复合化肥的方式进行改良。

K11 屋顶可食地景园是武汉市首个在设计之初就考虑屋顶可食地景园营造的项目，主要的植物以垂直绿化的形式依四周墙体而建，设计较为新颖。从现场调研的情况看，若在屋顶可食地景园的使用者停留频繁的区域多种植可食地景，则大家更有参与互动的乐趣。

另外，如图 3-49 所示，通往屋顶可食地景园的四楼中庭也有部分可食地景种植园，但仅仅只是插牌做自然教育，观赏者以路过的人居多，停留下来看的人少，若在四楼中庭辅以花草茶室、蔬菜水果沙拉吧等，食材直接采摘自屋顶可食地景园和中庭，将会受到年轻人及亲子家庭的青睐，可直观地加强自然教育的效果，同时也可成为 K11 室内活力的新增长点。

3．*上海 K11 购物艺术中心都市农庄*

位于上海市黄浦区淮海中路 300 号的 K11 购物艺术中心 3 楼美食区域的都市农庄，是一个面积为 300 m^2 的室内生态互动体验可食地景园。该园突破了室内环境的局限，采用多种高科技种植技术在室内模拟蔬菜的室外生长环境，分为植物观赏区、无土栽培区、种子互动区三个模块，每个模块都会根据季节变化种植不同的植物。该园产出的新鲜蔬菜不仅可观赏，也可供给一些餐厅，是具有观赏、食用、休闲、养生等多种功能的可食地景园。

为突破室内环境的光照、温度、湿度、空气流通性的限制，该园采用无土栽培技术、自动灌溉控制、LED 植物补光灯等，改变了传统室外种植方式，模拟蔬菜的室外生长环境，让大众零距离体

图 3-49　K11 可食地景园

（图片来源：作者自摄）

验自然种植的乐趣。如图 3-50 所示，在这个室内生态互动体验种植区里，一块块田地种植着草莓、白菜、萝卜等可食植物。每逢周末，都市农庄还会举办各种互动种植活动，让孩子体验从一颗种子开始到蔬菜满园的乐趣。

图 3-50　室内生态互动体验种植区

（图片来源：乐颖　摄）

4. 香港海洋公园万豪酒店

位于香港南区的海洋公园万豪酒店，对香港而言是重要的地标性建筑，它不仅为度假的客人提供便利的住宿，也有助于将香港打造成为重要的旅游景点及国际级度假胜地。设计充分利用屋顶空间，打造了若干种植温房，作为专供酒店餐厅使用的时蔬、香料的种植基地。L 形塔楼首尾两端的垂直立面则作为绿化空间，在塔楼间的空地上方架设了犹如海浪波纹的网格状遮篷，可以为开展婚礼等活动的户外空间增添独特的体验(图 3-51)。[①]

图 3-51　香港海洋公园万豪酒店

与此同时，酒店还致力于推广回收再利用，其中包括酒店客房和餐厅的胶囊咖啡。由胶囊咖啡供应商将咖啡渣经堆肥处理，制成营养丰富的混合土，种植出新鲜又健康的有机果蔬，铝则被送到回收厂做成工业铝锭，制成圆珠笔、筷子、自行车等。此外，为减少塑料污染，万豪国际集团积极开展减塑行动，对塑料外卖盒和包装袋进行生物可降解处理。[②]

(二) 国外案例

1. 加利福尼亚州旧金山的 Bar Agricole 餐馆

在加利福尼亚州的旧金山，Bar Agricole 之名不仅代表以绿色原料调制而成的品种丰富的朗姆酒，它还是绿色农业概念本身的体现。这家餐馆身体力行地实践着绿色农业，员工亲自种植蔬果，并将其制成绿色佳肴，为顾客提供视觉和味觉的双重享受。

这座餐馆坐落于一栋古色古香的建筑内，该建筑位于旧金山工业化程度相对较高的南市场区，曾是著名的杰克逊酿造公司办公中心。这座建筑首建于 1906 年，但毁于同年发生的一场地震中，直到 1912 年才得以重建，2011 年经过重新翻修，使它成为旧金山首个获得绿色建筑最高认

---

① 资料来源：https://www.gooood.cn/ocean-park-marriott-china-by-aedas.htm。

② 资料来源：https://baijiahao.baidu.com/s?id=1736774826424644333。

证的建筑。具有可持续发展价值观的地面餐厅是业主可持续发展的愿景之一，如图 3-52 所示，其可持续发展战略包括半径 24 km 内的区域性和现场性加工，借助太阳能电池和生态屋顶为建筑供能，通过空气对流实现降温和自然通风，户外用餐位和后巷停车位铺设渗水材料，使用循环材料和再生材料制造椅子、长凳和梁木，还有为餐厅提供原料的现场农业。

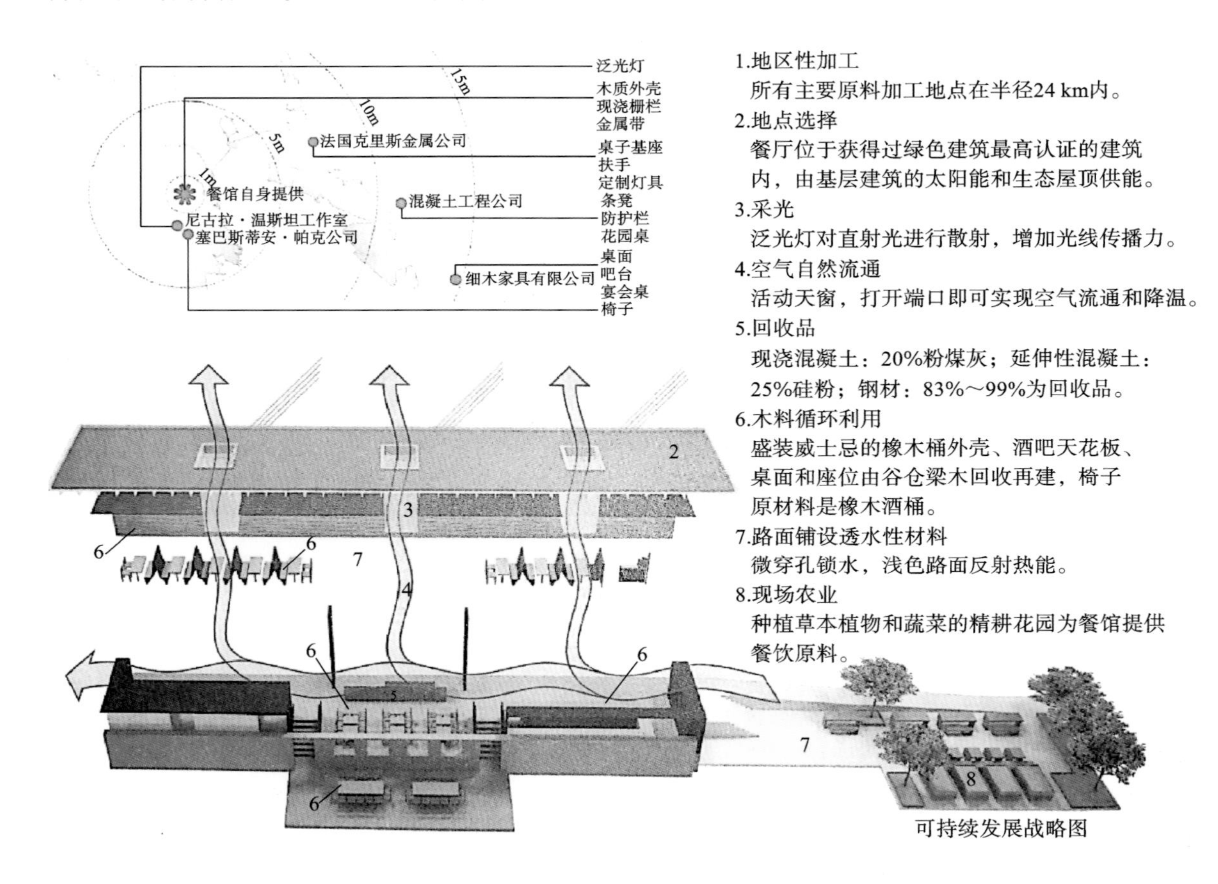

图 3-52　Bar Agricole 餐馆的被动式设计理念的八个关键技术点

虽然餐厅内部细节精致，但真正体现其名称内涵，展现其与众不同可持续理念的还是户外用餐空间。如图 3-53 所示，种植芳香植物的 46.5 m² 的木质花床围绕四周，食客们宛如置身于花园，与自然亲密接触，花床中种植的植物数不胜数，草本植物有薄荷、薰衣草、迷迭香等；果树有柠檬和酸橙树等，而这些都是该餐馆的食物和酿酒材料，还有其他当季才能引进的绿叶蔬果，为食客们提供更多独特的视觉和味觉盛宴。

餐厅建筑原料就地取材，回收利用周围工业区的建筑材料。比如庭院的墙面由回收的雪松木搭建，墙内的嵌入式灯管在夜间会呈现柔和温馨的氛围。食客能通过向上卷起的帆布顶棚欣赏旧金山晴朗的天气和繁星之夜，也能在雨雾迷蒙的夜晚拉下顶棚，增强室内光线。这些天然的墙壁在闹市中独辟一处，为人们提供了一个宁静之乡，庭院中蓬勃生长的植物更是将喧嚣摒除于

图 3-53　商业街农场机制图

外，只余植物生长的自然之声。[①]

2. *荷兰多德雷赫特的奥古斯都别墅*

位于荷兰多德雷赫特的奥古斯都别墅集可食地景园、酒店和餐厅于一体，距鹿特丹仅 24 km，该酒店的前身是一个华丽的 19 世纪水塔，位于被废弃的工业遗址上，该工业遗址已经通过酒店的发展被改造和复兴。它的拥有者指出，这里建有可供度假区游客食用和观赏的可食地景园，对酒店的形象建设尤为重要。

该可食地景园由奥古斯都别墅的共同创办人 Daan van der Have 管理，他与他的伙伴一起在 2003 年获得了该塔楼。Daan van der Have 在那时已经在他自己 0.8 hm^2 的厨房菜园上进行大面积耕种，并迷恋于同家人和朋友一起到菜园环境里工作和娱乐消遣。当看到塔楼和周围的土地上已经被荒废的水池时，他发现了这个创建更大规模的菜园供他人体验的绝佳机会。集团正是因为 Daan van der Have 的启示才决定修缮水塔和建造酒店的。

该可食地景园不仅有助于界定酒店土地的物理空间，而且也与它的运作紧密联系，酒店的餐厅基于可食地景园的农产品定制每日供应，奥古斯都别墅的大厨参与确定每个季节的种植计划。这里已不是一个简单的可食地景园，而是包含一百多种不同农作物的菜园，包括绿叶蔬菜、草本植物和浆果类植物等。园里还有梨子、苹果、李子以及樱桃等果树，可在全年大部分时间提供新鲜的水果。用从多年生植物和可食用的有益植物上采下的观赏性花卉装饰酒店内部，并且

---

① PHILIPS A. 都市农业设计[M]. 申思，译. 北京：电子工业出版社，2014.

在酒店内使用可食用花卉。他们还设法通过使用几个与可食地景园接壤的温室在荷兰种植寒季蔬菜。

设计这片可食地景园的目的在于为酒店服务，不仅为其内部餐馆、市场供应食品，还成为当地的主要特色。如图3-54所示，这片可食地景园位于该地旧时的水库，园内各处别具一格，设计独特，有了这些可食地景，酒店客房室内、室外的界线就变得模糊，客人可以在园内漫步，享受周围的宁静。园林各面无不具有几何形状，透露着意大利建筑的特色，而其他地方的设计却有意零散，对比鲜明，气氛缓和。施工之前，创办人自行对这片土地进行了设计，但他和合伙人也明白，园林成型后，有必要灵活调整园林用途。例如，在拆迁时他们发现了一些填塞旧水库用的精美砌砖，他们没有清除这些砌砖，而是用这些砖建起了一面园墙。同样，他们也使用遗留下来的其他材料，适当时还会留作他用。如此一来，这片土地过去的馈赠便可以改头换面，与时俱进。

图3-54 奥古斯都别墅可食地景园

在业主看来，这片可食地景园建得十分成功，没有停留于传统入住式酒店的形式，因此吸引了众多国内外游客。游客在奥古斯都别墅将会获得独一无二的体验，可以亲近自然、欣赏建筑、了解历史、品尝美食及受到热情招待。①

3. *伊利诺伊州芝加哥盖瑞康莫尔青少年中心*

伊利诺伊州芝加哥盖瑞康莫尔青少年中心是一所在芝加哥南部为青少年和老年人建设的课外学习中心。该项目的创始人盖瑞·康莫尔秉承着回馈他长大的社区的信念，将该中心建于该城市经济萧条的Grand Crossing街区，它提供了一个安全的学习和娱乐天堂，同时该中心的花园提供了一个安全的环境供人们体验大自然的美丽和宁静。该中心的屋顶可食地景园设计在获奖建筑体育馆正上方的三层楼庭院里，被用作户外教室和实验室，同时引入自然景观以提升教育环

① PHILIPS A. 都市农业设计[M]. 申思，译. 北京：电子工业出版社，2014.

境。这个土壤平均厚度为 46 cm、面积为 758 m^2 的可食地景园，可生产出 450 多千克的产品供应给学生和中心的咖啡厅，既是功能上的成功，也是美学上的成功，该可食地景园用动态的几何节奏响应和提升建筑的美学，成功地将景观与建筑相结合，园里的小路将这个生长空间分割成不同大小的行列，小路用牛奶罐等回收材料铺设而成，它们分别结合内外环境与三楼的窗户框架配合。

观赏性花卉使空间显得生机勃勃，凸出的圆形天窗给下面的体育馆增添了光亮与韵味。那些植被有一个额外的好处，就是降低建筑物内的气候以控制成本，由于冬季屋顶气温仍然足够暖和，故在冬天也可以继续进行种植，不然，芝加哥的气候是不可能适宜冬季种植的。另外，因为该园坐落在有供暖的体育馆上方，所以热量有助于使生长季节时长突破极限。该园横跨体育馆之上，因此它要求有更多的支撑结构来承载用于农业的 46 cm 厚的土壤，设计师介绍，用于额外加固的结构成本比预算超出了 100 万美元，而且花费在了当时尚未投入建设的可食地景园中。

如图 3-55 所示，该园为中心的学生提供了珍贵的机会去了解园艺、生态、商业和环境的可持续性，从三层楼走廊和教室便可以看到并进入花园。该中心的可食地景园经理对将该园的经营与学校的自然和可持续发展课程结合有很大帮助，米歇尔·奥巴马参观过该中心，名厨里克·贝利斯也为孩子们表演过烹饪节目。学生们也自己种植和经营屋顶的农作物，在学习商业和金融技能的同时也将他们的产品销售给当地餐馆。因此，盖瑞康莫尔青少年中心的可食用庭院不仅活跃了学生的学习空间，也开阔了他们未来就业的前景。①

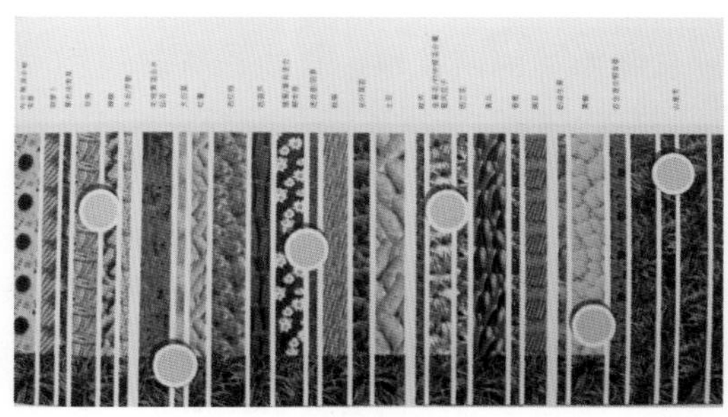

图 3-55　盖瑞康莫尔青少年中心屋顶花园

① PHILIPS A. 都市农业设计[M]. 申思，译. 北京：电子工业出版社，2014.

4. 新加坡 CapitaSpring 大楼

CapitaSpring 大楼是一座高 280 m 的绿洲，它延续了新加坡垂直都市的先锋理念，将餐厅、办公空间、公寓和空中花园等一系列多元的空间涵盖于地面上的 51 个楼层。项目坐落在新加坡金融区的中心地带，该场地原本是一处公共停车场和摊贩中心。新建筑提供了 9.3 万平方米的混合功能空间，垂直交叉的线条、茂密的绿色植物和对比强烈的肌理所形成的动态交互系统，构成了大楼最显著的特征(图 3-56)。

图 3-56　CapitaSpring 大楼

屋顶花园享有城市景观，这里也是 1-Arden 食物森林的所在地。目前已有超过 150 种水果、蔬菜、药草和花卉生长在 5 个不同的主题地块，可为大楼内的餐厅提供新鲜的食材(图 3-57)。[①]

5. 法国欧洲药品管理局新总部 Biotope

“Biotope”一词来源于希腊语，意思是“生命之所”——每天，员工可以在建筑的绿色空间中得到新鲜的空气、片刻的宁静和休憩。它的设计引发了 Henning Larsen 建筑事务所对健康工作环境的重新思考，围绕健康的三大原则重塑办公室环境：光、空气和自然。建筑受到两侧不断扩张的高速公路和道路的限制，没有足够的空间来建造一个独立的地面公园，Henning Larsen 建筑事务所便将建筑和公园串联了起来。坐落于大皇宫会议中心和法国区域委员会之间，Biotope 显然是这条繁华走廊上一个突出的地标(图 3-58)。

① 资料来源：https://www.gooood.cn/capitaspring-by-big.htm。

图 3-57　1-Arden 食物森林

图 3-58　Biotope 实景鸟瞰图

Biotope 是在里尔市作为“世界设计之都”，新型冠状病毒感染改变工作模式期间落成的，这是 Henning Larsen 建筑事务所对办公空间类型的重塑。尽管人们越来越倾向于远程工作，但无论是在屋顶花园还是在宽敞的中庭，面对面的协作都无法被替代。我们现在比以往任何时候都需要健康的工作环境，优先考虑最大限度地获得日光、新鲜空气和绿色空间，这是建筑“呼吸自然”设计理念的核心：宽阔的天窗将阳光注入中庭，露天阳台排列在郁郁葱葱的庭院花园中，露台的绿色屋顶覆盖了建筑的足迹。在这里，鼓励以有机的形式与自然建立联系。

绿色植物向上生长并环绕着生态圈，作为城市绿环的自然延伸。5500 m^2 的阶梯式屋顶花园、露台和绿色外幕墙是一个多样性的生态系统，有 14 种树木、20 种灌木，共有 30 多种多年生植物，有些还可以食用。

微型湿地、筑巢箱、当地的枯木和带有有机材料的棕色屋顶为当地的鸟类和昆虫提供了肥沃的土壤，也让人们在各种美景和鸟语花香中停留片刻。该地块与环绕城市的公园和花园相连，即使游客在里面，Biotope 也不受过多干扰。Biotope 的建筑被设计成了一个自然的生活空间，提供一个与自然共生的最佳实践工作环境(图 3-59)。[①]

图 3-59　Biotope 办公环境

6. 越南城市农场办公楼

越南城市农场办公楼位于胡志明市的一个新开发区,展示了垂直城市农业的可能性。其外立面由悬挂着各种当地植被的种植箱组成,这样的设计使它们能够获取充足的阳光(图 3-60)。这种绿色方法将以最低的能源消耗提供安全的食物和舒适的环境,并为城市可持续的未来发展做出贡献。

图 3-60　越南城市农场办公楼外立面设计

① 资料来源:https://www.gooood.cn/iotope-building-by-henning-larsen.htm。

"垂直农场"为整个建筑营造出舒适的小气候。南墙结合玻璃,利用植被过滤直射阳光并净化空气。储存的雨水用于灌溉,同时蒸发冷却空气,降低空气温度。北墙是由双层砖墙制成的,中间设有空气层,具有更好的保温性能。所有这些都有助于减少空调的使用。

"垂直农场"是为植被设计的,施工方法简单——它由混凝土结构、钢支架和悬挂在上面的模块化种植箱组成。种植箱是可更换的,因此可以根据植物的高度和生长情况进行灵活布置,以提供充足的阳光。该系统与屋顶花园和地面一起,为场地提供了高达190%的绿化率。设计选择各种当地可食用的植物,如蔬菜和果树等,促进了该地区的生物多样性发展。所有植物均采用了有机处理的方法进行维护。①

二、公共建筑之康复医院

(一)国内案例

园艺康养是一种以园艺为媒介,有目的地促进身心健康一体化的知性活动。园艺康养的应用主要体现在园林景观和操作性活动上。园林景观形象思维的时空性、全面的通感性和直观的物态性,对人的心理状态和大脑皮质有良好的调节作用。园艺操作活动借由实际接触和运用园艺材料,维护及美化盆栽和庭园,通过接触自然环境舒缓压力、复健心灵,在21世纪已逐渐成为治病防病的辅助手段之一。在医疗过程中可以结合患者的五感,营造一个令人身心愉悦的植物景观环境,将对身心康养起到积极向上的辅助作用。

我国在园艺康养方面的发展起步较晚,但我国拥有丰富的传统养生保健经验、博大精深的中草药技术和丰富的植物资源,完全可以与西方的相关理念及实践互相借鉴、糅合,通过园艺健康养生,减轻患者遭受的病痛折磨。

1. 海宁市中心医院康养花园

2018年4月底,由浙江农林大学生态旅游与健康促进研究中心园艺康养研究所与海宁市中心医院联手营造的海宁市中心医院康养花园正式投入使用。该花园以园艺康养为主题,集合视觉、听觉、嗅觉、触觉、味觉及健康觉等体验媒介,进行园艺观赏及园艺体验活动,从而对患者和医务人员起到调理身心、舒缓压力的作用,帮助患者获得常规医疗达不到的康复效果,恢复自信心与价值感,让医务人员的压力得到舒缓,使患者和家属得以安宁平和。

如图3-61所示,一个优秀的康养可食地景园的园艺活动区最好具备以下要素:有遮阴及隐蔽的休憩空间,有展开园艺操作的必要活动空间,园路及空间具有串联性、方向性,并有清楚的界定作用,具有色彩、芳香、无伤害性的植物栽植,无障碍并且有丰富的空间感,减少大面积地使用硬质铺装,有休息场所等。因此,在设计可食地景园时始终围绕"方便患者,有益患者"这一中心展开花园设计、植物选择、色系搭配与空间规划。

考虑到医院环境内人群的特殊性,在设计建造康养可食地景园时将园区分成六大区域。每一区域对应不同的植物与功能,充分满足使用人群视觉、触觉、嗅觉、听觉、味觉及健康觉等康复

① 资料来源:https://www.gooood.cn/urban-farming-office-by-vtn-architects.htm。

图 3-61　海宁市中心医院康养花园

需求的多样性。如果康复医院的可食地景园因各种原因而规模较小，那么可以针对医院的专业特点，以满足其中一种或两种感官康复需求为主来设计营造。

(1) 视觉可食地景园

如表 3-2 所示，色彩影响人们的精神和情绪，更能直接影响身心健康，对治疗人体疾病有一定作用。研究证明，浅蓝色的花朵对发高烧的患者具有良好的镇静作用；紫色的鲜花可使孕妇心情愉悦；红色的鲜花能增进患者的食欲及增强听力；橙色的鲜花对内向的抑郁症患者有很大的刺激和鼓励作用；绿色的花叶被人眼摄入视觉后，能很快经中枢神经系统进行处理，使脉搏、呼吸的次数明显减少，血流的速度也会变得缓慢，紧张的神经会变得松弛，特别是长期用脑及用眼的工作人员，面对脆嫩欲滴的花叶，会消除身心的疲劳。

表 3-2　色彩对人的影响

色相	生理和心理作用	适用病症和不适用病症
红色	引起注意、兴奋、激动、紧张	可减轻作风、肌肉酸痛、低能量、贫血、瘫痪等症状
	容易造成视觉疲劳	不利于坏脾气、愤怒、炎症、感染、发烧、失眠、高血压等症状
黄色	可增进食欲、提神醒脑，刺激神经系统、改善大脑功能	可减轻抑郁、黄疸、精神紧张等症状，舒缓风湿关节炎
绿色	镇定神经系统、平衡血压，降低眼内压力，减轻视觉疲劳，安定情绪	可减轻晕厥、疲劳、恶心与消极情绪
	影响胃液的分泌，使食欲减退	不利于食欲缺乏的患者
蓝色	可降低血压、减轻疼痛、调节神经、镇静安神	放松肌肉、松弛神经、治疗失眠、降低血压和预防感冒
		精神衰弱、患有抑郁症的人不宜接触

（2）触觉可食地景园

在这里可触摸到不同质地的花草，植物的不同部位可提供很多不同的感觉刺激，如触摸肉感植物碰碰香、芦荟、虎尾兰等。触摸含羞草时，它那羞答答的闭合，能给人很好的感受，令人体会到大自然的美好和植物生命的意义。

（3）嗅觉（香草）可食地景园

不同植物散发出不同的香气，对人们的康养效果也有所不同。如天竺葵、芳香万寿菊、薰衣草可镇静安神；薄荷可减缓头晕目眩感，减轻感冒引起的头痛、鼻塞症状及暑热头晕者的症状；菊花可清热、平肝、明目等；迷迭香的香味可使哮喘患者感到心情舒适；艾草可消毒、消炎、醒脑、杀菌等。植物散发的香气可通过嗅觉神经传递到大脑，可产生“沁人心脾，开窍醒脑”之效，并使全身气血流畅、心舒意爽，自然而然地调节人体的各种生理功能。很多香草也是可以食用的，同时大部分香草都有驱蚊和吸引蜂蝶的作用。

（4）听觉可食地景园

人们因为病痛或者疲惫烦躁之时，可以来这里坐一会儿，沐浴自然的气息，倾听自然的声音，如舒缓的音乐声、滴答的跌水声、风吹竹林的萧瑟之声、鸟语虫鸣的呢喃之声……这些都能营造出不同的听觉效果，产生听觉刺激，让人感受大自然的美妙和婉约，可以让人心境宁静平和，缓解紧张不安的心理状态，特别适宜心脏病患者静坐休息。

（5）味觉（药食同源）可食地景园

中国传统医学自古以来就有“药食同源，食药互补”的说法。《黄帝内经太素》写道：“空腹食之为食物，患者食之为药物。”由此反映出药食同源的思想。建设味觉可食地景园，可以种植与身心健康相对应的蔬菜，如用于降血压、预防冠心病，并且有止血功能的养心菜；能降低血糖、清湿排瘀的紫背天葵；清热解毒的蒲公英、板蓝根；“妇女之友”珍珠菜含钾量极高，活血调经……有太多的食疗养生菜可以去品尝，还可以动手种植一些草药菜，参与适当的园艺活动有利于早日恢复身体健康。

（6）健康觉可食地景园

人们在环境中的视觉、听觉、嗅觉、触觉、味觉体验，对促进身心健康产生一系列作用，从而使人们获得对环境—心理—生理一体化健康自我的感知，实现在康养环境中的身心愉悦和生命律动的感知升华。也就是说，人们通过在康养可食地景园的各种体验，找到了身心健康的感觉，升华了生命健康的意念，达到了康养的效果，这是康养可食地景园为之努力的最高境界和目标（图3-62）。

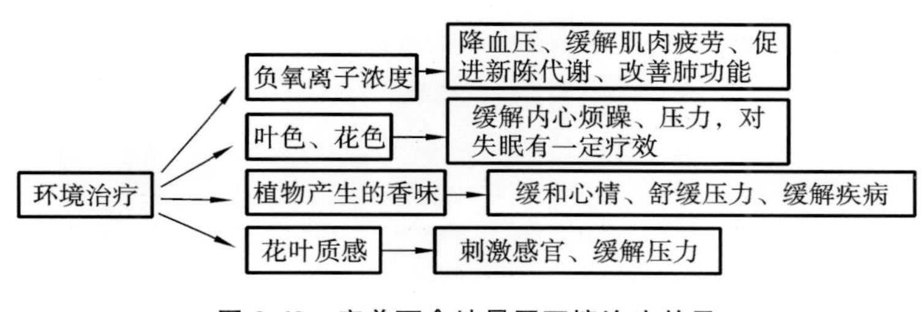

图 3-62　康养可食地景园环境治疗效果

除此之外，医院中的人大多数身患疾病或年老体衰，在身体和行动上可能具有一定障碍，因此在设计中要考虑相应无障碍和便利的设施，使他们能够在园艺疗法的场所中行动自如。如不同高度的种植床、可升降的吊篮栽植、触摸床、立体花墙、栽植容器以及为残疾人士设计的园艺工具等(图 3-63)。

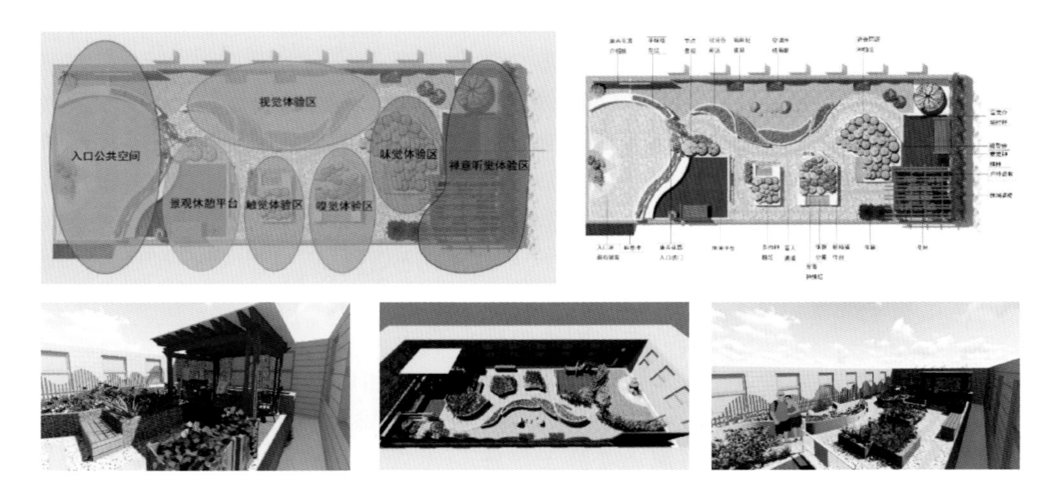

图 3-63　康养可食地景园设计技巧

(图片来源：园艺康养微信公众号)

总体来说，康养可食地景园的设计一部分是从感受出发，通过景观植物激发获取触觉、嗅觉、味觉、听觉和视觉等感官方面的疗效，另一部分则是通过课程设计让使用者积极参与进来，通过实践操作获得效果。

如图 3-64 所示，施工之前的康养可食地景园是一片楼栋之间的长方形草坪，2018 年初，通过划分区域明晰功能，完成软硬质施工(土壤与道路)、搭建种植池、完善铺砖、搭建小品、搭建围栏、细节完善等工程措施后就可以开始种植了。

图 3-64　施工中的康养可食地景园

(图片来源：园艺康养微信公众号)

在实践过程中，鉴于环境的实际情况及时进行优化设计(图 3-65)。比如周边配备座椅、饮水机、工具亭及水源灌溉点等，避免劳动时间久了后无水可饮，还可以解决夏天的浇水问题。草药蔬菜种植区为各种草药、蔬菜的种植区，可划分责任区域。总之，一切从人出发，方便人的活动。[①]

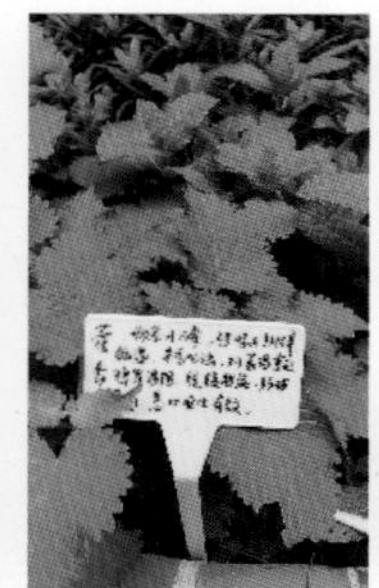

图 3-65　康养可食地景园建成效果

(图片来源：园艺康养微信公众号)

2. 武汉市武东医院(武汉市第二精神病院)

武汉市武东医院的园艺始于 2016 年 10 月，种植品种以花卉和可食地景为主，是为精神病患者的康复治疗开展的园艺活动，第一期活动在 2016 年 10 月举办，是为精神康复师培训做准备，种植土豆、月季、三角梅等，第二期在 2017 年 3 月举办，种植柠檬、栀子花等，第三期在 2017 年 7 月举办，种植番茄、辣椒、黄瓜、香瓜等，第四期在 2017 年 11 月举办，种植小白菜、红菜薹、菊花等。患者除了种植工作还有日常维护工作，40 min劳作，20 min 讨论，有的时候还在园艺区域进行团体治疗，初期请医院的园艺阿姨过来帮忙，后期自己打理。

园艺劳作之余还有 20 min 左右的时间交流，患者从一开始的不主动说话，到后来愿意和大家分享自己的事情，觉得参加园艺治疗时，时间过得非常的充实，慢慢恢复了工作的自信。

园艺治疗区域在户外，对于长期住院的患者来说，室外活动非常接近自然，原本压抑的心情瞬间得到释放，看着自己种植的植物长得越来越好，回到病区也会关心自己种的植物是否长大了？长得怎么样了？对于精神病患者来说，这种现实情感的连接非常可贵。

下文分享两个通过园艺治疗好转的治疗案例。

某男性患者，39 岁，患抑郁症 23 年，诊断结果为抑郁症伴精神病症状，症状以情绪低落、思维消极、冲动行为为主，有过自杀史，反复入院。参加园艺治疗数次，治疗初期，患者表现为不作为、懒散，配合但是不积极，到后来变成了可食地景园的负责人，积极主动帮助其他新患者，向他们介绍和帮助种植可食植物。

某女性患者，39 岁，患精神分裂症多年，症状以幻觉妄想、情绪激动为主，接受园艺治疗数次。患者入院经过医生评估后参加园艺治疗。第一次参加园艺治疗的时候，依从性很高，会主动做很多事，交流过程中说自己在家里也会养花，很喜欢跟植物相处，后来是因为生病了，才很久都没有种了。第二次参加园艺治疗时，医生跟患者商量，单独给她一个花盆，写上她的名字，种上她喜欢

① 来源于园艺康养微信公众号。

的植物，如几株小白菜，然后倒土、施肥、浇水等都是她自己亲手进行，有几次天气不好，园艺治疗暂停，她都会问医生自己的盆栽怎么样了？天晴之后看到自己的菜越长越大，脸上一直带有微笑。

如图 3-66 所示，可食地景的园艺治疗因大多数时间均在户外进行适当的劳作和晒太阳，本身就对以抑郁症为主的精神类疾病有益，同时，在播种、关爱、期待和收获的过程中，治疗性的体验慢慢渗透到患者的内心，从自然中来，到自然中去，是治疗观也是哲学观。

图 3-66　武东医院可食地景

（图片来源：武东精神康复中心微信公众号）

（二）国外案例

1. 伊丽莎白和诺娜·埃文斯康复花园

伊丽莎白和诺娜·埃文斯康复花园位于美国俄亥俄州克利夫兰市植物园内，由 4 个美国顶级景观治疗设计师合作创建，根据行为心理学和不同人群的需要来设计，并对所有人开放。这个宁静的花园空间由 3 个区域组成：适合游人安静休息的沉思区、供游客游赏与求知的示范探险区及植物疗养区。

沉思区是一个简单、雅致的空间，令人感觉沉静安宁，邻近植物园图书馆。一株白花的玉兰伫立于宁静的水池前方，后面是喷泉，从低矮的围墙顶部喷出，流进一个小水池内。花园里有大片的草坪，一面爬满藤蔓植物的石墙从图书馆延伸至花园，在保护草坪的同时串联花园入口、休息区、水景和植物园远景。浓浓的绿荫，点缀少量的鲜花和淡淡的香味。

示范探险区位于沉思区低矮围墙的后方，具有锻炼触觉、嗅觉、听觉的功能。采用当地产的石块修筑成石墙，墙上和种植床里的植物高低错落，充满趣味性的小瀑布从石墙飞溅进水池，水声悦耳，池内苔藓覆满的石块间不断冒出水泡，吸引人们去闻、去听、去触摸和感受。

植物疗养区是一个阳光明媚、宽敞开阔、色彩绚丽的区域,感官的刺激在这里尤为突出。通过精心挑选和巧妙设计,让行动困难的人也能感受园内的乐趣。10 多种生长期较长的罗勒属植物栽种在这里,不同的高度和花期使植物景观显得格外丰富,同时也为行走的游人和坐轮椅的患者提供感受花香的机会。

如图 3-67 所示,花园的入口、道路和活动区域都很宽敞,花园小径使用表面平滑的天然材料铺砌,以方便坐轮椅者和步行者通行。而植物墙边狭长的小路则是为健康游人准备的,他们可以来花园了解植物疗法、植物学以及造园方面的知识。花园色调宁静,小溪顺着小路流淌,水池宁静如镜,鲜花散发着芬芳,茂盛的植物触手可及,刺激着人们的各种感官。这个花园作为一个户外教室,吸引来自各地的医护人员学习如何使用植物和园艺提高患者的生活质量。[①]

图 3-67　伊丽莎白和诺娜·埃文斯康复花园

2. 奇伦托夫人儿童医院

医疗景观设计中呈现的统计数据显示,植物景观能对患者起到治疗和抚慰的作用,对城市中生活的人们也有同样疗效。可食地景不仅能使城区的人们感受自然,更为他们进一步参与自然提供了极佳的机会。

---

① 肖虹. 植物疗法在风景园林建设中的应用[D]. 北京:中国林业科学研究院,2012.

位于澳大利亚布里斯班的奇伦托夫人儿童医院是一座集治疗和教学于一体的大型儿童专科医院。建筑外部及室内采用了昆士兰自然景观的色彩，包括在昆士兰内陆景观中发现的柔和中性色彩，以及该州具有异国情调的鸟类、热带雨林蝴蝶和植物的鲜艳色彩。除此之外，医院相当重视绿化环境，在医院的天台上设置了屋顶花园，在医院的院子中设置了庭院花园。这些绿化环境组成了治疗环境的一部分，用于帮助患者的康复及供患者家属和医院工作人员休憩。

如图 3-68 所示，建筑外部的色彩十分鲜艳，以绿色和紫色为主色调。这一色彩设计与医院毗邻公园里三角梅的颜色相协调，也凸显了该建筑是为儿童而设计。建筑内部，在设计阶段建筑师就将艺术家创作的二维和三维艺术品有机地整合进室内设计中，最终创造出了色彩斑斓且充满生机的室内环境，让小患者的想象力能被充分激发起来，同时也分散他们的注意力以缓解压力。

图 3-68　奇伦托夫人儿童医院建筑外立面

如图 3-69 所示，绿色空间是奇伦托夫人儿童医院的重要设计元素。屋顶花园、种植墙面、庭院和周边景观视线的引入共同营造了医院的治愈环境。医院的室外空间设计考虑了布里斯班的亚热带气候环境以及多种感官体验对病患的积极影响，满足了患者、家属和医院员工的需求。景观设计与建筑设计及医院的日常运营巧妙结合，表现在以下几个方面。

①在屋顶花园上用柱状种植容器代替树木。

②用藤蔓遮挡安防栅栏。

③坡屋顶上设置种植屋面以减少眩光。

④以热带植物和寄生植物营造“丛林花园”。

⑤这是一个可以鸟瞰布里斯班城市景观的“秘密花园”。

⑥具有可供举办活动和康复运动的“冒险花园”。

⑦为医院员工设置了“放松花园”。[①]

三、公共建筑之办公园区

（一）国内案例

1. 武汉市谷隐小院

谷隐小院位于武汉市洪山区烽火创新谷办公区内，占地 2000 m^2，如图 3-70 所示，该小院有 3

① 资料来源：http://www.gooood.cn/lady-cilento-hospital.htm。

图 3-69　奇伦托夫人儿童医院的绿色空间

（图片来源：https：//www.archdaily.com，http：//www.conradgargett.com.au，http：//www.gooood.hk/lady-cilento-children-hospital.htm）

图 3-70　谷隐小院

（图片来源：作者自摄）

个独立且共存的小世界，分别提供喝茶、饮咖啡、吃私房菜的服务，在 2016 年 6 月 28 日和烽火创新谷同一天成立。

烽火创新谷是由烽火科技集团与洪山区政府出资共建的生态型智慧城市产业双创基地。谷隐小院虽栖身于创新谷办公区内，院内却藏有一处四季变换、一步一景的雅致别院。春至，蔷薇盛放；夏初，绣球花争艳；入秋，桂花香飘十里；冬来，蜡梅傲枝。小院建有几处生态基质的鱼池，利用的均是店主在旅行途中收获的石槽，满池子的锦鲤或金鱼，来回游得欢快，搅动得水面波光粼粼，孩子们尤其喜欢这里，到了周末，这里就成为他们生物启蒙的益智乐园，知了、蜗牛、蚂蚁，都是最好的观察活本。

如图 3-71 所示，小院里还有一处可食地景园区，有机种植着应季的蔬果，夏日时分，不施化肥的豆角、黄瓜、辣椒、空心菜等绿意盎然。可食地景蔬果种植区旁是一间特殊的可食地景室，密闭的阳光房里整齐布置着满墙菌包，春末夏初时，鲜嫩健康的蘑菇便会疯狂生长。这些当季健康食材成为几米外厨房案台上的原材料，几乎零里程输送，稍加烹煮后即可成为客人们“看得见，摸得着”的菜肴。

图 3-71　可食地景

（图片来源：作者自摄）

因为管理者对自然生活的热爱，谷隐小院经过多年的营造，已经形成了有蝴蝶和鸟类长驻的较为稳定的小生境。夏日时分，除了蝉鸣，还偶有蛙鸣，小院已经成为武汉烽火创新谷办公园区的一处风景。

2. *襄阳东风井关农业机械有限公司屋顶农场*

东风井关农业机械有限公司屋顶农场作为东风井关良好企业形象与产品的展示舞台，如图 3-72 所示，整体面积约 1000 m^2，种植面积约 400 m^2，由武汉境土天空农场生态科技有限公司设计、施工。整个农场共分为种植区、休闲区、种植示范区、花园区和温室区 5 个区域，适宜种植各类常见果蔬。该可食地景园在规划设计之初便将低碳环保的理念、雨水收集的概念以及植物残余的回收利用综合考虑。农场选用长白山轻质泥炭土，有机肥和自然沤肥相结合，通过物理防虫防病方法的应用，坚持自然农法的种植方式，通过植物品种之间相生相克的原理以及物理防虫防

图 3-72　屋顶农场

（图片来源：东风井关农业机械有限公司）

病方法的应用，让蔬菜能够自然健康地生长。

屋顶农场的普及对于提高城市建筑空间的综合利用效率有着非常重要的意义，同时在海绵城市建设、屋顶绿化创新、雨水收集综合利用、都市农业开发等多方面也有着极好的示范作用与实际效用。随着城市建设的快速发展，人们越来越多地被钢筋混凝土所包围，通过屋顶农场的建设可以为我们的城市提供便捷可达的绿色田园风光，同时还可以为小朋友们提供直观的自然教育认知，为人们提供新鲜的在地蔬菜，为都市人群提供一种全新的休闲放松方式。东风井关办公楼屋顶农场的定位为花园农场，其目标就是成为不仅仅具有生产功能的农场，同时也应该是景观式的花园。作为东风井关农业机械有限公司的产品展示舞台，所具备的示范作用使其成为企业形象与社会责任的上佳载体，同时也是员工休闲放松与商务洽谈的开敞空间。

3. 北京绿色和平组织办公楼

绿色和平组织的新办事处位于北京东二环路西侧一个安静的小院内。办公楼建于 20 世纪 60 年代，是一栋 4 层的建筑，砖混结构搭配木框架屋顶，在 20 世纪 80 年代及 2000 年先后进行过两次改造，增加了混凝土壁柱和新型钢结构，形成新的使用空间及户外露台。绿色和平组织占用了三、四楼层及顶部夹层的东侧部分（图 3-73）。①

绿色和平组织的天台实验田位于朝东北的大露台，屋顶低矮，周围也没有高楼，这大概就是北京二环内的好处：高楼较少。所以大半个露台每天能有 5 h 左右的光照，大部分蔬菜也都能生长。如图 3-74 所示，绿色和平组织的天台实验田由于使用了 1 m^2 种植盆，主要作物是叶类菜和瓜茄类植物，需土量较大，所以采用的是 1/2 大田土、2/5 椰砖、1/5 蚯蚓粪、1/5 厨余以及 1/5 蛭

① 资料来源：http://loftcn.com/archives/17812.html。

图 3-73 绿色和平组织办公楼内景

图 3-74 绿色和平组织的天台实验田

石混合的土壤。

正是因为看到国内有着越来越多对生态农业与安全食品有着共同渴望并着手实践的人,"志同道禾"——中国生态农业公益助农服务平台应运而生。它是一个由国际环保组织绿色和平创立,并同"农禾之家""CSA 联盟"等机构合作发起的公益服务项目,是为从事、参与或支持生态农业的组织及专业人士提供信息分享和资源对接的服务平台,通过连接价值链当中的利益相关方,建立行业合作、信息共享和公众教育的平台,推动生态农业的发展,促进中国生态农业转型,让生态农业成为国内食品和农业体系中的主流。①

4. 台湾晁阳绿能园区:"种电"、种菜两不误

2012 年,晁阳农产科技投资 10 亿新台币,在云林建造了 22 座太阳能电厂,占地 12 hm^2,其中 6.7 hm^2 的面积规划为太阳能农场这种特殊的生态风貌,形成家庭度假与团体出游的多元休闲场域,总发电量达 700 万瓦,相当于 1400 个家庭一年的用电量。

园区内仅靠发电就能获得一笔长期稳定的收入,但是土地失去了利用价值非常可惜,于是公司在太阳能发电土地上以太阳能农场的生态风貌规划了集环保、农业、教育与休闲于一体的"绿能园区",园区着力打造安心农业,不喷洒化学农药、化学肥料,坚持使用天然无毒的方式种植出美味的农作物,并设置能源教育场域,让大家通过互动的方式更进一步认识绿色能源。

---

① 资料来源:http://www.greenpeace.org.cn/。

近年来，海峡两岸太阳能发电产业迎来快速发展，在台湾，人们将太阳能发电形象地称为“种电”。常见的太阳能电池板大多架设在平地及办公建筑或住宅的屋顶，台湾地势狭小，占用大量土地铺设太阳能电池板并不现实，而晁阳绿能园区创新思路，将绿能产业发展带入休闲养生概念，建设起斜屋顶的太阳能农场，不仅发电、种菜两不误，还可以兼营观光旅游业。

一座座钢结构大棚倾斜的棚顶上架设着太阳能电池板，棚内种植着喜阴的蕨类、菇类蔬菜等，屋顶上“种电”，屋顶下种菜，这是一座以太阳能起家的休闲农场。

如图 3-75 所示，温室里因为缺少阳光照射，栽种的都是耐阴作物。晁阳绿能园区的太阳能电厂分为半罩式及全罩式，半罩式太阳能温室可透空气，内部栽种台湾山苏花、蕨菜等喜阴蔬菜；全罩式温室可以精密控制温度、湿度，内部则栽种鲍鱼菇、珊瑚菇等菌类产品。其中仅菇类作物的年产值就超过 3000 万新台币，温室顶部太阳能电池发的电卖给电力公司，每年相关收入超过 6000 万新台币。

图 3-75　晁阳农产科技

出身农家的公司董事长邱信富先生，对田地间常见的蟋蟀情有独钟，现在环境变化及农药、肥料问题导致蟋蟀很少能再见到，于是他在园区内专门建设了别具特色的蟋蟀文化馆，完整展示了蟋蟀从幼虫到成虫的成长过程，让游客能就近观察，更能了解蟋蟀的进化历史、种类和习性等知识，成为绿能园区的一大特色，妙趣横生。园区里种菜的农夫是领薪水的员工，吸引了不少对农业抱有理想的高学历年轻人返乡加入。园区还有田间导览、蔬菜采摘等休闲及体验活动，还设置了游戏空间与 DIY 教室供游客参与活动。

晁阳绿能园区的发展可称得上是绿色能源发展的一个缩影，既为农业的未来发展提供了新的力量与出路，也对绿能产业的发展具有指导意义。[①]

---

① 资料来源：http://news.cnr.cn/native/gd/20151021/t20151021_520227725.shtml。

5. 丽水市农科院生态办公综合体

丽水市农科院生态办公综合体的可食地景园建于可由电梯通往的7楼屋顶，屋顶四周为护栏。规划区面积为500 m^2，宽为20 m，长为25 m，拟建长方形的鸟巢温室，表面覆盖阳光板扣板，钢构采用蜂窝结构，形成温室强大的抗性，耐强风与雪载。温室边围垂高1.8 m，顶高6 m，设顶三角通风窗与底三角通风窗各6扇，共12扇通风窗；温室门对开，门宽为2 m，高为2.4 m；除了冬季垂高部分可换成防虫网以加大通风量，也可以在室内安装水帘空调，夏日于温室表面喷涂遮阴涂料。

内部融合办公与农业景观元素，构建一个既具生产示范功能又可进行生态办公的综合场所，内部的农业元素结合当前先进的生产技术与方式，展示都市农业的前景及高科技农业的神奇高效。内部的农业科技有水培技术（管道化水培、漂浮水培、层架式水培）、基质栽培技术、气雾培技术，还有种苗快繁技术，各栽培区穿插于办公环境中，办公区与田园区融为一体，营造一个空气清新、绿意盎然、生态和谐的多功能场所。

可食地景栽培模式的设计有如下几种方式。

(1) 雾培绿墙

如图3-76所示，雾培绿墙主要用于功能区的空间区隔，绿墙一区位于入口处一侧，通过该墙隔离，形成了一个空间硕大的办公区，该墙厚为0.6 m，长为5.05 m，高为2.4 m，两面创造雾培表面积24.24 m^2，雾培墙顶部可以种植瓜果，两面栽培蔬菜、药草或者花卉等。绿墙二区隔于活动会议室与小型办公室之间，该墙宽为0.3 m，长为5.11 m，高同为2.4 m，该墙采用超声波雾培法，两面创造的有效栽培表面积为24.528 m^2，也同样用于叶菜、花卉、绿化植物等的栽培，顶部种植藤本植物或者瓜果都行。

图3-76　雾培绿墙

(2) 管道化水培

如图3-77及图3-78所示，管道化水培可食地景环绕温室一周，即在温室边围垂直部分布设三层水培管道，层距为0.6 m，还有部分管道化水培作为会客厅与活动会议室间的隔断。管道化水培总管线长为183 m，选择管径为100 mm的PVC管呈层式水平布置，用于美化温室内部周边地区。管道化水培下面两层可以栽培株型小的蔬菜、花卉，顶层可以栽培株型高大些的瓜果或者藤蔓植物，让其攀附温室的内空间桁架，达到扩大绿化空间的目的。

图 3-77　管道化水培可食地景

图 3-78　会客厅与活动会议室间的管道化水培隔断

(3) 层架式槽式水培

如图 3-79 所示，层架式槽式水培位于活动会议室与茶室间的空间隔断，槽宽为 0.6 m，刚好可以放置育苗的托盘，槽底缓缓流过营养液，可以用于托盘营养液育苗，也可以栽培花卉与蔬菜。架长为 3.911 m，高为 2.4 m，可布设 5 层种植槽，层间高差为 0.6 m，种植槽深为 0.1 m，用槽上扣板进行水培或者在槽内摆放育苗盘进行营养液无土育苗。

图 3-79　层架式槽式水培可食地景

(4) 塔架式基质栽培

如图 3-80 所示,基质栽培是无土栽培的一种,基质分有机基质与无机基质。该槽式栽培采用有机基质结合滴灌方式构建,利用塔架来提高空间利用率。栽培槽由斜面为 1.8 m,底宽为 1.2 m 的三角钢构组合而成,再于钢架斜面上等高分布 4 层种植槽,种植槽采用管径为 150 mm 的管对称剖开而成,剖开后于管槽内填充有机基质或者泥炭椰糠基质即可,栽培时,再铺设滴灌管。可以栽培叶菜、药草及草莓等,塔架式基质栽培共分为两组,组架长为 3.4 m,栽培槽总长为 54.4 m。

图 3-80 塔架式基质栽培

(5) 种苗快繁区

如图 3-81 所示,种苗快繁主要用于果树、瓜果、药用花卉等植物的无性快繁。该区位于温室边角处,共设两畦快繁床,每畦宽为 1.2 m,长为 7.4 m,共创造有效快繁表面积 17.76 m^2,按照每平方米每年培育种苗 2000~4000 株计,每年可生产种苗 35520~71040 株。

图 3-81 种苗快繁区

(6) X 架塔式雾培区

如图 3-82 所示,塔式雾培是雾培的主要方式之一,采用塔式雾培可充分利用空间,特别是 X 架塔式雾培可以方便不同种类植物组合种植,提高叶面积系数及单位面积的产能。X 架底宽为 1.2 m,斜面为 1.8 m,由正倒三脚架组合而成,两斜面栽培叶菜,塔两侧套种瓜果,让其攀附上层的 V 架上,实现瓜果、叶菜的分层套种。该区共设 4 组雾培架,每组架长为 6 m,共创造有效叶菜栽培表面积 86.4 m^2。按株距 0.6 m 套种瓜果,可创造瓜果株位 40 个,以每株位年产瓜果 10 kg

图 3-82 X架塔式雾培

计，该区除了叶菜，可增收瓜果 400 kg。

(7) 立柱式雾培区

如图 3-83 所示，立柱式零培区位于 X 架塔式雾培区与会客厅之间，作为会客厅的绿色隔栏，共设雾培柱 3 根，每根柱直径为 1.2 m，柱间距为 2.5 m，柱高为 2.4 m，3 根雾培柱共创造有效栽培表面积 25.92 m^2。作为办公的环境，柱顶部可以用于栽培蔬菜树，让蔬菜树展开的绿荫覆盖更广的办公区，用于夏日的生态遮阴。

图 3-83 立柱式雾培区

(8) 垂直式陶粒管道栽培

如图 3-84 所示，垂直式陶粒管道栽培区位于主要的办公区，在办公桌的中间隔断处设立柱式基质栽培，创造绿色屏障。该区共摆设两组组合式办公桌，每组办公桌中间设垂直管道 6 根，采用管径为 300 mm 的 PVC 管作立柱，共有立柱 12 根，6 根为一组，柱间距为 1.2 m，柱高为 2.4 m，柱内填充陶粒，由柱顶处进行营养液滴灌，柱四周分层均匀开定植孔。

办公功能区共分为 5 个区块，分别为主体办公区、小型办公区、活动会议室、会客厅、茶座区，如图 3-85 所示。①

① 资料来源：http://www.zwkf.net/userweb/web800/xxlr1.asp? id=12664。

图 3-84　垂直式陶粒管道栽培

主体办公室

小型办公区位于绿墙
与水培花卉区之间

活动会议室位于绿墙、
管道培及层架式水培之间

图 3-85　办公功能区

6. 台湾博仲法律事务所的屋顶菜园

博仲法律事务所坐落在台北市中心，其屋顶已成为永续生活设计的绿洲（图 3-86）。该事务所配置了各式绿色设备，种植各式各样的植物与水果，甚至还有一小片稻田在屋顶上，作为员工在繁忙法律事务间的休息之处。有机堆肥的使用，各种虫鸟的造访，使得这个屋顶自成一个微生态系统，而这样的政策也扩展至整栋大楼，采光与通风的状态也较好。

事务所利用了 3 个容积 700 L 的水塔来回收雨水。有一年 11 月份台北多雨，因此所收集的雨水让事务所足以不利用自来水便可以冲马桶 660 次，的确，台湾最大的水库在每个人的屋顶。

图 3-86　博仲法律事务所屋顶菜园

(图片来源:http://www.winklerpartners.com/? p=4842&lang=zh-hant)

在操作切换使用自来水以及雨水前,必须先有人到雨水回收的水塔确认是否有水。其实这个装置曾经改良过,因为第一次做的时候,没有注意前段水排除的问题,造成含有砂石的雨水到了马桶后,阻塞输水管线,反而还必须请人来通马桶。虽然雨水收集听起来很简单,其实有很多小细节必须注意。

关于屋顶菜园的部分,相关负责人提到应先思考到底要用什么样的种植器皿才契合永续生活,例如利用废轮胎可让废弃物有重新利用的价值。种植器皿的考量可以有更多元化的思考。

当初屋顶菜园规划是从每位办公室员工"认养"一个轮胎开始的。相关负责人提到一个很重要的概念,那就是"如何持续下去"才是菜园以及生态厕所营造的关键。因为,原本设定每个人都会有负责的区块,可是负责的同事因为蚊虫、紫外线、忙碌等各种无法持续的因素导致蔬菜枯死、被虫吃掉以及病死,可能最后沦为废墟。

营造可食地景屋顶不难,重要的是要适时维护和管理;而生态厕所也是如此,利用木屑、干草覆盖后的便所一点也不臭，但是也必须考虑到实用性，比如，在顶楼会不会日晒太强，或者在角落会不会有昆虫飞进来等。

屋顶菜园坐落于楼层顶端，没有遮蔽物，因此很容易受大风的影响。势必需要利用植栽来形成像防风林一般的效果，让屋顶菜园不至于损毁。如若将果树种在最上层，第二层种植可挡风的植物，最下层则用来种蔬菜，顺应自然营造小生境，便可以让蔬菜健康成长。[①]

(二) 国外案例

1. 东京 Pasona Group 室内农场

2005 年，著名的人事管理顾问公司 Pasona Group 在其位于东京中心商业区的高层办公楼内创建了一个室内农场，让员工在工作中收获自己的食物。农场里的作物收获后主要供应给员工食堂，强调“零食物里程”的概念。整座“都市农场”的总面积约 16528.5 m^2(约 2.3 个国际标准足球场)，种植的植物超过 200 种，包括番茄、甜椒、茄子和稻米，由公司内的所有员工轮流照顾整理(图 3-87)。

图 3-87　东京 Pasona Group 室内农场

(图片来源：http://www.sohu.com/a/221137006_99943048，http://www.verydesigner.cn/article/4419? page=1)

公司内部还建有一个植物工厂，主要生产的蔬菜包括生菜、水芹等绿叶类蔬菜。工作人员在室内控制作物生长所需的光、温度、湿度、二氧化碳和培养液，一年四季都可以量产，让蔬菜生产如同工厂化的流水线生产，成熟的新鲜蔬菜也会在第一时间供应到员工食堂。

① 资料来源：https://www.newsmarket.com.tw/blog/2753/。

楼梯口的闲置空间也被充分利用，换种各种可食植物。二楼以绿色植物围绕的休闲空间为主，三楼以上的办公楼层，无论是电梯前厅、走廊、会客区或是员工餐厅等，随处都可看到花草与蔬果的存在。墙壁上种满了葡萄、苦瓜等绿色植物，以及原产于美洲热带地区的西番莲。顶部悬挂着一根根黄瓜和观赏南瓜、观赏番茄，员工可以在工作之余即刻体验到采摘乐趣。在会议室的顶部是一个透光的空间，上面悬挂了藤本植物来遮挡部分阳光，开会的气氛也在不知不觉中轻松有趣起来。

每天在“都市农场”的办公空间里，Pasona Group 总部的职员通过农作活动，逐日培养出与自然共生的态度、对农耕的兴趣以及对食物来源的敏感意识。不仅如此，可食农场也会对外开放，供一般民众参观、学习。

室内农场虽然没有自然光照，但是设计师采用了一系列高科技的手段，实现了农作物的丰收。内部采用金属卤化物灯、HEFL 照明系统、荧光灯、LED 灯等照明手段来弥补光照上的不足，同时采用自动灌溉系统、智能气候控制系统，实时监测、调节温度、湿度和空气质量，确保办公时间里员工的舒适工作环境和办公时间以外植物的最佳生长条件。利用高产量的地栽培养和水培种植，在占用土地面积最小的情况下，实现农业产量的最大化。[①]

2. 瑞典科技公司 Plantagon 的办公楼项目

瑞典科技公司 Plantagon 的办公楼高约 60 m，每层楼由南面的可食地景区和北面的办公区域组成。如图 3-88 所示，北面是 17 层的办公室，南面建筑表皮由玻璃组成，玻璃背后是由多个房间组成的温室。南面倾斜的设计可以使温室的产出高出传统温室的 10 倍。在这栋大楼内，没有用土壤来种植，蔬菜会在富含营养的水基溶液中生长，通过吸收自然光和 LED 灯光进行光合作用，LED 灯会根据蔬菜种植所需的特定光频率进行照射，使蔬菜可以在最佳光源下生长(图 3-89)。此外，公司还配备有专门的机器人直接参与到植物的培植中，从而节约人力成本。

图 3-88　瑞典科技公司 Plantagon 的办公楼

① 资料来源：https://www.pasonagroup.co.jp/media/index114.html?itemid=2352&dispmid=796。

图 3-89　蔬菜生产方式

该办公楼每年预计生产 550 t 蔬菜，足够 5500 人吃一年，此外，该公司测算发现，相比于传统的工业化种植系统，该公司的“plantscrapers”办公楼可以少产生 1000 kg 的二氧化碳，节约 5000 万升水。这栋建筑周围还会配备清洁能源工厂，工厂利用生物废料和生物沼气来提供能源，这个过程产生的热量和废料可供温室的植物利用，所以“plantscrapers”办公楼不是一栋单独的建筑，而是跟其他工厂形成一个循环的生态系统。

为方便在大楼上班的员工，大楼里专门配备了一个生态餐厅，人们可以将现摘的新鲜蔬菜作为餐厅食物的原材料。此外，下班后还可以在大楼内的零售商店买到由传送带送达的当天采摘的蔬菜。

这栋建筑已于 2012 年开工，预计 2020 年建成，预计花费约 2.6 亿元。Plantagon 公司目前正在与全世界各大城市的一些开发商进行沟通，希望能在更多的城市建造这种大楼，这种类型的可食地景办公楼的普及推广或有更加广阔的生态前景。

3. *亚马逊新总部项目*

亚马逊新总部位于西雅图市中心，占地约 30 万平方米，由著名建筑公司 NBBJ 设计。它包括 3 座 37 层的高层写字楼、2 座中层写字楼和中央可容纳 2000 人的多功能会议中心。被建筑群包围的 3 个“球”就是 The Spheres（球儿们）。如图 3-90 所示，The Spheres 由 3 个玻璃“球”组成，1 大 2 小，整体宽约 40 m，最大的“球”高达 27 m。三个“球”用了 2643 块玻璃面板和钢架建成，在钢架、玻璃面板封闭的“大球”中，藏着和钢筋水泥丛林完全不同的一番天地，里面有令人目不暇接的花园和层层叠叠的植物。在这里，亚马逊培育了 4 万多棵来自 30 多个国家的绿植。其中甚至有能真的长出巧克力的巧克力树和很多人在书本上才看到过的食虫草真身，环绕在植物周围的是流动的小溪和瀑布。

图 3-90　亚马逊新总部建筑及内部植物设计

其中最让设计团队自豪的是种满了各种小植物的垂直花园。如图 3-91 所示，这面绿植墙有 370 m^2，有 5 层楼高，是科学技术和园艺的结合。绿植墙背后是一个个小布袋，每个布袋里种着一棵小型植物，然后彼此紧紧拼接在一起，成了一堵密不透风的墙。这些植物都是亚马逊总部在自己的大棚内完成种植后再移植到总部“大球”里，最后将它塞进墙体的布袋里。整个垂直生态墙包含了 200 种、超过 25000 棵绿色植物。

图 3-91　垂直花园

目前，在亚马逊总部，有 40000 名员工在这里工作。亚马逊希望不同国家的员工都可以在这里找到他们家乡的植物，获得归属感。同时也希望人们能真正去研究每种植物来自哪里。尽管 The Spheres 看起来一点也不像办公区域，但它的确是普通员工办公、开会、休闲的场所。在楼梯的入口处和其他区域，都用土生土长的植物点缀着。员工们可以在二层以上的办公空间进行小组开会，而会议空间的周围就是满眼的绿植。当穿过由各种原生植物点缀的小径后，再在小树林里走，就会看到小办公桌。在 9 m 的高空之上，还有个悬空的“鸟巢”，这也是整个建筑里最吸引人的一个地方。此处是一个被彻底悬在空中，但是又有树荫的隐蔽会议室，另外这里还有高空吊桥，休息区安置在最高层采光最好的位置。

亚马逊花了很多年才打造了这样一个封闭的热带雨林，而伺候这些来自世界各地的植物也是一件不简单的事情。为了让这些植物能够“快乐地”生长，这里白天室内温度保持在 22 ℃，湿度超过 60%，到了晚上，这里的温度要模仿真实世界中的温度变化，下降到 13 ℃，湿度增加到 85%。另外，亚马逊还专门设置了通风系统，能完全模拟户外的微风。为了达到完美，建造团队先用混凝土结构夹住了 3 个球形建筑的水泥框架，然后在混凝土的基础上加上了钢结构。接着将钢结构之间形成的空隙安上玻璃。与此同时，还组建了团队专门从世界各地搜集绿植，在 3700 m^2 的大棚中提前育苗。

该可食地景办公项目还提供了 600 份全职工作，除了亚马逊的员工可以在里面工作，这 3 个“球”同样会有一部分对公众开放，这不仅促进了西雅图的旅游业和教育业，还吸引着市民和游客前来参观和学习。①

4. Facebook 新园区

在全球，Facebook 拥有 66 个办公园区和数据中心，雇用了近 16000 名职员。如图 3-92 及图 3-93 所示，公司总部在加利福尼亚州门洛公园的“1 Hacker Way”，包括扎克伯格在内的 2800 名成员在这里办公。园区分为东西两个区，它们中间跨越 Bayfront 高速公路。其中，东区可容纳 6600 名雇员，西区则可容纳 2800 名雇员。其总部大楼名为 MPK 20，占地达 40000 m^2，于 2015 年投入使用。

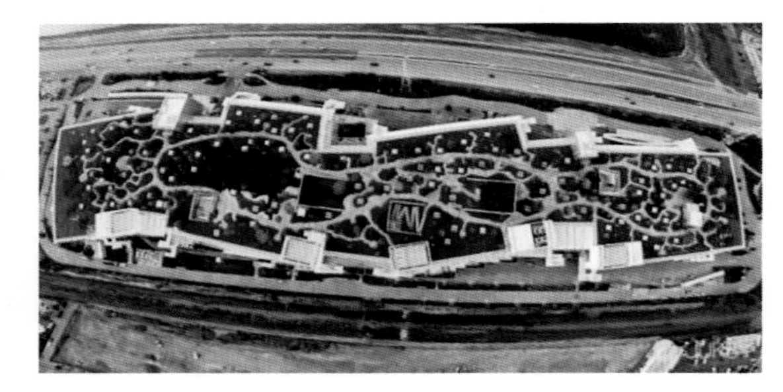

图 3-92　Facebook 附属公园 1

(图片来源：https://www.forbes.com/sites/aliciaadamczyk/2015/03/31/inside-facebooks-incredible-new-frank-gehry-designed-headquarters-mpk20/#2d5a015f6c7c)

Facebook 的附属公园就在总部大楼的楼顶上。如图 3-94 所示，屋顶绿地设计占地约 87217 m^2，种植有草和树木，并建有一个菜园。屋顶并不追求漂亮，却能起到“冬暖夏凉”的隔温效果。②

① 资料来源：https://mp.weixin.qq.com/s?__biz=MzA5NTA3NDYyNQ==&mid=2652851438&idx=3&sn=09b06b419196f4cbdfd9ce8e0bb1292f&chksm=8baf0cc0bcd885d6fe79accbd85148e8ad4f8236b669a117ae6a0cf47d164b079a89c0b47f10&mpshare=1&scene=24&srcid=0429EEmWJJfLbfYTb9sZDT67#rd。

② 资料来源：https://www.cnbeta.com/articles/tech/203260.htm。

图 3-93　Facebook 附属公园 2

（图片来源：http://blog.sina.com.cn/s/blog_6541fa7c0102wueo.html）

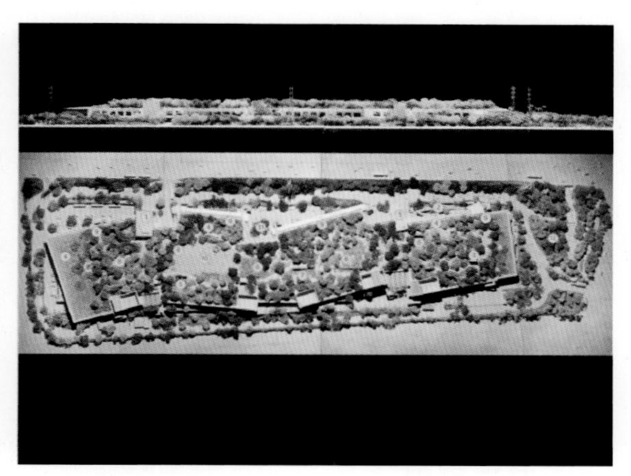

图 3-94　Facebook 附属公园 3

（图片来源：http://www.sohu.com/a/206147053_100009084）

作为总部中心的标志性大楼，MPK 20 是园区迭代式规划的一部分。景观设计师与多位建筑师以及生态学家、工程师、树木学家和土壤科学家合作，修复并重新设计场地，由一系列发展框架来指导开放空间的发展、设施和社会空间的分配、园区交通与流动性，占地 32.37 hm^2 的土地近三分之一转变为提供生态系统服务的开放空间。

美观且高技术含量的建筑与景观相结合，充分考虑项目和环境条件，最大化开放空间，减少热岛效应，大幅度减少雨水径流。起伏的地形和下沉式花园使景观更加生动，并与内部空间连接。

如图 3-95 所示，屋顶公园以打造“人造自然”为目标，是一个休憩的地方，也是一个漫游、探索并与自然连接的地方。其在本质上反映了 Facebook 的文化，边散步边开会和日常聊天是员工在此经常进行的活动。

为了在有风的屋顶上建立弹性景观，该设计参考了类似场地，并从干旱耐受性植物群落中获取了能适应于该地区薄弱土壤、不规律排水和风阻环境的植物。乡土物种和适应性物种种植在

图 3-95　屋顶公园

（图片来源：https://www.forbes.com/sites/aliciaadamczyk/2015/03/31/inside-facebooks-incredible-new-frank-gehry-designed-headquarters-mpk20/#2d5a015f6c7c）

一致的生态环境中，为鸟类和传粉者提供栖息地。

这一庞大而复杂的景观是通过设计、技术和管理相互衔接而实现的。该设计是与建筑师、结构和环境保护工程师密切合作与技术协调的结果，并展现了优质而系统的施工方式。

特别值得注意的是整合土壤、排水和灌溉的设计。屋顶通过土壤、灌溉设计以及测试和管控初级、次级和子排水系统网络，来模拟自然排水和土壤条件。公园还编制了维护手册，以指导景观的适应性管理。①

四、营造原则和要点

（一）营造原则

1. 疗愈性

公共建筑室内的可食地景园除了具有一定的产出功能，满足使用者的审美所需也是应该考虑的因素，设计更应注意种植品种的选择和布局，甄选审美可靠的品种置于外显区，审美稍次的品种置于背景区，同时考虑到季相变化，四季常绿的植物或可预留一定配比作为基本绿量的形象留存，对于特殊类型的康复医院，则可以结合康复休养所需，对种植品种、场地布局、材料选择进行精心设计。

2. 地域性

公共建筑屋顶的可食地景园的设计更应充分考虑当地气候条件的影响，选择适合当地的当季可食种植品种。另外，公共建筑的屋顶往往也是诸多设施管网集中的区域，营造可食地景区域时应尽可能避开，或者适当处理好相互关系。

---

① 资料来源：http://www.sohu.com/a/206147053_100009084。

3. 共享性

公共建筑，尤其是商业综合体的可食地景园，与商业综合体的部分业态起到了互相吸引顾客流的作用。同时，除了自给，商业综合体的可食地景园设计可以考虑与商业综合体的餐饮业等共享食物产出，同时也可以实现食物旅程低碳化。

4. 教育性

公共建筑的可食地景园是对都市人进行生态教育、农耕教育的空间载体，也是对青少年进行自然教育、文化教育的户外课堂，小到果蔬品种的指示牌，大到节气手作食品的主题活动，都是对自然教育的积极响应。

（二）营造要点

1. 利用建筑宅前屋后

城市中由于建筑的大量存在，形成了特有的小气候，对以光为主导的诸因子起重新分配的作用，其作用大小因建筑物大小、高低而异。建筑物能影响空气流通，具体有迎风、挡风、穿堂风之分，其生态条件因建筑方位和组合而不同。现以单体建筑各方位为例分析其特色。

单体建筑有东、西、南、北 4 个垂直方位和屋顶。在北回归线以北地区，绝大多数坐北朝南的方形建筑的 4 个垂直方位改变了以光照为主的生态条件，这 4 个方位与山地的不同坡向既相似又有不同。下垫面为呈垂直角的两个砖砌或水泥面，反射光显著，在局部地段光随季节变化较大。

（1）东面

建筑东面一天有数小时光照，约下午 3 时后即无光照，光照强度也不大，不会有过量的情况，比较柔和。适合种植一般树木。

（2）南面

建筑南面白天全天几乎都有直射光，反射光也多，墙面辐射热也大，加上背风，空气不流通，温度高，生长季延长，春季物候早，冬季楼前土壤冻结晚，早春化冻早，形成特殊小气候。适合种植喜光和暖地的边缘树种。

（3）西面

建筑西面与东面相反，上午无光照，下午成为西晒面，尤以夏日为甚。光照时间虽短，但强度大，变化剧烈，西晒墙吸收辐射热大，空气湿度小。适合种植耐燥热、不怕日灼的树木。

（4）北面

建筑北面背阴，其范围随纬度、太阳高度角而变化。以漫射光为主，夏日午后到傍晚有少量直射光。温度较低，相对湿度较大，风大、冬冷，北方易积雪，土壤冻结期长。适合种植耐寒、耐阴树种。

单体建筑因地区、朝向、高矮建筑材料色泽以及周围环境不同，生态条件也有变化，一般建筑越高，对周围环境的影响越大。

城市建筑群的组合形式多样，有行列式、四合院式等，由于组合方式、高矮的不同，对不同方位的生态条件有一定的影响。如四合院式建筑可使向阳处更温暖；大型住宅楼多按同向并呈行列式设置，如果与当地主导风向一致或近于平行，楼间的风势多有加强。尤其是南北走向的街道，由于两侧行列式建筑形成长长的通道，使穿堂风更大。在东西走向的街道上，建筑越高，大楼北面的阴影区就越大。在寒冷的北方地区，带状阴影区更阴冷或会长期积有冰雪，甚至影响到两边行道树，应选用不同的树种。[①]

2. 屋顶可食地景园

在建筑物顶部进行种植活动，是土地资源紧缺的市区内宜采用的技术，该技术解决了大量环境问题，比如实现雨洪管理，通过安排屋顶种植层减少非渗透区和过度反光区，从而减少城市热岛效应。部分城市农场由屋顶改造而来，还在一些社区花园和农业企业开发设计出高度不同的建筑屋顶和休息平台。这种技术的局限包括泥土重量会增加支撑结构的成本，要加上错综复杂的废物管理系统，某些类型的工具难以使用等。由于采用全人工系统，这些景观需要花更多的人力保持生态平衡和生态功能，比如受湿度和风力影响较大的屋顶可食地景对人的依靠就很明显。由于植物根部被限制在容器内，并未接触到城市自然土壤层和积水层，所以物理农业对土壤管理有所影响。

首先，结合商业综合体屋顶管网的分布，适当选取可食地景园的范围，这对于屋顶可食地景园是需考虑的先决条件。其次，尽可能利用雨水来灌溉可食地景园，因为屋面的水蒸发量较大，从节约用水方面考虑，雨水的收集和再利用更为重要。最后，结合使用者停留和驱动需求，可构建适当体量的构筑物，开辟出花草茶室、蔬果沙拉餐吧，亦可以此为依托，开展以自然教育为核心的各种培训活动。

公共建筑屋顶可食地景园的植物宜选取适宜当地气候条件的品种，四季常绿植物占一定比例，结合季节性蔬果的更迭种植，既保证每个季节有一定的观赏性，又保证每个季节有适当的收获。生菜、番茄、黄瓜、薄荷、柠檬等可食品种可有计划地以互惠协议的方式直供给商业综合体内的比萨店等，实现从生产基地到餐桌的零碳旅程。

3. 垂直可食地景园

垂直可食地景是指依附于墙面（内外）栽种植物，这种技术适于复合土壤种植系统或水耕栽植系统。这种可食地景在当下可以通过多种方式附加于建筑或结构上。在城市农用土地紧缺或建设现场完全为不透水层的情况下，垂直阶梯式栽培和垂直食物栽培能最大化地提高土地利用率。

在都市环境中，尤其是在高密度地区，可以使用多种产品，为可食地景园创造垂直面，解决水平面无法满足产量需要的问题。有很多灵活的解决措施，如利用回收的胶黏制品或纤维制品制作悬垂式花槽，还可以选择一些永久性对策。纵向扩建现有房产建造垂直可食地景园时，可考虑使用活体墙系统、模块化产品。筛选产品时需要考虑生长媒介问题，可以进行有土栽培，利用滴灌或手动灌溉，也可以进行水培，还要考虑大小限制、水分汲取和阳光喜好问题。理论上的未来垂直可食地景园被构想成一座高层建筑或摩天大楼，每层都有室内农场。

4. 阳台可食地景园

阳台可食地景主要以阳台、露台为主，用花钵和花盆使阳台变成绿色的花园。阳台种菜是一种“全民皆农”的休闲生活方式，城市居民从阳台果实里品到了多重滋味。零距离的新鲜无疑是

---

① 陈有民. 园林树木学［M］. 北京：中国林业出版社，1992：83-84.

种妙味，而“安全”与“量化”则是另一番“风味”。阳台菜园是集食用、观赏、文化于一体的微缩景观。在阳台景观的设计规划与品种安排中，需充分掌握阳台小气候对植物生长的影响，选择适宜的品种进行组合式规划。

5. 康复可食地景园

鉴于医疗环境的复杂性和易变性，很难营造出功能上完全满足患者和医护人员需求的花园。因此观察花园是如何被使用，并对设计做出相应的调整是十分必要的。抬高式种植床对于不方便弯腰的老年人或坐轮椅的人来说是一种非常合适的选择。面对当今急剧上涨的医疗费用，医院管理者们是否会因面临紧缩医院改造或新建费用危机，从而强制取消花园以及昂贵的“循证设计”元素呢？一篇较为权威的文章（一项发表在《医疗服务管理前沿》上的近期研究——《更好医疗建筑的商业案例》）指出，这种取消花园建设的策略在经济上是不明智的。文章作者包括两位医院执行总裁、一位经济学家和一位建筑师。他们指出，包括康复花园在内的更加人性和节能的设计要素虽然昂贵，但一年后就能收回成本，从长远看，较那些没有事先整合相关设计内容的医院更加合算，更能使医院繁荣发展[①]。较高的患者满意度、较少的医疗失误、更少的人员流失、较快的病患周转、节省能源，还有其他众多因素可以证明其益处。

亲近自然，舒缓身心，释放精神压力，有利于康复进程的加快，关于大自然的康复性，观点有很多。英国护理业的先驱“提灯女神”弗洛伦斯·南丁格尔，在1853年克里米亚战争中护理伤者时发现自然环境对于伤者康复有显著的疗效，通过她的护理，伤员的死亡率从42%下降到2%。后来，她在出版的《护理工作记录》中写道：“在对影响病人康复的自然因素排序中发现仅次于新鲜空气的就是阳光，它们能够加快病人的康复。其次，病人从窗户望出去，看到外面是鲜艳的花朵而不是一道墙，这对于他们精神的康复有很好的疗效。”弗洛伦斯·南丁格尔的这一见解充分证明了精神和身体是一个统一体，并相互影响。

英国环境设计师伊恩·伦诺克斯·麦克哈格在他1968年的著作《设计结合自然》中讲述了自己患肺结核后去阿尔卑斯山疗养，感受到了大自然环境的优美，因而精神放松、身心愉悦，继而病情好转并逐渐康复。这一经历使人们再次认识到了大自然对身心康复的积极作用。

五、维护和管理

1. 浇水、除草

屋顶上光照强、风大，植物的蒸腾量大、失水多等，在夏季日光较强时易受日灼、枝叶焦边及干枯的危害，要经常浇水或喷水，形成较高的空气湿度。一般在上午9点以前、下午4点以后各浇水一次，或使用喷灌进行灌溉。另外还需及时除掉杂草。

2. 施肥、修剪

由于种植在屋顶上的多年生植物是生长在较浅的土层中，缺乏养分，要及时施肥，同时要注意周围的环境卫生。对植物的枯枝、徒长枝等要及时修剪，以保持树体的优美外形，减少养分消

---

① BERRY L L D, PARKER R C, COILE D K, et al. The Business Case for Better Buildings[J]. Healthcare Financial Management, 2004, 58(11): 76-78, 80, 82-84.

耗,有利于根系生长。

3. 补充人造种植土

由于经常浇水和受到雨水的冲淋,人造土产生流失,导致种植土层厚度不足,要及时添加种植土,同时注意调节 pH 值。

4. 防寒、防风

屋顶上冬季风大、气温低,一些在地面上能安全越冬的植物在屋顶可能受冻害。

5. 检查、维修

要经常检查屋顶植物的生长情况、排水设施的工作状况,定期养护与维修。[1]

---

① 武汉境土天空农场生态科技有限公司提供基础资料。

第四节　可食地景与公园

人类驯化植物，起初目的是得到食物，后来才渐渐分化出适合人们观赏的物种，并大量用于当代城市园林绿化中。园林绿化品种多选择少病虫害、寿命长、姿态优美、挺拔中正、“四季常绿，三季有花”的植物。城市的快速建设，“配套”的园林绿化也要求高大、密厚、多彩、一次性建成，园林绿化看似成了一劳永逸的产品，那么它到底应该是什么样子？一般应能悦心神、美环境、保生态，若在此基础上增加些参与性、教育性和多样性那就更好了。“采菊东篱下，悠然见南山”，这是陶渊明的田园实践，更是现代都市人的“田园梦”。将城市绿化和田园梦相结合，可食地景的实践为都市绿地的多样性进行了探索。

在当地城市公园寻找野生食物和可食蔬果是一种最新的食物趋势。不论是我们寻觅新鲜食物的复杂味觉需求，还是通过户外劳动获取“免费”食物的放松感和成就感，采摘野生食物现在正成为户外游憩的新趋向。在当地郊野寻找野生黑莓果、马齿苋或采摘繁缕和蒲公英，在公园里采摘无花果树、苹果树以及樱桃树的果实，现在已成为一种新的消遣方式，也是提供农产品的另一种方式。觅食技巧不仅仅包括了解食品的安全性，而且在采摘时要留下足够的植物以备再生。城市公园中的可食地景园通过合理的设计和营造，完全可以满足以上需求。

一、案例分析

（一）国内案例

1. 武汉园博园

“武汉园博会”是第十届中国（武汉）国际园林博览会的简称。武汉园博园位于武汉市张公堤城市森林公园和金口垃圾场原址上，如图 3-96 所示，占地面积为 213.77 hm^2，于 2015 年 9 月向游客开放。该园博会以“生态园博、绿色生活”为主题，本着“践行生态修复、改善人居环境”的设计理念，对园区实施了一系列生态修复性的创新尝试，同时大力提倡雨水花园、屋顶花园、垂直绿化、可食地景等园林景观形式。

图 3-96　武汉园博园总平面图

（1）再续前垣

再续前垣景点位于园博园荆山景区东侧，如图 3-97 所示，该景点是对园区垃圾管理房旧址的改造，保留了原场地的红色瓦房，并以现代垂直绿化的方式加以装饰改造，旨在保留原场地的记忆，唤起游客对生态保护和生态修复的意识。同时，在景观上选用具有经济价值、食用价值的作

图 3-97　园博园再续前垣景点

物和地被，例如油菜花、剑麻和麦冬等，使整体景观充满乡野气息。

(2) 杉杉湿地

杉杉湿地位于园区北部，是武汉园博园最大的市州园区。在设计之初即定位为武汉园，是展现江汉平原风貌特色的展园，也是园博园最先供周边市民免费游览观赏的展园。为更贴近江汉平原自然人文特色，杉杉湿地不仅运用了大量武汉本土树种——杉树，而且还营造了一块场地作为可食地景展示种植区，供市民观赏体验(图 3-98)。未移交之前，蔬菜由绿化养护单位负责种植和维护。

图 3-98　园博园杉杉湿地景点

该湿地周边根据季节变化，种植了水稻、油菜、蔓菁等农作物。由于本区域位于住宅小区一侧，临街靠外侧设计种植了两排粗壮挺拔的水杉，以缓解住宅建筑与园区之间的违和感，水杉内侧种植了成片的水稻，同时结合时花以及富有生活特色的乡土景观元素，营造具有现代田园生活气息的城市可食景观(图 3-99)。

(3) 上海园

上海园位于园区西南部，以“向空间要绿色，给都市上绿装”为主题，通过对大都市空间生态化的探索，展现了一个从常规绿地扩展到屋顶绿化、垂直绿化、室内绿化的可食地景园(图 3-100)。该园区设计布置了观赏花园、微缩花园、天空菜园、隙望花园、檐下花园、雨水花园这 6 个主题花园，其中天空菜园主要展示了以蔬果为主的屋顶可食地景园。

图 3-99 杉杉湿地景观元素

（图片来源：武汉市园林建筑规划设计院）

图 3-100 上海园

（图片来源：武汉市园林建筑规划设计院）

天空菜园通过将农作物作为景观元素引入屋顶绿化中，实现农业和城市结合，既可体验都市农业生活，又可创造丰富多样的可食景观，具有较强的趣味性和参与性。通过板块式划分菜田，屋顶种植了梨树、枣树、柿树、金橘、香柚、番茄、辣椒、甘蓝等观果类植物、蔬菜和农作物，并充分考虑每种植物在一个生命周期内的季相变化，使一年四季都能有花、有果可赏，展现出良好的可食地景品质。

2. 上海世纪公园蔬菜花园①

世纪公园是上海市中心城区内最大的城市生态公园，其中的乡土田园区是传统农耕文化的缩影，起到了较好的科普作用。规划该区域可食地景项目的初衷是建一块面向周边社区青少年的科普基地。一期选址为一块原种植马鞭草的 L 形地块及周边廊架，用地面积为 200 m^2，如图 3-101 及图 3-102 所示，设计师在空间上按照蔬菜类、香草类、果灌类高低间隔并运用共生原理进行搭配设计。

图 3-101 共生式的植物搭配

（图片来源：上海政府网站）

项目于 2014 年 10 月份开始筹划，2015 年初进行育种选苗栽培，同年 5 月首期向公众开放，一期实验之后又扩展到 1000 m^2 左右，泛境设计团队对其设计、实施、修正、发展、运营进行了为期一年的记录。

春季，2 月初播种，4 月份呈现最佳状态，90%的品种搭配按照设计进行。首次种植采用大棚育苗移栽的方法，菜苗密度合适，色彩搭配和谐，病虫害较少，主要管理为定期浇灌、施有机肥等。

夏季，蔬菜快速生长，密度比较大，高度可遮挡视线，雨季来临导致病虫害加剧，但显而易见的是花园已经是一个生物多样性的样本：蜂蝶飞舞，怡然自得。周边草坪被陆续开辟用作露天育苗实验基地，以节省投入。

秋天是收获的季节，也是分享的季节。该公园的果实类蔬菜占比达 60%左右，公园组织了诸

① 资料来源：http://www.aucklandbotanicgardens.co.nz/our-gardens/。

图 3-102　蔬菜花园景观

（图片来源：http://blog.sina.com.cn/s/blog_4d0e408d0102wgd3.html）

多采摘类科普活动，参与性和趣味性很强。从景观效果而言，大批蔬菜收掉后需清场、整地、补种冬季菜苗，景观效果不佳。

冬季品种几乎全部替换为可露天越冬的蔬菜品种，种类较少且生长缓慢，观赏植物数量减少。冬季病虫害较少，只需定期除草、施肥、灌溉等。

（1）开办活动

蔬菜可食地景园作为公园的科普和亲子活动基地，自 2015 年 6 月以来已举办了多次活动，分别针对不同节日主题，如母亲节、劳动节等。参与家庭多为 10 组（1 位家长及 1 个孩子为一组），大型活动可达 30 组，象征性地收取一定费用。活动内容包括蔬菜知识宣传、传统文化讲解、亲子采摘、绘画写生等。

(2) 运营管理

该 1000 m^2 可食地景园产量可观，足以满足活动开展与留种所需，为达到运营效果，该园区在管理上进行了精心设置：农业技术人员 1 位，熟悉有机蔬菜种植的各方面知识；工人 2 位，进行日常灌溉、除草除虫、施肥等工作，冬季只需 1 位工人。

育苗：有可靠的种子来源，内部划分育苗地块。

管理：定期浇水、施肥、采摘、移植、看护，5 月 1 日—10 月 20 日为病虫害高发期，采用人工除虫与生物制剂除虫相结合的方式进行预防。

3. 东湖绿道——田园童梦

“田园童梦”是武汉东湖沿线的郊野道新增景点，花田、果园、菜畦分布其中，内设公共服务设施、儿童活动场地、采摘场地、趣味小品等，同时，通过驿站能为游客提供卫生间、自行车租赁及游览车乘坐等服务。

如图 3-103 所示，除了现有的可食地景园，绿道两侧及驿站周边还种植了油菜花、柿子树、桑树、杨梅等，不同季节成熟的瓜果蔬菜可供游客耕作采摘，形成了一处都市田园风光。行于垄上，稻穗金黄、瓜果飘香，心中装满秋色，再见青山绿水，只觉更加辽阔。孩子爱这一处“田园童梦”，大人爱这一方“梦归田园”。

图 3-103 东湖绿道“田园童梦”景点

(图片来源：武汉市园林建筑规划设计院)

4. 珠海市梅华城市花园

梅华城市花园生态菜园位于梅华西路以南，新加坡花园一期后山上，处于新香洲核心位置，占地面积约 3800 m²。梅华城市花园以“花在眼前，绿在身边，耕耘就在家门口”的开放型、参与式环境，将市民以前掩鼻而过的市容黑点，变成了现在争相进入的环境亮点。

自 2014 年建成以来，在不断探索和创新社区公园管理模式的情况下，园内的 3000 m² 生态菜园划分为 253 垄菜地。香洲正方商业运营有限公司通过公开抽签，让 253 个市民家庭租种，体验做城市菜农的乐趣。这项活动自开展以来，得到了民众的一致好评，活动影响力也越来越大。该公园的生态林蔬特色不仅增加了城市亮点，更成为珠海市的六大社区公园特色之一(图 3-104)。

图 3-104　珠海市梅华城市花园

(图片来源：https://zh.focus.cn/zixun/b44ba35f08c144d8.html)

有市民认为，每户家庭认租试种一垄菜园，并亲自种植，即可收获绿色蔬菜，吃着也放心、安心。更重要的是，从中可收获一份回归自然、体验农耕乐趣、休闲健康的好心情。①②

(二) 国外案例

1. 佐治亚州亚特兰大市的亚特兰大植物园

亚特兰大植物园建园已四十余年，该园内含各式花园，各个花园中种植的植物及园区设计各具特色，以供参观、教育、研究、保护以及欣赏之用。该地区原为停车场，后来在退屋还田的口号倡导下建立该植物园。多年以来，此地已成为游客必游之地，其中食材花园最令人印象深刻，也绝对是最“美味”的景点，它不仅是用来观赏的多种多样的植物支架，其内部空间经独特设计后，还满足了趣味性和教育性的需求，它甚至专门划分出可食植物品尝区向游客们展示。大多数到

① 资料来源：http://www.0756zx.com/news/local/2922185.html。

② 资料来源：http://www.hebei.gov.cn/hebei/11937442/10757006/10757176/12960753/index.html。

此游览的游客们回家后，都会迫不及待地将他们在此地学到的手艺运用于实践。

在亚特兰大植物园2010年的总体扩张规划项目中，花园生态系统的可持续发展保护成为重中之重，该植物园的负责人提到，植物园不像动物园那样讨喜，有着诸如憨态可掬、毛茸茸的大熊猫等动物，但可食地景园能够让游客感受到实际接触的乐趣。据负责人所言，食物是人类的必需品，食物与健康之间的联系还是有待探寻的教育课题，可食地景的作用是将人类与可食用植物紧密结合。受其他超自然实体如麦田怪圈的启发，该食材花园打造出优雅的几何平面图，细分行栽作物、高位培植床、水生作物池塘以及果树林等区域。食材花园的首要目标是吸引游客入园，其次是为他们提供可食地景相关的各种知识，为达到这一目标，园方设立了一座长约15 m的垂直香草墙，对游客造成一定的视觉冲击后以香味诱使游客沉醉，同时在构造上刺激游客到食材花园一探究竟。该香草园的设计师曾经观摩过布朗利博物馆垂直植物墙，并深受启发。相映生辉的半圆式梯田形菜园构思同样精巧，它使菜园高度与游客的头部大致处于同一水平线，游客能在行走放松的同时欣赏植物之美，避免了仰视角度造成的美感缺失。

该植物园在种植季节性蔬菜时，极为重视不同蔬菜的观赏性和功能性，二者兼备的蔬菜将被置于显眼处供人欣赏，审美价值稍差的蔬菜则被种于不易察觉之处。种植人员应对观赏性和功能性兼备的植物做到心中有数，并在种植时将其置于优势位置，如此方可使游客流连忘返，即使反复游览也不会觉得乏味。按照园艺师所言，某些蔬菜已被鉴定为审美可靠品种，如叶用甘薯、罗勒及茴香等，至于番茄则因其枝干杂乱，而应置于后排隐蔽处，最令人眼前一亮的植物是秋葵，它与甜菜、郁金香的搭配堪称绝配。园区负责人坚持关注植物设计品质，在视觉上大胆呈现优势，解决所谓的植物盲区问题，以全新的方式向游客们展示了植物之美，并认为一旦游客曾见过这些植物，就会关注它们。此外，该园还以独特的方式将艺术性融入全年的各种视觉设计中，游客可沿着园中的循环小路闻嗅和触摸植物。该园的户外厨房可为游客们提供食材和美食体验。该户外厨房举办了多次烹饪课程，课程内容丰富，为游客展示了大量厨艺，其使用的食材完全取自该花园。该厨房还可租用于私人聚会，在该园厨房开课期间，人们甚至能每周光顾一次，品尝其准备的鸡尾酒。亚特兰大植物园公布了一份名厨菜谱，其原料全部来自该可食地景园，吸引了大量关注，园区举办的儿童烹饪夏令营名额往往在8 h内便被卖光。据相关统计数据表明，该可食地景园的受欢迎程度仅次于儿童花园，它集环境管理、娱乐探索以及独特的园艺美学于一体，成了亚特兰大市的一颗旅游明珠。

2. 新西兰奥克兰植物园

奥克兰植物园拥有超过一万种美丽迷人的植物，堪称园丁的天堂。进入游客中心，游客可边品咖啡边规划游览植物区的路线，本地可食品种植物区有水果、蔬菜、坚果和食用花卉等，同时为游客提供资料以了解新西兰天然植被的独有特点，还有关于不同堆肥方法的详尽知识介绍，以此激发游客自种食用蔬果的兴趣。

该可食地景园的一大特色是汇集了许多濒危物种，这些在日常生活中难得一见的物种使游览者获得珍稀植物及生态知识的学习机会。游客回家后，若对可食地景园的营造抱有兴趣，可按照该园植物品种及相关知识来种植和维护。

奥克兰植物园包含23个不同主题的花园，如图3-105所示，以可食景观为主题的花园展示了一系列高产植物，包括当地的传统蔬菜及来自世界各地的品种，可启发游客的新菜单。游历完新

图 3-105　新西兰奥克兰植物园

西兰本地可食品种植物区后,途经低洼的湖泊,则可进入引进可食品种植物区。

3. 英国西迪恩花园

西迪恩花园坐落在西萨塞克斯郡奇切斯特附近南坡起伏的山丘上,环绕着一座建于 1622 年的历史悠久的庄园。该花园设计建造于 19 世纪,占地约 36 万平方米。在这个花园中,游客可以看到按照高标准种植的各种水果及蔬菜,因此该花园也被誉为英国最好的菜园之一。除此之外,如图 3-106 所示,果园、观赏花卉的花园、下沉式庭院、野生林地花园、16 个已修复的维多利亚时期的温室及爱德华七世时代的长约 91 m 的凉棚也极具吸引力。[①]

图 3-106　英国西迪恩花园

(图片来源:https://www.xuejingguan.com/)

① 资料来源:http://fashion.sina.com.cn/w/ho/2015-08-24/0738/doc-ifxhcvsf0981362.shtml。

其中,Walled Kitchen Garden 是重要的可食地景园,种植了水果、蔬菜和切花,令人心旷神怡。这座重建后的维多利亚时代的菜园拥有大量具有异国情调的传统英国植物,许多种植的物种来自世界各地的花园或是由传统种子图书馆所捐赠。分季节开花的植物在一年中呈现出丰富的色彩,贯穿花园的小径在夏季的几个月里开满了黄色、橙色和红色的花朵,这就是众所周知的"热边界"。该园目前的布局是在 20 世纪 90 年代发展起来的,经典的维多利亚式设计是用两条交叉路径及一条环绕路径,产生 4 个中央的种植床和一系列边界种植区,中央的种植床是主要的蔬果生长区。

此外,Walled Fruit Garden 种植了大量的果树,其中有梨树、苹果树和李树等。许多树木都被修剪成不寻常的形状,如高脚杯、圣杯或圆顶形状,就像爱德华时代的花园风格造型。在 20 世纪与 21 世纪之交的鼎盛时期,这个地区成为一个活跃的"发动机室",可以带动整个大型花园的运营。如图 3-107 所示,水果是菜园经济的一个非常重要的组成部分,利用温室和人工培育,在一年中的任何时候都可生产各种不同的水果。

图 3-107 西迪恩花园中的水果

同时,西迪恩花园拥有令人印象深刻的 13 座由福斯特和皮尔逊建造的维多利亚时代的温室。这些华丽的温室都建于 1890 年至 1900 年,在 20 世纪 90 年代初被修复之前已经完全废弃了,它们是维多利亚时代的技艺和智慧的典范(图 3-108)。大量的植物,包括奇异的植物、兰花、草莓、无花果、桃子、葫芦、葡萄和甜瓜等,都在展示着它们的颜色。水果和蔬菜种植展示了作物的整个生命周期,一小部分用于花园餐厅,偶尔在花园商店出售水果。[①②]

图 3-108 温室中的蔬菜及水果

---

① 资料来源:https://www.westdean.org.uk/gardens。

② 资料来源:https://www.britainexpress.com/counties/westsussex/gardens/west-dean.htm。

二、营造原则和要点

（一）营造原则

1. 生态性

城市公园可食地景园的选址可结合公园既有的原始地形、地貌，收集和应用适宜本地生长的各类作物、蔬果品种，亦可作为乡土植物品种资源库，进行生态的充分保护和延续。同时，城市公园可食地景园的用地规模较为宽裕，可以模拟食物森林，营造小生境。

2. 教育性

城市公园可食地景园的独特性，因为差异性审美需求，引发了游客的好奇和参与感，有乡土科普教育的意义。不同于社区、公共建筑内部的小规模可食地景园，城市公园的可食地景专类园有展示土地休耕等自然农法的空间条件，若辅以解说音箱、标牌科普等，能较好实现环境景观的教育目的。

3. 观赏性

城市公园的属性更偏向于满足都市人工作之余的游憩观赏需求，在公园中布置可食地景专类园或者专类观赏区，能缓解常规园林植物由于物种单一带来的审美疲劳。不同于城郊可食地景园的产出性特征，城市公园可食地景园的设计更应注意种植品种的选择和布局，甄选审美可靠的品种置于外显区，审美稍次的品种置于背景区，同时考虑到季相变化更迭，四季常绿的植物或可预留一定配比作为基本绿量的“形象”留存。

（二）营造要点

城市公园中的可食地景园，因其规模不太受周边已建建筑环境的制约，相比社区和校园中的可食地景园有更多设计及营造发挥的空间，在社区可食地景园的基础上，城市公园中的可食地景园补充如下营造要点。

1. 综合考量场地内外的影响因素

设计之初，宜对该规划场地的自然影响要素进行观察，查看日照和温暖区域、寒冷或有破坏性的气候、炎热的夏季风和火灾隐患区。考虑噪音、视线和其他任何对场地产生影响的因素。通过合理布局景观元素，助长有益的正面影响，并且隔离或改变负面影响。此时，水的影响也必须考虑，以确保可食地景园不会被淹没，并且同时确保它们能储存足够的水来满足种植的需求。

设计时还要考虑一下使用者的人流量分布，是持续人流量大还是某些季节和时段鲜有人至，这将决定设计配置元素的规模和定位，经常有人到访的场所宜放在公园核心区。[①]

① NUTTALL C，MILLINGTON J. 户外教室——学校花园手册[M]. 帅莱，刘易楠，刘云帆，译. 北京：电子工业出版社，2017：47.

2. 重视边界生态位的运用

边界的生态位具有生物多样性，也是生产力最高的地方。所有的增长无论是刻意的或是无意的，多发生在道路两旁或水体边缘。道路能汇集水、种子和营养成分，并将它们引导到花园，因此利用边界生态位是设计营造需要在公园中重点考虑的方面。

平坦的土地可以通过营造土丘和沟渠来创造更多的种植空间。这些土丘在小范围内就可以支持多个物种的存活。土丘的不同位置，决定了获得光、风和水的量，从而产生了多样的生态位。这就是一个永续可食地景园应该拥有曲径和小丘的原因，并且是可以有种类丰富、相互堆叠的植物，而非一个满足于仅有一种或寥寥几种植物的平坦笔直的种植床。[①]

3. 将不翻耕花园理念科普于实践中

不翻耕花园是朴门永续系统的一个经典组成部分，它反映了朴门永续的理念：与自然协作而非抗衡；维系土壤中的生命，不将土壤翻面并暴露在太阳下；与杂草协作，将它们变成储存土壤养分的动态“蓄电池”，这与自然界森林里枯枝落叶堆积于地异曲同工。

使水和养分返回到土壤里，就可以保持高水平的土壤生物体系，这个体系包含从小型细菌和真菌到对植物起到滋养作用的小虫。[②]

鉴于城市公园的可食地景园是置于公园这一大环境中营造的特点，且有公园其他绿地类型对公园的整个绿量进行支撑，可选择其中一片园区真实展现土地种植的休耕过程，周旁辅以音响讲解土地休耕对生态系统及食品安全的重要性，向公园游客尤其是青少年适度进行自然科普教育。

三、运营和维护

（一）运营

可食地景与一般城市绿地相比，由于大部分为种子种植，前期投入低，有一定的产出（收获的蔬果等），主要成本在于人员维护投入及部分季相更迭的种子购买费用。公共绿地可食地景管理可调用绿化人员进行，但仍需专职人员看护。

从实施机制而言，公园绿地或其他公共绿地因其先天的公共属性，要求其内的可食地景要确保开放的共享性。

相比其他类型的可食地景园，就景观形象要求而言，城市公园中的可食地景园的观赏性要求更强，因此环境教育的解说系统也需要更为丰富。从运营管理要求来说，城市公园因为是公共绿地，应以园林绿化维护、政府扶持为主。

（二）维护

城市公园也分不同级别，从城市级到社区级，各自呈现的状态、负责管理的部门、所需要开展

---

① NUTTALL C, MILLINGTON J. 户外教室——学校花园手册[M]. 帅莱，刘易楠，刘云帆，译. 北京：电子工业出版社，2017：48.

② NUTTALL C, MILLINGTON J. 户外教室——学校花园手册[M]. 帅莱，刘易楠，刘云帆，译. 北京：电子工业出版社，2017：51.

的活动、维护的方式都不一样。由于可食地景园的价值大，管理成本会高于普通园林绿地，因此可以从多方面提升其可维护性。

如上海世纪公园的可食地景园就是作为一个亲子活动场所而兴建的，这种城市级公园中的可食地景园最好能与自然教育团队合作，定期开展活动，才能达到对外宣传、科普教育、引入人流的目的，否则管理成本高于普通园林绿地，可持续发展的可能性偏低。

第五节　可食地景与城郊农园

“都市农业”的概念是二十世纪五六十年代由美国的经济学家首先提出的。都市农业是指地处都市及其延伸地带，紧密依托并服务于都市的农业。它是大都市内及都市郊区为适应现代化都市生存与发展需要而形成的现代农业。都市农业是以生态绿色农业、观光休闲农业、市场创汇农业、高科技现代农业为标志，以农业高科技武装的园艺化、设施化、工厂化生产为主要手段，以大都市市场需求为导向，融生产性、生活性和生态性于一体，高质、高效和可持续发展相结合的现代农业。

观光农园属于都市农业的观光休闲农业类型，是以生产农作物、园艺作物、花卉、茶、中草药等为主营项目，让游人参与部分生产、管理及收获等活动，并可进行欣赏、品尝、购买等活动的农业园，它又可细分为观光果园、观光菜园、观光花园（圃）、观光茶园等，属于可食地景的城郊类型。

城市郊区亦是城市与乡村的交界地带，是城市空间规模扩大的主要对象，其各类用地空间的合理布局对抑制城市的无序蔓延，实现城市的可持续发展起着重要的作用。城市郊区亦是城市化发展与土地开发利用中最活跃的区域，突出的边际功能，使得城市郊区尤其是近郊区具有乡村无法具备的发展优势，同时也面临着更大的挑战。

城市郊区具有较强的自然属性、丰富优美的自然景观基础，加上邻近城市的特殊地理区位，是城市人周末短期游憩和观光的首选目的地，除了游赏自然景观，城市郊区的民俗旅游、农业观光也是具有特色的休闲项目①。因此，近年来，利用城郊农业资源而产生的城郊观光农业应运而

① 王思元.城市边缘区绿色空间的景观生态规划研究[D].北京:北京林业大学,2012.

生，观光农业是一种极具乡野情趣和旅游休憩相结合的现代农业①，农业景观与城市空间的整合大多以观光农园的形式存在。观光农园通过农田林网，使城市与乡村地区的自然景观融洽地连接起来，促进城市与乡村共融。在城市郊区发展和建设观光农园，开辟了城市绿化的新途径，并且在改善生态、保护环境的前提下，实现社会效益、经济效益与生态效益的统一②。同时，大都市郊区观光农园能够加强城乡之间的交流、促进郊区的经济发展、缩小城乡差距，最终实现城乡一体化③。

城郊观光农园也是城市可持续发展的一种内在需要，其景观价值、环境价值和社会价值不断凸显。其一，它作为一种次生自然，经过长期的巩固和发展，充分满足人们回归自然的需要，缓解工作与生活压力，使居民身心得到放松。其二，农田景观作为城市生态系统的重要组成部分，具有净化空气、调节小气候、削弱噪声、保持水土、降低城市热岛效应、调节城市生态平衡等生态功能。其三，通过农业活动可以体验农耕乐趣，促进青少年的身心健康发展，具有教育和启发下一代的积极作用。其四，都市农业景观的营建还提倡一种绿色的饮食方式和健康生活习惯，可以缓解城市居民对食品安全的信任危机。

---

① 王浩，李晓颖. 生态农业观光园规划[M]. 北京：中国林业出版社，2011.

② 张平远. 缓解城市压力的新途径——全球发展城郊观光农业的模式[J]. 城市与减灾，2011(2)：12-13.

③ 陈征. 现代观光农业园区规划研究[D]. 长沙：湖南大学，2006.

一、案例分析

（一）国内案例

1. 诺爱之家城郊观光农园[①]

坐落于成都市双流区黄水镇扯旗村六组的诺爱之家，是一个由国际化的年轻团队运营管理的时尚生态农园（图 3-109）。诺爱之家正在尝试一场变革：改变都市人尤其是年轻人对以农业为事业的看法，改变父母对孩子的教育方式，改变人们对土地予取予求的心态，被称为“四川最时（食）尚的农园”。

(a)诺爱之家团队

(b)诺爱之家现在

(c)诺爱之家原貌

图 3-109　诺爱之家

（1）理念及发展战略

“诺爱”是“信守承诺，关心关爱”创始理念的简称。该农园自 2011 年创立以来一直倡导生态、可持续的经营理念，期望打造创新、可复制的农村服务模式以带动整个农村社区的改善，形成乡村生活新风尚，让乡村成为都市人回归大自然的向往之地，为下一代创造更加健康、和睦、幸福的生活环境。

该农园的发展目标是打造著名农业农旅 IP，成为农旅品牌的代名词。如图 3-110 所示，该农园以培育时尚农人为使命，以创造农村新生活为长远目标，因此，其发展战略分为农业农村发展、时尚农人培育和农旅 IP 打造三大板块。

2012 年，诺爱之家因其特色的乡村振兴模式受邀成为北京国际可持续发展专业委员会策划的英国乡村振兴考察团的有机农业领域代表，展开了 4 天的学习之旅，分别考察了查尔斯王子付出近 40 年时间打造的有机农园、教育培训中心及新型绿色宜居小镇。

（2）农园农业产业链四大板块

图 3-111 为诺爱之家农园农业产业链的四大板块。

①食尚生态。

诺爱之家运营团队擅长策划各类主题餐会，不仅能提升农作物的附加值，更让人们通过美食学会珍惜自然、与大地连接、修复在地文化，以形成完整的生态循环。其实质是一场美食微革命

---

①　部分图文来源于诺爱之家城郊农园。

图 3-110　诺爱之家三大战略板块

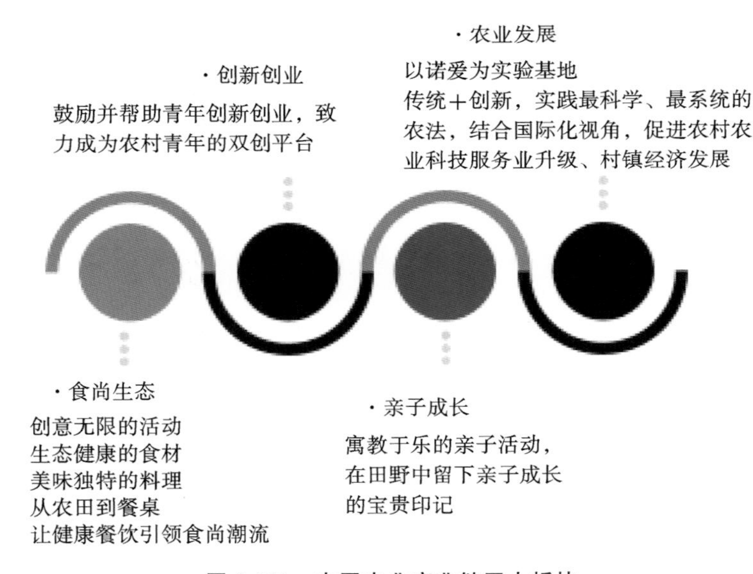

图 3-111　农园农业产业链四大板块

与农人再延续的系列活动，包括创意活动、田间体验、多元国际、主题餐会、生态美食、温暖公益等，是一场田野与创意碰撞出的异彩纷呈的盛宴。如图 3-112 所示，目前已开展的农园特色活动有以下几种。

a. 4 月 22 日是世界地球日，这一天开展的“田野里的米其林”活动，是一场主题餐会，是生态美食与田间体验相结合的创意活动。

图 3-112　食尚生态

b. 四季野餐录，让客人在夕阳下的香草花园里享用浪漫惬意的生态晚餐。

c. 台湾怀旧趴，体验 20 世纪 70 年代风情，亲手制作怀旧童年零食“任你吃”，堪称时空之旅。

d. 圣诞节三个院子线下愿享会，客人们喂养农园动物、采摘有机蔬菜、烹饪圣诞大餐、制作圣诞手作、分享生活故事、交换神秘礼物。

e. 七夕节在稻田进行休闲活动，制作爱情蜡片、搭建守护灯塔、品尝醇香美酒、享用户外美食，在活动中可以见证爱情的甜蜜和生活的美好。

②创新创业。

诺爱之家运营团队是一个囊括多行业青年的“跨界”团队，除了城乡农业青年，还包括了美食界、设计界乃至文学界的优秀人才。

③亲子成长(图 3-113)。

农园结合农地会定期举办亲子活动，让都市的小孩能够接触大自然，对食物有更深刻的认知。家长和孩子们一起到田野探险，听农园小动物和农作物的有趣故事，并且创立活力农耕学堂，实践活力农耕法，设计了耕地、移栽、除草等田间互动环节，让人们在健康的土地里触摸土壤，感受对生命的呵护与责任。

④农业发展。

a. 农园采用活力农耕方式，通过向大自然学设计的系统方法，打造“食物森林”。该方式刻意降低维护、管理生态系统的力度，使农园具有丰富的生物多样性以及高生产力，并且功能多种多样，除了生产食物，还可为昆虫、动物、鸟类提供树荫，营造野生动物栖息地，生产药用作物或工艺作物，更可以提供身心疗愈、土壤复育、水土保持、生态教育的空间，采用一种模拟自然演替的策略，充分体现科学性的应用生态学。

图 3-113　亲子成长

b. 园区的高科技农业有机示范田采用量子科技和堆肥科技，加速清理土壤里原有的重金属和化学残留。使用生物菌肥，可以提升作物根部对于肥料的吸收能力，类似人体的益生菌。在不改变现有种植条件的情况下，有五点帮助：增加农产品产量、提升农产品质量、抑制杂菌并增加对虫害的抵抗性、逐步减少肥料及农药用量、有效改善土壤盐碱性。

(3) 农园有机农业特色

农园于 2011 年将近 13 hm^2 的农地租下，进行相对漫长的土壤修复处理。到 2014 年为止，3 年期间没有种植任何作物，目的就是去除土壤里的化学药物和重金属。同时，农园灌溉的水全部使用地下水，没有用公共沟渠的水进行灌溉。

如图 3-114 所示，农园以生态种植为基础，不使用化肥、农药和转基因种子，并顺应季节种植，同时实践活力农耕和食物森林农法体系。除了试验国际上广受好评的活力农耕与朴门农法，同时还采用了快速有机肥处理和菌肥处理等多种高科技，做到真正的土地零化肥零农药零残留。

图 3-114　农园有机农业特色

2. 佳多有机生态观光园[①]

佳多有机生态观光园位于岳飞故里——河南汤阴县，是2009年由当地农民赵树英建造的。该有机生态观光园得到全国农业技术推广系统及广大农民朋友的认可与好评。佳多集团将传统农业技术与现代植保技术结合，在全国范围内成功完成在对农林害虫无害化防控的背景下，将全民聚焦的“食品安全”作为新的产业方向，在河南省汤阴县宜沟镇流转了赵窑、琵琶寺、香寺等9个村庄的1300多公顷土地，开展有机生态园建设。在土地流转之前，当地生产水平低下、经济落后，加之灌溉用水缺乏，农民自觉投入土地的生产成本少之又少，不少田地处于“靠天吃饭”的原始生产状态，但这种条件又为生产有机食品提供了相对纯洁的生产环境。图3-115为佳多有机生态观光园的功能分区图，图3-116为生态观光园基地现状。

图3-115　功能分区图

图3-116　基地现状

① 部分图文由河南省佳多农林科技有限公司提供。

该生态观光园的发展历经了两个阶段。第一个阶段为2010—2014年，在有机生产探索过程中，让农民亲身体验到使用科技可以改变传统的农作习惯，禁用农药与化肥后照样可以生产出农产品，而且是安全的有机食品。如图3-117所示，在种植过程中，全面采用杀虫灯、释放天敌等物理与生物手段防害、控害，应用“以灯治虫”“以虫治虫”“以菌治虫”“草本治虫”“以菌抑菌”、立体种植及种养结合等技术模式，真正实现零农药、零化肥、零激素、零抗生素、非转基因。同时，生态园先后成立了6个农民合作社，进行专业分工管理，通过“龙头企业＋合作社＋农户”模式，开辟了农民增收的“四金”收入模式：一金是租金，即土地流转费；二金是薪金，即农民打工收入；三金是奖金，即农民创造效益获得报酬；四金是股金，即让农民变成股东享受分红。

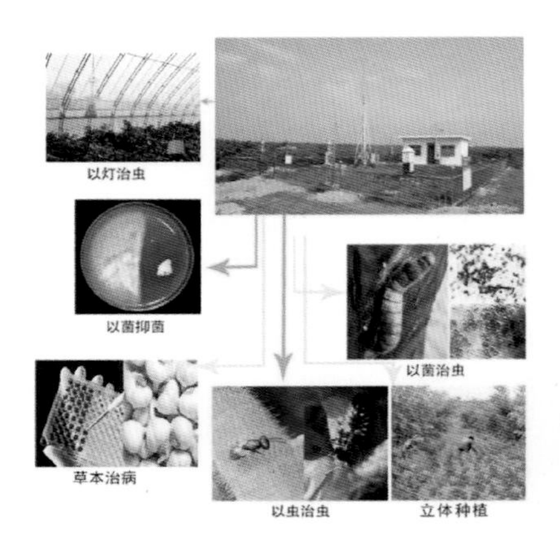

图3-117　科技农业模式

在这4年之中，该园曾专门使农田长草，因为只有生物种群多样性才能从根本上解决病虫危害，所以，当时的重点是人工帮助恢复园区生物链，恢复了系统的健康后(图3-118)，自然可以不再依赖任何外部的化学投入品。

图3-118　园区健康生态链

第二个阶段为2014年至今，经过生态修复，随着各种有机食品生产技术的日臻成熟，园区逐渐转入向产量要效益的时期。园区内目前通过有机认证的动植物品种达113个，其中林果13个、蔬菜77个、杂粮12个、食用菌3个、中草药2个、养殖6个。

3. 江苏无锡嶂青社区智慧农业观光园

位于江苏省无锡市灵山大佛脚下的嶂青社区智慧农业观光园在2011年还是一片稻谷地，同年，社区引进了有机蔬菜种植“大咖”——“明申放心菜”，第二年，高效农业基地凤谷山庄入驻嶂青社区。起初引进蔬菜种植是为了增加农民收入，近年来恰逢乡村旅游开发热潮，整个马山地区都在发展乡村旅游，尤以水果采摘受追捧。嶂青社区高效有机蔬菜种植已经走向规模化，因此借力现有资源发展智慧农业观光游。

其中规模最大的明申农园依山傍水、风景秀丽，该园全年可供应11个大类、120多个品种的放心蔬菜。农园业务从起初的有机蔬菜种植，单线农产品销售，变为现今蔬菜瓜果采摘体验、农业科普教育实践、黄金枸骨风景拍摄基地。为保证蔬菜品质，在种植过程中严格按照有机化标准种植，不使用化肥、农药及激素类产品，不种反季节蔬菜，蔬菜及水果保留了最原始的滋味。所种植的蔬菜除了保证全年近600余客户家庭的供应，种植期间全面对游客开放，游客可以在农园内体验蔬菜采摘的乐趣，还能现场进行亲子科普教育，感受现代农业观光特色。

智慧农业观光采摘大棚占地约133 hm^2，棚外顶是排列整齐的太阳能发电板，所发的电将供应蔬菜大棚和整个农业观光园用电，棚内的有机复合土壤上插着人工木屑桩子，种植喜阴类菌菇。棚外有近67 hm^2 的黄金枸骨观光园，柱形、球形、地被形枸骨错落有致，俨然一片金色天堂，四季不败，金色盈盈。

实际上，社区里处处可观光旅游，可以去龙泉青茶厂体验DIY制茶，可自己采茶、自己炒制、自己包装。

除了明申农园、龙泉青茶厂，凤谷山庄的高效农业基地也是嶂青社区智慧农业观光园的一块金字招牌。山庄面积为15.5 hm^2，凤谷山庄提升了嶂青社区智慧农业观光旅游“全域化”的标准，在这里游客可以在中药材种植、度假、林果采摘观光、苗木花卉休闲等多个区块体验智慧农业观光旅游的乐趣。

4. 浙江省柘园养生农业观光园

柘园养生农业观光园位于浙江省西南部的丽水市云和县。丽水地区以其优越的生态环境被誉为“浙江绿谷”，具有丰富的养生旅游资源，是养生福地、长寿之乡。依托山体、水体、林地、耕地等资源，可创造怡人、质朴、健康的田园景观。整体规划以可食地景为基础，以高科技生态养生农业产业为主导，形成老年养生游、少年科普游、青年探险游、中年度假游共同发展的旅游模式，使之集游、居、养、娱等功能于一体，将观光园打造成休闲养生基地、生态高效特色农业基地、地方特色文化传播窗口。

如图3-119所示，项目规划依山就势，以山、水、文为脉络，形成六大功能区，即服务管理区、中草药种植区、高山养生区、畲族风情文化区、滨水休闲区、科普教育体验区。

植物景观：在现有林地基础上进一步扩大绿地面积，完善绿地类型，形成点、线、面有机结合的园区绿地系统。如图3-120所示，项目区域内山林长势良好，种群优势明显，主要为常绿阔叶林、常绿落叶混交林，宜以抚育为主，保持地域性的风景林景观。同时，在局部林带开辟具有养生功能的小树林(如释放负离子的松树林)。对由于人为因素作用产生的空地进行适当改造提升，合理地种植具有养生功效的植物，如银杏、红豆杉、枫香等。

可食地景：园区原有地形、地貌决定了进行农事活动需要对场地进行适当的改造，可随山就

图 3-119　依山就势的观光园

图 3-120　园区植物景观

势种植可食植物，形成具备当地特色的梯田景观。云和县蕴藏着丰富的药用资源，初步统计有361 种，并有较为广泛的中草药和可食用植物种植，如食用菌、铁皮石斛等，有利于建设以中医药产业为主题的饮食养生项目。在中草药种植区中开辟草药圃，种植药用植物，周边设置养生长廊等，在观赏药用植物时通过有关中草药知识的展示对游客进行中医养生知识科普教育宣传。

游憩规划以养生为目的，以体验为手段，将养生内容融入游憩体验全过程。除了传统的观光采摘、农事耕作等活动，还设计多种结合主题的养生旅游体验项目，着重强调不同类型养生空间的运用，如健康护理、登山养生等。养生空间的营造首先要考虑乡土养生保健植物的运用，其次要注重当地地域文化的体现，最后则是要结合游客的需求。依据人体对环境感受的不同，养生空间可分为视觉型、听觉型、嗅觉型、触觉型和味觉型。不同的空间具有的不同特点，因此需要针对具体情形进行养生环境的营造。在这5种空间基础上，在不同功能区安排相应的休闲养生活动，既能够得到不同的感官体验，也可享受到养生可食地景带来的益处，在游乐中促进身心健康。

5. 天津万源龙顺生态观光园

万源龙顺度假农园坐落于天津北运河畔，地处外环线与京津公路交会处，是一家集旅游住宿、特色餐饮、商务会议、康体娱乐、温泉洗浴、棋牌茶艺、垂钓采摘、观光农业于一体的大型旅游景区。生态观光园是度假农园的有机组成部分，于2007年8月与中国农业科学院的农业环境与可持续研究所合作动工兴建，总投资约1900万元，面积达10120 m^2。整个生态观光园区分为百花艺苑、南国风情、瓜艺博览、农艺新科和蔬园群英五大区域。2011年，天津龙顺生态观光园被评为“全国休闲农业示范点”。

农园内建有供游人采摘果蔬的高标准四季温室大棚，辅以营养液膜水培、多功能深液流水培、深液流漂浮水培、管道式水培、墙面立体栽培、柱式立体无土栽培、单株盆钵式基质无土栽培七大技术。园内采用独立供水、独立供暖、空气调节、动力等系统，保证了瓜类、茄果类、叶菜类、南方果树等200多种蔬菜及植物正常生长。休闲度假区域及儿童游乐设施的全面整合更使其成为集示范推广、科技普及、生态观光、采摘垂钓、休闲旅游、花卉观赏、园艺布置等多功能为一体的农园(图3-121)。

图3-121　儿童游乐体验

6. 上海市五库农业休闲观光园

上海市五库农业休闲观光园地处黄浦江上游水资源保护区，位于松江区西南部，观光园交通便利，东临同三高速公路，西连沪杭高速公路，北靠黄浦江，南接320国道，距上海市中心45 km，在虹桥国际机场1 h车程内，距洋山深水港70 km。成立于2001年4月，区域面积为11.19 km^2，耕地面积达7.23 km^2，是上海市市级现代农业园区、国家级农业标准化生产示范基地。观光园于2006年被评为上海市“我最喜爱的上海乡村景点”、“上海市乡村旅游10条精品线”之一、上海市科普教育基地，2007年被评定为全国农业旅游示范点。

五库农业休闲观光园集现代农业、科普农业、生态农业和休闲观光为一体，是学习农业知识、参观田园风光、体验农家生活、放松疲惫身心的理想场所。现拥有上海农业科普馆松江馆、新晴采摘苑、浦江源头、花卉工厂、世界名犬园、热带植物园、格林葡萄农园、番茄农园、蔚盛植物园、绿水龟鳖养殖场、自摘瓜果乐园等十多个主要景点(图 3-122)。

图 3-122 五库农业休闲观光园景点

(图片来源:http://zcx470428.blog.163.com/blog/static/128176278201342235815424/)

其中,番茄农园占地 20 多万平方米。在农业种植养殖的基础上,建造了一批民族风格浓郁的旅游设施,如蒙古村、西藏村、新疆村、苗家村、江南村等。一座栈桥连接湖心茶亭,四周江南水乡、田园野趣尽收眼底。游客可射箭、骑马、垂钓、划船,还可参加坐毛驴车、观赏动物、采摘蔬菜、藏式烧烤及乒乓球、篮球、排球、羽毛球等旅游活动。

在观光园内,春季可以采摘蔬果、购买绿色农产品,如绿色番茄、荷兰乳瓜、早春红玉、日本香瓜等;夏季有有机葡萄、绿色玉米等;秋季有香甜可口的有机大米可供选择;冬季有迷人芬芳的蝴蝶兰可供欣赏。一年四季都可以品尝各类新鲜瓜果、蔬菜,观赏到各类名贵花卉,特色的乡村旅游让游客流连忘返(图 3-123)。

7. 香港嘉道理农场暨植物园

香港嘉道理农场暨植物园是一座典型的城郊型市民观光农园。它坐落在香港最高山脉大帽山的北坡,占地 148 hm^2。园内不仅有深邃的山谷溪流,翠林环抱,还有围绕农业体验、自然教育而设计的可食地景园、梯田农圃及各种保育和教育设施。

嘉道理农场暨植物园于 1956 年建立,创始目的是援助贫苦农民,帮助他们自力更生。时至今日,随着时代变迁,农场的角色已经转变为为香港和华南地区推进生物多样性保育工作,并促进发展永续农业和进行具有创意的自然教育,因此嘉道理农场暨植物园整体的设计理念和产品细节无一不透露着永续生活的理念。

如图 3-124 所示,在以农业为基础的嘉道理农场暨植物园中,占地 1 hm^2 的菜园共种植 60 多种蔬菜和香草,另有 17 hm^2 可食地景梯田生产 20 余种水果、香草及茶,此外还养蜂用以生产蜂蜜。这些农产品除了用于满足农场员工的日常需求,还在农场的超市售卖以及制作有机餐饮。

图 3-123　观光园内活动

(图片来源:http://blog.sina.com.cn/s/blog_4d4407e60100uqja.html)

图 3-124　嘉道理农场风光

农场一年四季共有 1500 种植物生长,无论在什么季节到访,均可欣赏丰富多彩的植物和花卉。园区共设有 11 条生态径,设计了不同的主题,有的生态径沿途还设计有主题式的解说,让游客在参观游览的同时能够快乐地接受自然教育(图 3-125)。

图 3-125　园内科普

如图 3-126 所示,学校可以组织学生参加专项的自然科普体验活动,近距离接触自然、认识植物与动物,如组织记录与植物的快乐时光、大自然全接触夏令营等活动,建立驻园艺术家工作坊,

图 3-126　自然科普体验活动

(图片来源:http://mp.weixin.qq.com/s/BPW3cLGRAkw11xA5zvoRlQ)

亦鼓励有才华的艺术家在园内构思和创作艺术作品,借此保护、欣赏和颂扬大自然的美态。农场还设有各式各样的博物馆和体验馆,从中可以集中体验和了解更多的有关大自然的有趣知识。

8. 北京小毛驴市民农园

小毛驴市民农园创建于 2008 年 4 月,占地 8.7 hm^2,位于北京西郊著名自然风景区凤凰岭山脚下,京密引水渠旁,依山傍水,风景优美(图 3-127)。

图 3-127　小毛驴市民农园基地环境

(图片来源:http://www.sohu.com/a/157533218_656470)

小毛驴市民农园在最初设计时，就体现了生态农业、资源循环利用的理念。在种植上，坚持生态农业种养结合的模式，既有种植又有养殖，既有农田又有草地和树林，各种元素相互配合，有利于发挥协同效益，形成良性生态系统和生态循环。

初期经营的主要是市民租地和蔬菜配送，产品相对单一，服务内容也较少。由于小毛驴市民农园是我国最早的一批城郊观光农园，当时便受到了媒体的广泛关注。因小毛驴市民农园的社区支持农业运营模式和对生态农业、可持续生活理念的坚持，得到了国内外社会各界人士的广泛支持与关注，让人们更加关注食品安全和可持续发展等问题。

(1) 开辟租赁农园，发展体验农业

租赁农园又称劳动份额，是指市民在小毛驴市民农园承租一块农地(30 m^2 为一单元)，农园提供种子、水、有机肥、劳动工具等和必要的技术指导等服务，市民依靠自身劳动进行耕作，收成完全归市民所有。如果市民没有时间管理，可以委托小毛驴市民农园代为管理，当然管理费用要由市民承担。当市民与农园签订劳动份额合同后，就可以随时带家人、朋友到农园打理自己的菜园，参与农业耕作，享受认识自然、亲近植物、体验农耕、分享收获的愉悦。当市民加入配送份额成为农园的会员后，可以定期或不定期来农园参与劳动，体验当农夫的乐趣。

(2) 开展蔬菜配送，促进产销对接

蔬菜配送又称配送份额，是指市民与农园建立风险共担的合作关系，在一个季节的种植之初，就预先支付整个季节蔬菜份额的全部费用，农园则按照预定的计划和技术规程，负责任地种植健康的有机蔬菜和各种农产品，并定期配送到市民家庭。

由于配送的蔬菜是由农园自己生产的，市民无法选择自己想要的蔬菜品种，而是接受农园搭配好的蔬菜品种组合，但市民可以不定期参与农园的劳动体验活动，并监督农园的农业生产，以确保农产品的品质。

亲子社区是小毛驴市民农园 2012 年推出的家庭农业教育主题活动，家长可以和孩子一起认识植物、认识动物，动手做手工、制作美食、自制木制玩具，或者晒太阳、欣赏风景，享受亲子时光(图 3-128)。

(3) 扩大宣传教育，吸引公众参与

小毛驴市民农园通过对农业教育功能的挖掘，如图 3-129 所示，以农园为载体，配合田间地头聊天会、社区讲座、消费者交流会、开锄节、成员回访、农夫市集、社区团购、丰收节、DIY 木工坊、艺术表演(包括绘画、书法、剪纸、合唱等)等活动形式，开展市民生活教育，探讨食品安全、新型消费文化与健康生活理念，建立农园与消费者之间的信任关系，形成认同生态农业与有机种植的稳定消费群，建立起人们对乡土文明与城市发展关系的正确认识，进而推动城乡统筹发展。

9. 江苏无锡阳山的田园综合体

2013 年 12 月，总体规划由无锡市政府部门审批通过，规划总面积超过 416 hm^2，由东方园林产业集团投资建设的以生态农业为主题的田园综合体，是以田园生产、田园生活、田园景观为核心组织要素，多产业、多功能有机结合的空间实体，其核心价值是满足人们回归乡土的需求，让城市人流、知识流反哺乡村，促进乡村经济的发展。

在尊重场地的基底条件下，该城郊农园划分出农业区、田园社区、休闲旅游示范区等几大集群，一期先启动其中 20 hm^2 的休闲旅游示范区，在对老房子做规划、设计、建设的同时，将新的业

图 3-128　农园亲子活动

图 3-129　农园活动

（图片来源：中国旅游规划设计与建筑设计微信公众号）

态和活动植入其中,并对不同业态空间进行室内设计,如图 3-130 所示,将乐活铺子、书院、咖啡厅、主题民宿等形式都融合进去,通过将田园空间与居住、工作空间有机结合,农业与休闲、文化产业有机结合,实现效益复合化。

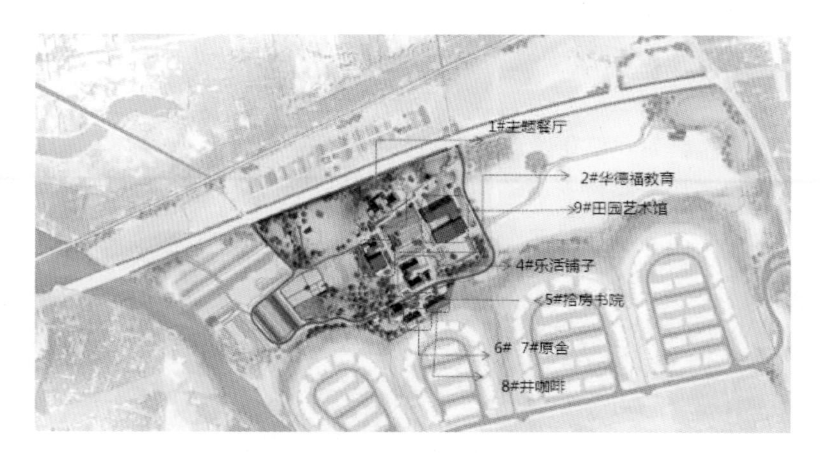

图 3-130 不同业态空间设计

(1) 主题餐厅

以分享为主题的体验式餐厅展现新田园生活。在屋顶营造了天空菜园,在前院设计了蔬菜花园,栽培蔬菜兼具观赏和食用功能,来客可以自己采摘食材,交由大厨现场加工。

(2) 井咖啡

该咖啡厅因园区伴井得名,村里原先有一口老井,但被填埋了。如图 3-131 所示,规划设计者尊重原有的历史,要求原地复原开挖,就在井旁新建了木结构咖啡厅。同时,对井旁老屋进行不完全拆除,而且以装饰形式将老屋架嵌筑在新建墙体中,化作乡村的一份记忆留存。

图 3-131 井咖啡景观

(3) 绿乐园

设计者对园区内已死掉的大树和苗圃进行活态利用,改做成秋千等游戏设施,对老木船、拖拉机进行装置再创造等。如图 3-132 所示,绿乐园为孩子们提供荡秋千、喂食小动物、探险洞穴等各类玩耍空间，在其中活动的孩子，可体验到亲近自然的美。

(4) 西芹景观

在田园核心区，栽种了可食用的秋葵和紫苏。该区域原本土质指标低，经过机器和人工的三遍翻耕，加入基质和营养土进行改良、翻种后，才开始栽植培育秋葵和紫苏幼苗盆苗，至 2014 年 9 月时成熟结果。

(5) 田园展示区

就可食地景园而言，前期规模要适量，因为种的东西不停生长，需要考虑四季轮换，选择当季适宜栽种的农作物(图 3-133)。待收获的果蔬由大厨采摘，进入主题餐厅变成美食，比如油菜花籽可冷榨为菜籽油，小麦经过一系列加工程序后被制作成新鲜面包。

图 3-132　绿乐园活动

图 3-133　田园展示区

(图片来源：http://mp.weixin.qq.com/s/E7COR1HSHtwgTFy-jT2Nsw)

城郊农园对现代人最大的吸引力在于远离都市的那种压力与紧张感，特有的田园文化以及对人性的包容性，能给人带来心灵与精神上的放松和愉悦。

10. 四川成都市崇州花果山钓乔疯狂农庄

钓乔疯狂农庄位于崇州市公议乡花果山村，一直秉承“建立高效率、高经济生态农业”的发展理念。市民们可以亲身实地体验生态农业运作方式、树立绿色有机的生态观念、品尝健康美味的有机食品。

如图 3-134 所示，水资源的循环利用是该农庄的一大亮点：庄园内有三个人工修建的湿地，利用地势高差过滤农业及生活废水，过滤出来的清水流入池塘，重复利用。

农庄的有机肥料也是植物种植的优势之一。几十个并排的蔬菜种植槽通过播种不同的蔬菜

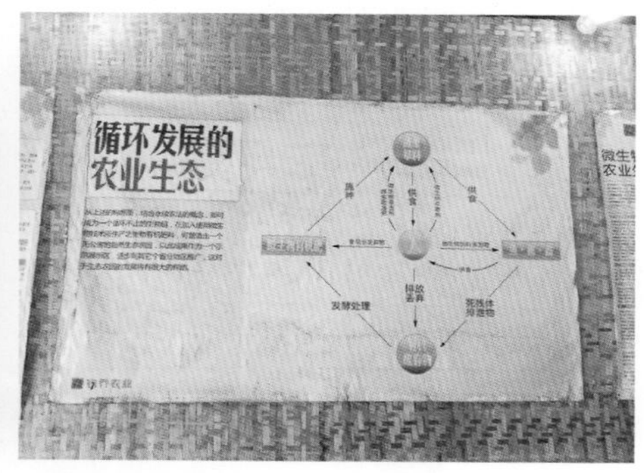

图 3-134　循环发展的农业生态

品种，以求达到虫害间的自然生态平衡，降低昆虫所吃蔬菜的量，特意加高的种植槽之间隔着一定距离，帮助提高种植及人工除草效率。不使用化肥、不使用除草剂、不打农药一直是疯狂农庄坚持的原则。通过培养分解牛粪的微生物，将牛粪变成可使用肥料的发酵时间大为缩短。快速发酵出来的牛粪肥料是种植草莓、油菜、水稻、玉米的天然养料。同时，人工除草，并且将作物收获后剩下的枝干作为奶牛的草料，奶牛吃剩下来的饲料再用来养鸡养鸭，通过这样的循环利用，牛粪变废为宝，成为供养整个农场生物链的基础。

该农庄还创新了一种种植方式，即花田式栽种法：红砖砌成的花台将种植作物的泥土与土地隔开，土地中的不良成分和微生物无法危害到作物，使它们无病虫害，细菌也不易滋生。使用的泥土是经过长时间降解的牛粪，这是生态农业种植中最为宝贵的“黑金土”。肥沃的土壤加上优质可控的环境，使得这里的可食植物可以高密度种植，而且一年能够轮种十多次。于是，这种看上去显得很浪费的种植方法，实际上的产量大大超过传统的栽种方法。

高架式栽种是种植草莓的好方法，草莓被栽种在高高架起的花盆中，而不是土地里。草莓是一种非常脆弱的生物，非常敏感，可能仅仅因为采摘时的触碰就感染细菌而大规模枯死。同时，因为草莓甜蜜的味道，它也受到鸟类和昆虫的喜爱，常常还未采摘便被蚕食一空。远离土地，也就远离了病虫害的威胁，且花盆边高高挂起的碟片会折射阳光，能够很好地起到驱赶鸟儿的效果。该农庄不开放草莓和蔬菜的观光采摘，以免对农作物造成破坏，这也是出于对农作物的尊重和品质的保证而作出的选择。同时，花田式和高架式栽种法还有更多好处，其一就是采摘和管理便利。农庄中的临时工作人员有很大一部分是当地上了年纪的农民，他们的腿脚并不像年轻人那样便利，于是，如图 3-135 所示，花田的坎和草莓的高架成了方便他们工作的工具，让他们可以坐在坎上轻轻松松地浇水、施肥和采摘。这样的种植方式看似对土地的利用率低，但是合理地利用了农村的剩余劳动力，同时又给予了受到化肥、农药和重金属污染的土地充足的时间休养生息、恢复活力。在这里，休息最久的土地已经大约有十年时间没有耕种，原本像水泥般板结的土地已经渐渐开始恢复它孕育万物生机的能力。

除了种植可食植物，该农庄也顺应生物链，发展养殖业。这里饲养了 100 头奶牛，为农庄的会员们提供品质纯正的奶制品。牛其实是一种对生态影响很大的动物，据说它会在反刍时排放大量的二氧化碳和甲烷，是引发温室效应的“元凶”之一。于是，该农庄为了避免所养的牛对周边环境造成危害，打造了 4.7 hm^2 人工湿地，这些湿地所产生的效果足以抵消超过 500 头牛排放的

图 3-135 种植方式

二氧化碳和甲烷。湿地对于环境的净化有着巨大的作用，也是孕育生命的温床。农庄通过堆积牛粪使土地和水体富有营养的方法加快了荒地潮湿化的进程，在这个过程中生产有机肥料，同时净化周边环境。农庄的湿地除了有美化了景观的荷花池，也吸引了蛇、蛙、鸟类等的停留，形成了丰富的生态食物链。除了奶牛，农庄里还有鸡、鸭和鱼。由于这里的动物们都食用添加益生菌的发酵食物，所以它们的粪便都不会很臭。公鸡和母鸡以 1∶30 的比例放养，据说这样能使它们的产蛋量提高。鸭子生活在湿地的池塘中，池塘能为鸭子提供丰富的天然食料，鸭子的排泄物又为池塘中的鱼提供了食物来源，同时，它们的粪便又持续为湿地下游提供了充足的氮肥来源。农庄主人胡妈妈希望她的农庄能成为幸福农庄的典范，在这里，农人能够有体面的收入，过上幸福的生活，人们能够形成追求健康、尊重收获、接受生态环保的概念。

农庄员工的食堂位于开阔的菜地中央，四周有鲜花和蔬菜簇拥而成的小径，配上草地上的废弃拖拉机，充满令人愉悦的生活气息。农庄不开放观光采摘或是单纯的观光娱乐，而是聚焦于耕作。农庄制定了许多规则，比如只有亲自来农庄参观才能成为会员，买到农庄产品。而参观之前，必须上一堂生态环保课程，学习怎样尊重农庄蔬果和动物，怎样与大自然和谐共处。走进生态农业课堂，一幅名为《循环发展的农业生态》的图片，形象地向参访者展示了人与蔬果草料、鱼禽畜、微生物有机肥、有机废弃物是怎样在大自然中循环往复的。于是参访者懂得，只要方法适宜，人类并不需要化肥、除草剂、杀虫剂等，大自然本身就能形成一个循环不止的生物链，而无公害的农作物和有机肥料就在这样的循环中自然而然地产生。

对于休耕的土地，农庄主人胡妈妈的解释是“坐月子”，作物都是吸收土地的养分成长起来的，土地每养育一批作物，就如同一位母亲生育了孩子。既然人类的妈妈生了孩子都需要“坐月子”，土地妈妈怎么能一直这么生产下去，而不给她休息和补充营养的时间，让她坐一坐“月子”呢？①②③

① 资料来源：https://www.meipian.cn/jwoku31? from=qq。

② 资料来源：https://www.toutiao.com/i6211812974026670593/。

③ 芭茶蜜鸟生活制品. 可以 3：健康生活 生态农园[M]. 成都：四川美术出版社，2015：24-32.

11．成都双流区煎茶镇悠汁农园

在距离成都市中心约 26 km 的双流区煎茶镇，已基本建成以枇杷、梨子、桃子、竹笋、无公害蔬菜等为主的五大农业产业基地，素有“绿色煎茶”美誉。这里藏着一个面积约 10.7 hm^2 的小岛，小岛三面环河，而悠汁农园就坐落其间。

分辨一个农园是否是有机农园，首先得看三点条件。一是看是否有完善的养殖系统以及充足的农畜养殖量，因为农畜的产便做成的化肥必须能供应整个农园的花、菜、果树使用。二是看农园是否有蚯蚓，农药和某些化肥能大量杀死蚯蚓，所以是否有蚯蚓是检验农园是否“有机”的重要指标。蚯蚓不但能疏松土壤，增加土壤的有机质，更能平衡土壤的酸碱性，使土壤保持中性，它还能吸收土壤中的重金属，从一定程度上净化土壤，它的粪便可以改良土壤质量，使土壤变得更加肥沃。三是看该农园是否有隔离带，为了保证空气质量，有机农园周边 30 km^2 内不得有大型工厂，而农园与外部生活区则需要保证有 50 m 的隔离带，最少不能低于30 m，这样可以有效避免生活区的其他植物使用的农药随风飘进有机农园，对有机农园的农作物造成影响。符合这三个隐形条件，才可以进一步评判农园是否真正称得上“有机”。

符合以上条件的农园，还必须遵循种种严格的有机管理制度，通过相关部门的初审、实地评估、编写检查报告、综合审查评估意见、颁证委员会决议等一系列非常严格的程序，才可获得有机证书。有机证书每年一审一发，发证的要求极其严格。

悠汁农园里只有几个工人，但园内的一切都井井有条。悠汁农园仅靠有限的几个工人打理好 10.7 hm^2 的土地，依靠的是一套自循环系统：种植大片果树，喂养鹅群。当果树林的杂草长起来时，工人们便赶着鹅群进果树林，杂草便被鹅群吃得七七八八；鹅群排出的粪便成为肥料养殖果树；土壤里的蚯蚓承担了松土的工作，把肥沃的土壤翻得松软；其他牲畜的粪便无法直接使用，于是集中堆放到沼气池里，经过科学的发酵，再用作肥料施肥。悠汁农园的沼气池跟传统沼气池不大一样，它没有过于浓厚的臭气，虽有异味，却不熏人，也没有大批的苍蝇。这完全依赖于层层的沼气处理系统，粪便在沼气池里发酵好了之后，从沼气池出粪口经过管道排到沼气肥屯粪池中，发酵好的沼气肥不会吸引苍蝇，于是沼气肥屯粪池中自然看不到蛆虫。每个沼气池大小约为 200 m^2，只能灌溉 666.7 m^2 的地，每年整个农园要使用 100 池左右的沼气肥，全都要靠农园里的家畜。

树木太多，光合作用释放出过多的氧气，使植物呼吸所需要的二氧化碳减少，于是以树为间隔，在地上培植菌类，它们产生的二氧化碳能供果蔬进行正常的光合作用，结出更美味的果子。果树下合理地种一些蔬菜，比如豌豆尖，它高度适宜，既不会被树过分遮盖，也不会影响到果树接受日照。合理的灌溉系统不仅节省了人力成本，更能保证每处浇水都能均匀，并且，可确保用于灌溉的水的水质达标，每一棵植物都能被好好地照料。

做有机生态农园并不是件简单的事情，所有的生物循环都需要经过计算。比如说，鸡不能养得过多，密度太大会产生过多的粪便，这种粪便不利于收集，遇到夏天连续大雨，堆积在土地上的粪便就会自动发酵，形成大量的氨气，会直接熏死果树叶片，时间长了果树就会死亡。鹅粪虽然可以直接当作肥料，但如果鹅养多了，杂草又不够用，会使土地寸草不生。而草对果树又有益，比如夏天温度高，柑橘这类果树在温度超过32 ℃的时候会开始休眠，地上的草则可以将温度保持在30 ℃左右，使果树在夏天也能正常生长。倘若农园的猪养多了，它们产生的肥料一旦倒进土壤里，将大大影响土壤的分解能力、蚯蚓的工作效率以及果树的吸收能力，在长期供过于求的情况下，这些肥料会渗透土壤排到地下水系统中，进入河流造成污染。每一项精确的计算，都累积了大量的理论知识和长时间的实际操作经验，只要系统设置合理，每一个环节都具有自控性，不需要人过多地去操心。

对于农作物种植中常见的虫害，悠汁农园会直接买一些除虫菊间隔地种在农作物间以驱虫。除了生态驱虫，如果某块地的青虫灾害比较严重的话，就将除虫菊的叶和花捣碎掺水，当作杀虫剂喷洒在农作物上，可以有效除虫。[①]

12. 武汉江夏区竹馨农园

竹馨农园位于武汉市江夏区郑店街劳四村，地理位置便利。农园于 2010 年正式成立，园区占地面积为 33.3 hm^2，如图 3-136 所示，主要建有有机蔬菜种植体验区、瓜果采摘区、文化休闲区、休闲垂钓区、餐饮住宿区、竹林生态养殖区、户外烧烤区、草坪婚礼区、农产品加工厂、大型停车场等功能服务区。农园自然环境优美，东傍武汉南大门鸽子山，西依江夏水乡万亩鲁湖，山水之间的独特地理气候环境令人神清气爽，农园内绿树成荫，鸟语花香，百年银杏、十年果木环庄，竹林叠翠，四季花草、有机蔬菜、碧波流水浑然天成，仿古憩庭、葡萄长廊、林间小道曲径通幽，徽派四合院式五星客房，乡土菜肴温馨满园。农园还设有与古为新的禅房，利用旧房屋构件材料，通过精心设计营造，为禅修的观光客和各类文化交流提供了一处特色生态场所。

图 3-136　武汉江夏区竹馨农园

（图片来源：作者自摄）

① 芭茶蜜鸟生活制品. 可以 3：健康生活　生态农园[M]. 成都：四川美术出版社，2015.

通过多年的精心打造和经营，竹馨农园已具备为市民乡村休闲旅游提供优质服务的各项条件，其中餐饮接待具备同时容纳240人的规模，客房住宿具备同时容纳100人的规模。在满足游客吃与住基本条件的同时，园区还设置了垂钓、有机蔬菜及瓜果采摘、烧烤、烤全羊、篝火晚会、户外拓展、农事体验、禅修、茶道、书画、读书等丰富多彩的休闲活动区。

农园现有员工50人，其中农、林、畜禽养殖人员18人，游客接待服务人员24人，通过多年人才的沉淀和积累，拥有了一支安心扎根美丽乡村的经营团队。在全体员工的努力下，公司年接待游客达21000人次。

自农园开办以来，先后吸引各类人才加入，为周边农村提供就业服务岗位数十个，带动周边农户增收，在当地取得了较好的经济社会效益和生态效益。

13. 都江堰市柳街镇四季菜园

四季菜园并非传统意义上的有机农园，而是一家生物动力农园，通过和国内的有机农园分享、交换种子或者收集农村自有的种子自己育苗。容忍杂草和蔬菜共生共存在农园中未尝不是一件稀奇事，农园也曾积极除草，将每个月收入的80%都用于除草的人工费，后来随着生物动力农法学习的深入，农园渐渐学会把杂草看作是朋友。农园认为其实土地和人是一样的，就像每个人因为体质不同会生不同的病，一块地缺什么，大自然就会把相应的草放在这块地里，因为这种草本身就会聚集这块土地缺乏的能量和元素，把草打碎翻到地下腐烂掉，这些能量就会补充到土壤里去，所以不停地把草打碎翻到地下，土壤也会越来越健康，现在农园根本不用拔草，杂草却越来越少了(图3-137)。

图3-137 四季菜园

(图片来源:http://blog.sina.com.cn/s/blog_a45868f40101r564.html)

四季菜园的稀奇处远不止于此，用于灌溉的地下水很清澈，透过水面可以清楚地看到水底落叶的脉络。在这里嗅不到任何肥料的味道，园主说最好的肥料就是农夫的脚步，这里所有的生命都是阳光给的，没有化肥，这种“活”的肥叫绿肥，由70%左右的豆类、20%左右的谷物和10%左右的其他植物组成。人们在休耕的土地里种绿肥，把它们像杂草一样打碎翻到土地里，这个过程如果做得好，施过绿肥的土地就可以种两季蔬菜。

生物动力农法又叫活力农耕，由人智学创始人、奥地利社会哲学家鲁道夫·斯坦纳提出，强调只用纯天然的肥料，并配合星座的运行，让土地恢复原始活力，他们采用9种生物动力制剂滋养土壤，提高土壤品质。四季菜园采用的“BD500(牛角粪肥)”就是其中一种，每克“BD500”中含有五亿个活性微生物。绿肥长到一定程度时需要喷洒“BD500”，用以改良土壤里的腐殖质。4000 m^2 土地大约需要 30 多克“BD500”，从澳大利亚运来，算上运费成本不过 50 元。

鲁道夫·斯坦纳的理念在生活各个领域都有体现，除了农业层面的生物动力农法，在艺术层面表现为人智学建筑，医学层面是人智学医学，教育层面则是华德福教育。

该菜园负责人说他并不是那种很小资和文艺的人，但却有自己的农业理想，做农业就要养活人，他想给那些返乡青年一点超越物质的追求，这样才会有动力。很多人觉得好的蔬菜就应该长得奇怪，可是健康的蔬菜理应长得漂亮，人们吃食物是在吃蕴藏于其中的生命力。

该菜园的营建理念主要体现在 4 个方面：土壤的活化，地水火风的平衡，种植时间的掌握和农人的质量与要求。农法的认证也很有意思，不但要看农园有没有按照农法执行改良的步骤，还要看农人是个什么样的人，认真的人也会亲自来吃菜，他们相信菜就像孩子一样是不会撒谎的。这套农法已不是技术层面的，而是三观层面的。

14. 叶路洲国家生态农业园区

叶路洲国家生态农业园区位于湖北省黄冈市黄州区堵城镇长江水域范围内，如图 3-138 所示，叶路洲是长江水面上一座天然的小岛。叶路洲土壤肥沃，水源充足，有着得天独厚的蔬菜种植优势，同时也饱受水患困扰，内涝成灾。近年来，岛上先后引进了福耕农业园、雅淡生态农庄、地之蓝农业科技公司三家单位，总投资超过 5 亿元，流转土地 500 余公顷。规划创建叶路洲国家生态农业园区，在政府的大力推进下，进行圩堤整治，消除水患问题，其规划定位为集总部经济、高效农业、科技展示、项目孵化、创意农业、亲子游学、湖滨度假、艺术聚落、文化民宿、郊野运动、湿地观光、会员众筹、新农村建设于一体，以“农业嘉年华”为核心的新型田园综合体。围绕“生态、休闲旅游、农业、文化”四大核心，将叶路洲发展成为农业大观园、教育大课堂、生态会客厅、聚会大本营、美食嘉年华、特产购物村、科普新阵地、艺术新载体等。以“农业综合体，旅游新体验”为指导思想，以高人气的休闲农业为切入点，发展高品质的生态农业、高科技的生物农业、高价值的创意农业，最终形成高效益的品牌农业，实现农旅互动，以农促旅、以旅带农、农兴旅旺。

图 3-138 叶路洲生态园

（图片来源：作者自摄）

叶路洲国家生态农业园区分为三个区域：菜篮子工程保障区、地标农产品保护区、文化旅游综合区。

菜篮子工程保障区：依托现有龙头农产品企业，大力调整农业产业结构，实现由传统棉麦种植向蔬果种植的转变，打造城市菜篮子工程的保障区。

地标农产品保护区：对本土地标农产品进行保护性研究，促进产业质量和产量的双重提升。

文化旅游综合区：结合本地“状元文化”“红色文化”“螺蛳山古文化”等特点，开发本土特色文化旅游项目，在传统生态农耕体验项目基础上，注入更多传统文化元素。

雅淡生态农庄是由当地人返乡创业创建的农庄，位于叶路洲西南，占地面积为200余公顷，是集原生态与农业文化于一体的综合性现代农庄。如图3-139所示，目前已建成垂钓中心、特色水产养殖基地、有机蔬菜种植采摘基地、特色水果采摘基地、农家乐休闲中心、农副产品深加工、农耕文化长廊及水上娱乐中心等多个生态农业休闲项目，并注册“雅淡”系列农产品商标，实现自种、自养、自食、自销一条龙，打造农家生活食物供应链，使之成为可提供原生态产品及休闲、旅游、娱乐、观光服务的现代农庄。同时该农庄通过公司＋基地＋专业合作社＋农户的模式，为岛上居民提供固定就业岗位，以收购贫困户生产的土特产以及提供临时用工岗位等形式，有效地帮助岛上的贫困户增加经济收入。

图3-139　雅淡生态农庄

（图片来源：作者自摄）

（二）国外案例

1. 日本群马县川场村世田谷区民健康村

日本群马县川场村用地面积为 11161 m^2，总建筑面积为 4973 m^2，从东京市中心驱车走关越高速或乘新干线列车约 2 h 可达。该村以发展农业＋观光业为基本政策，主要靠创意与自主自立进行村落建设和发展。该村负责人认为，要发展农业＋观光业，离不开城乡交流与融合，离不开品牌建设，为此，川场村于 1981 年与东京都世田谷区结为“姐妹”关系，由两区政府出资设立公益性企业运营管理世田谷区民健康村。1986 年 4 月 1 日正式成立世田谷川场古里会社，通过开办森林教室、农业教室、木工教室、茅草屋教室、世田谷和纸造型大学等，开展山村留学活动以及苹果树认种制、梯田认植制、宿营等富于创意的活动，从自然环境、农林业、教育、文化、体育、观光等方面开展全方位的城乡交流。世田谷区居民将川场村作为第二故乡，区政府经常组织市民到川场村观光旅游、购物，而川场村村民则通过周末在世田谷区的各个公园、超市以及各种节庆和文化活动中举办川场村物产展示销售会，向世田谷区居民提供安全、安心的农产品而创出了品牌农产品，扩大了销路，观光业也得到了很大发展。2004 年，川场村年接待游客从 1985 年的 4 万人增加到了 66 万人。

（1）运营理念

创立世田谷区民健康村旨在让市民与田园自然接触，从自然中获取生活的智慧，学习人文知识，通过利用群马县川场村丰厚有利的自然条件，市民实地参与田园生活，体验并感受乡村快乐，度过健康快乐的休闲时光，加强市民之间的交流。

富士山地区以前聚集了很多养蚕的农户，至今都可以看到很多石头堆砌成的梯田，溪流成谷，沿河岸樱花成片。如图 3-140 及图 3-141 所示，后来这里逐渐按照以地方养蚕为主题，辅以周边的农户、田园、杂树林、小河等景观于一体的设计理念，形成以主体服务建筑为中心，并根据不同地形打造住宿、餐饮、温泉等配套设施，将自然、山村融为一体，尽可能无限延伸内外空间，将山

图 3-140　服务中心

（图片来源：http://www.furusatokousha.co.jp/）

图 3-141　村内风光

林的清风、自然的风光引进来,并且对外展开各种丰富多彩的活动。在周边地区,初夏可以去摘蓝莓、在河上泛舟,田野里萤火虫飞舞;秋天可赏红叶,与当地的居民一起采摘苹果、体验农趣。这里还有完善的森林厨房,可以用来自助烧烤,用健康村烧炭的燃料以及当地新鲜的食材,尽情享受其中的乐趣。同时,配备乡村产地商品直送服务,可配送川场村里种植收获的各种农副产品及加工成品,可以让外地的居民体验川场村的特色农家风味。

此外,森林中还有森林村、森林学校、炭窑等并用设施,经常有很多人在这里开展森林志愿者活动、野外活动等。附近还有公园运动场,世田谷区及川场村的很多团体在这里享受运动,开展各种交流活动。公园运动场主要有青少年足球场、棒球场和网球场。

(2) 娱乐体验

森林课堂以捕鱼等体验性互动活动为主,与自然融为一体,让游客体验其中的趣味。如图3-142所示,游客可与当地居民一起参与森林、草原环境的整修,修葺茅屋、除草、收割,对话大自然,体验农耕生活。儿童的山林自然学校是以世田谷区和川场村四年级以上的小学生与初中生为对象,每年夏休、冬休举行两次体验活动,孩子们来到大自然,与当地居民切身交流,探索大自

图 3-142　互动活动

(图片来源:http://www.furusatokousha.co.jp/shisetsu/sports.htm)

然的奥妙。山林自然学校结合季节与当地学校建立互动合作模式,例如夏季开展耕田、除草等农作活动,冬季以“知己知彼,然后知大自然”为宗旨开展各种挑战活动。[①]

2. 德国卡尔斯草莓主题儿童体验农园

坐落在波罗的海沿岸 Purkshof 小镇的德国卡尔斯草莓主题儿童体验农园(图 3-143)占地 8 hm^2,是德国休闲农业的鼻祖,也是德国最成功的儿童体验农园之一。1921 年由卡尔斯创立,经过三代人的努力,已经发展成波罗的海沿岸大型连锁体验型草莓农园,完成了从一产到三产的完美结合,目前已有 5 个连锁农园,2 个主题咖啡店,300 多个草莓屋销售点。

图 3-143 卡尔斯草莓主题儿童体验农园鸟瞰

(图片来源:http://www.linkshop.com.cn/web/archives/2017/375321.shtml)

如图 3-144 所示,该农园包括草莓超市、水上陆地游乐园、攀岩架、小动物园、采摘园、水族馆等大型体验乐园。几乎所有娱乐设施都是免费的,主要盈利来自采摘和品尝草莓、草莓产品销售等所有与草莓相关的活动。卡尔斯草莓区有员工 150 名,每年可接待 130 万名游客,草莓收获的季节来临时会增加临时工 3500 名。超市和餐饮用地有 4 万平方米,其中餐饮收入占总收入的 60%,超市收入占 40%。

二、营造原则和要点

(一) 营造原则

1. 地域性

城郊农园应以当地现有的自然资源和地域特色为依托,结合都市人就近游憩的需求,找寻最

---

① 资料来源:http://www.furusatokousha.co.jp/。

图 3-144　园区经营业务

(图片来源:https://mp.weixin.qq.com/s/yfs-0yqigCoq_CN49TM1Ew)

适合当地土壤和气候条件的可食植物,开展最能代表当地乡土文化风俗的主题活动,体现地域性特色。

2. 循环性

城郊农园的发展和营造要让农民对农业资源的再生循环利用、农业生态发展以及如何利用最小的成本获得最大的收益等有一定了解,同时,城郊农园为一个小生境,应实现人与蔬果草料、鱼禽畜、微生物、有机肥与有机废弃物在自然中的循环往复。

3. 停留性

城郊农园的地理位置一般在离城区 2 h 车程范围内比较合理,这样就便于城市市民周末及节假日的观光旅游。农园除了有乡间自然风光、生态的蔬果食物,还需要考虑观光者短期住宿停留的需要,结合当地实际情况,适当注重住宿、餐饮以及停留区域的卫生条件和服务质量是非常必要的。

4. 教育性

城郊农园是对都市人进行生态教育、农耕教育的空间载体,也是对青少年进行自然教育、文化教育的户外课堂,小到果蔬品种的指示牌,中到当地文化的展廊,大到乡土文化活动的互动,都是对教育的积极引导。

（二）营造要点

1. 有自然基础条件的近郊区选址倾向

由于城市郊区农作物和游客两个方面的原因，使城郊农园需求在时间规律性上呈现出明显的季节性特点。一方面，就农作物而言，除了一些人文景观一般不会因季节或时令而改变其审美娱乐价值，大部分的自然景观和一部分人文景观都会因时而异，如果游客不能应时而至，就不能满足其期望。另一方面，就游客而言，由于工作和学习的限制，自由时间的数量和分布都是有限的。马谊妮调查显示，在距离城市 50～150 km范围内，到此游玩的市民人数最多，超过 200 km 则人数较少。因为在这一距离范围内，既可让游客节约时间、方便到达，又可使市民暂时远离城市的喧嚣，充分享受大自然的乐趣①。杨方蓉调查显示，77.7%的城市居民周末愿意前往游玩的地区距离城市一般不超过 2 h 车程②，大多数市民不愿前往超过这一车程的地方。吴必虎等调查显示，91%的城市居民将短期出游目的地选择在距离城区 15 km 的范围内，有近 60%的游客将短期出游的目的地选择在距离城区 50 km 的范围内③。同时，通过对国内大中城市周边 72 处观光休闲农业地分布情况的抽样调查及统计分析得出：在大中型城市周围，距离城区 30 km 范围外，观光休闲农业地的数量随着离城区距离的增大而减少。85%的观光休闲农业地集中分布在距离一级客源地城市 10 km 的范围内④。综上所述，距离中心城区 50 km 以内的郊区是市民旅游观光的集中区域。在某种程度上，大多数城市居民更倾向于将距离作为其选择外出游玩地点的依据⑤。因此，基于其季节性波动的特征，要加快建立以市场为导向、以社会化服务为基础的中介系统，通过不断壮大旅游企业，增强其带动、辐射能力，使之成为观光农业的有力推动者。同时，加强社会舆论引导，促进市场需求信息在城乡之间、不同地域之间的传递，才能更好地实现供需的有机结合。

2. 以生态系统自循环为目标的设计

城郊农园的营造要兼顾生态性，即以当地现有的自然资源和地域特色为依托，以农业生产活动为基础，引入生态、可持续发展的思想，以保护和改善环境为前提，与旅游开发相结合，建立以资源化理念发展的现代生态循环农业模式。由于人们环境保护意识的不断加强，一方面，城郊型农业观光园不仅要体现出农业生产的功能，还要发挥相应的生态功能，实现在生产过程中对自然和生态环境的修复和维护；另一方面，在旅游观光活动中，结合对生态农业生产模式的展示和推广，激发人们对生活和自然的热爱，增强人们的生态保护意识，促进园区全面、协调、可持续发展。首先，要树立全民发展循环农业经济的理念，我国城郊农园的经营者一般以当地农民为主，他们大多对循环农业经济发展缺乏认识，缺乏环境保护等意识，对我国可持续发展战略不够重视。因此，应该通过地方培训、发放知识手册等，让管理者意识到全面发展循环农业经济的重要性，同时

---

① 马谊妮．昆明城市休闲游憩特征研究[D]．昆明：云南师范大学，2003．

② 杨方蓉．城郊旅游度假区规划初探[D]．重庆：重庆大学，2007．

③ 吴必虎，李坚诚．中国旅游客源市场研究的几个问题[C]//区域旅游开发与旅游业发展．北京：地质出版社，1996．

④ 吴必虎，黄琢玮，殷柏慧．中国城郊型休闲农业吸引物空间布局研究[C]//郭焕成，郑健雄．海峡两岸观光休闲农业与乡村旅游发展——海峡两岸观光休闲农业与乡村旅游发展学术研讨会论文集．北京：中国矿业大学出版社，2002．

⑤ 王显明．城郊型观光农业园规划初探[D]．重庆：西南大学，2009．

还应大力宣传可持续发展，健康、绿色发展农业，让农民能对农业资源的再生循环利用、农业生态发展以及如何利用最小的成本获得最大的收益等都有一定的了解，同时，还应培养农民对废弃物回收利用、废弃物排放等的自觉意识①。其次，设计之初需要因地制宜地选择循环农业经济发展模式，古有“南橘北枳”之说，所以，在种植可食植物时，要对种植地区的气候、土壤成分进行调查，然后选择相适宜的植物进行种植。同时，还应注重循环农业经济发展，将农业生产与地方特色结合，比如，南方一般采用畜—沼—果（蔬）的有效循环农业经济发展模式，不仅能更有针对性地实现环境保护高效化，还能根据地区农业发展形势，扬长避短，有效发展地区特色农业，实现循环农业经济的快速、有效发展。

3. 以可食地景为媒介的自然教育全渗透

城郊农园以淳朴的乡村生活和传统农业耕作方式为依托，以蔬菜、瓜果、水产、畜禽等农产品的种植和驯养为主，通过设置农田租赁、蔬果采摘等农事体验项目，使游客在园区管理人员的帮助下亲自参加部分劳动，了解农作物的生长过程，感受丰收的喜悦，体验劳动的乐趣。同时，结合水车、石磨等农业生产工具的展示，引起游客参与农事活动的兴趣，特别是增加中小学生学习农业知识和体验自然生产的需求，增强园区的农耕文化气息。并在活动结束时，为游客提供新鲜农产品的销售服务，既能使游客与大自然亲密接触，增加其游玩的乐趣，又能满足其对新鲜、绿色、无公害农产品的需求。

4. 在正常运营基础上的特色定位

城郊农园的需求主体主要是都市居民，这些消费者前往城市远郊体验生活，其目的就是希望能够亲近自然的乡村生活，体味不同的地方风俗和民族特色，缓解城市生活和工作所带来的压力。这就要求各地在开发相关产品和项目的过程中，基础设施、服务项目等都要能够体现当地的乡土特色，保持地区独有的浓郁乡村气息和氛围，同时也要根据城市消费者生活水平的提高，更加注重生活品质等方面的提升，在服务场所的卫生条件、服务质量、住宿和饮食等方面体现现代性，按照城市生活的标准来执行，确保环境的整洁、舒适和便利。因此，要在合理规划城郊农园“食、住、行、游、购、娱”的基础上，通过当地资源条件的优化配置，构建符合地区特色的观光农园产品结构，同时，要加大政府支持力度，不断完善与休闲农业发展相关的基础设施建设、政策环境支持等一系列外部环境，整合休闲农业资源，制定休闲农业行业标准，规范休闲农业设施建设和服务，积极推动休闲农业关联产业的发展，营造良好的社会发展氛围。

三、运营与管理

城郊农园位于市区外沿（城市边缘地区），既具有能生产食物的经济价值，其中部分还拥有休闲娱乐功能。中小规模农园种植的水果、蔬菜和鲜花一般均可销售给观光客或供给餐饮，除了植物，农园还包括了密封食品，还有鸡鸭之类的小型畜禽。总之，这些农园推动了节能型的本地食品生产活动，为城市中的生态服务匮乏地区提供了易得的本地产品，体现了可持续的发展模式。大多数城郊农园致力于生产有机食品，由于这些农园的面积远小于传统的乡间农园，为确保产量

① 杨威.借鉴国外循环农业模式，促进我国循环农业经济的发展[J].时代金融，2018(3):207.

及质量，耕作精细度也随之提高。部分城郊农园会采用暖房或拱形温室技术实现跨季节生产。

同发达国家相比，我国城郊地区的都市农业仍处于现代农业发展的雏形期，农业的科技化与现代化程度依旧很低，而且很少有城市将都市农业纳入城市规划体系之中，生态性不强。目前，农家乐几乎遍布各大城市，各省会城市均建有郊外蔬菜生产基地，为市民提供丰富的新鲜蔬菜，甚至为城市超市提供有机农产品。一些特大城市，例如北京利用农田建设郊外生态防护林体系，陕西杨凌开发了大量的农业科技园和设施农业等①。但由于多数近郊区观光园项目由乡村集体或农民个体出资建设，因此普遍存在建设资金不足、园区形式相对单一、缺少特色主题定位、结构布局设计不合理、配套服务设施建设水平低、旅游环境较差、受季节性影响较强等特点，加上管理人员素质较低，观光旅游项目生命力不强。

由于城郊农园既是一种食品经济产出，也是一种自然教育和营销的推广工具，因此，若不了解项目潜在的总体预算需要和预期的机制驱动投资回报，则项目缺乏一个足够清晰的路线图来解决自己的可持续增长和发展问题。

1. *建立科学合理的结构布局*

城郊农园属于综合性园区，它将农业生产和旅游休闲功能巧妙地融合起来，更适合人们的需求。不同地区应该凭借开展休闲娱乐旅游的客观因素，结合当地独有的农业优势来建设园区，运用可持续发展的理念规划设计，科学布置园区格局②。根据具体实际情况，利用科学手段进行设计及格局布置，营造景观时，可以多利用所在地区的植物或者是农作物进行造景，使景观看起来更加自然，发挥其自然朴素的优点，减少人工景观建设的面积。要以市场为指导方向，选择合适的主体产业项目和农业产品种类，通过合理的利用，能够帮助农民增加经济收入，特别是提高近郊农村尚有劳动能力的老年人的收入，以此带动乡村的复兴；同时可以促进城郊周边农村的经济健康快速地可持续发展，也有利于当地生态环境的保护和改善，实现绿色经济效益③。

2. *遵循生态有机的发展模式*

城郊农园的发展需要建立在周围优良的生态环境的基础上，农园的目标是打造闲适、绿色的休闲旅游农业园区，在接待游客的同时肯定也会带来非常多的污染，农业生产的过程也会带来大量的垃圾和废物的排泄，因此在设计之初，应降低对周边环境的影响，形成良性循环。首先，在减量化方面，推广节水农业技术，提高灌溉用水利用率和降低常规农药施用量。其次，在再循环、再利用方面，推广实施畜禽粪污、农膜、农作物秸秆资源化再利用和无害化处理，促进种植业与养殖业的互补，化害为利、变废为宝，追求资源利用最大化的同时，使环境污染与生态破坏最小化。最后，在可控化方面，从农产品生产、加工、贮藏、物流、销售、消费等环节建立农产品可追溯体系，实现农业生产全过程和农产品生命周期的过程控制，保障从田间到餐桌全过程安全④。

3. *凸显创新特色的主题定位*

将所在地区的丰富农业资源作为基础，把重点放在农业生产的活动中，凸显当地农业的独特

---

① 王景红. 国外都市农业的发展模式及其借鉴经验[J]. 北方经济，2012(13)：105-106.

② 韩雷，胡幸，王育水. 城郊观光农业规划初探[J]. 中国农业信息，2015(2)：155.

③ 徐伟慧，曹睿，谢云，等. 农业观光园的花卉旅游规划研究——以章旦农业观光园为例[J]. 安徽农业科学，2011，39(32)：19948-19949.

④ 安洁，梁玉婷，杨锐，等. 现代生态循环农业园区建设与评价标准化路径研究[J]. 中国标准化，2018(1)：64-68.

性，主要发展具有独特性的农业产业活动和产品，树立产品的品牌形象，并且把所在地区最真实的农业生产和农村生活方式展现给游客①，让游客融入当地的文化习俗当中，也是对文化习俗的一种传承和发展，不断发现农业文化和民风民俗文化的内涵，并赋予其新时代的意义，与农业景观的营造互相结合，升华城郊农园的形象，推动城郊农园的可持续发展。

4. 精细化和多样化的产品输出

产品在整个链条里面非常关键，始终是休闲观光农业的一个载体。通过产品的初步粗略定位，寻找在相关已运营产业的背景下自身发展的特色，例如可以是更为科学高效的农业生产工具，更有市场吸引力的新兴品种，或者是基于产品生产过程的更具有社会参与性的体验活动。同时，产品也可是多样化的，围绕一种产品的开发可以总结出相关系列产品的开发经验，形成独特的品牌文化。

① 韩伟宏，高洋，金辉. 基于可持续发展的城郊农业观光园的设计与建设研究[J]. 农业开发与装备，2017(4)：13-14.

第四章　可食地景的营造

第一节　技 术 支 撑

相比传统农业，可食地景的种植不再局限于户外空间，同时，各类农业技术的改进也为产业化、小型化和景观化的可食地景种植提供了更多的可能。如果将培植方式作为现代农业和传统农耕的分水岭，那么，传统农耕依赖于自然土壤和气候，而现代农业在一定程度上则摆脱了这种完全依赖，如无土栽培技术就成为现代高科技农业的代表，并衍生出各类农业技术，涉及生物、化学、信息学等多门学科。

可食地景的营造贯穿于如下几个阶段。首先是栽培介质选择，即根据实际情况选择有土或无土栽培，或对栽培介质（土壤或者基质）进行选择和改良调整。其次是对种植品种的选择，既要考虑地域特征的影响，也要考虑种植难易程度以及成本与收益等。接着是关键的营造方法，部分种植品种甚至需要先进行育种或催芽的播前处理才可以进行栽培。重点是在植物养护阶段，主要是充分打理好植物的水、肥、光、病、虫五大环节，既可以用传统的方式进行人工养护，也可以借助高科技手段进行全自动化监测控制养护。最后则是成品的收获与加工保存，这个阶段或许有时限约束，人工与技术的优势各有体现。以下是各个阶段的技术要求及节点的探讨。

一、栽培介质

有土栽培相对于无土栽培而言，是有其优点的，如对 pH 值等有较强的缓冲性，有很好的保肥保水能力，各种有益菌的活动也有利于植物生长等。

（一）土壤选择

在我国，土壤一般分为砂土、壤土和黏土。其中壤土是一般自然种植栽培的介质。常用的土壤有泥炭土、园土、腐叶土和赤玉土等。在实际建造可食地景园时，使用的介质并非是某种单独的土壤，而是多种土质土壤的混合物。

用于种植栽培的土壤有如下几个要求：物理形态一般为颗粒膨松状，这样吸水性较好，pH 值一般为 5.5～7.5，没有严重污染元素，土壤肥力较高（可能需改良手段）等。需要注意的是，城市中获取优质土壤的渠道较少，一般直接购买配置好的营养土产品。市面上常见的土壤类型及特点如表 4-1 所示。

表 4-1　常见土壤类型及特点

土壤类型	土壤优点	土壤缺点	备注
泥炭土(草炭、泥炭土、泥煤)	富含有机质和腐殖酸,质地很轻,透气性好,保水、保肥能力强,一般无病菌或虫卵	一般价格较贵,本身所含养分较少,干燥后再吸水很困难	偏酸性,常分为白泥炭、黑泥炭两类,不同地区的泥炭成分差异较大
园土(菜园土、田园土)	肥力较高,团粒结构好	缺水时易板结,湿时透气性较差;可能带有病菌和虫卵	普通泥土经过反复耕作及施肥而形成
腐叶土(腐殖质土)	较轻,富含腐殖质,肥力较好,透水、透气,可改良土壤	价格较贵	通常偏酸性,是发酵后形成的土壤,一般不含病菌和虫卵
赤玉土	没有有害细菌,pH 值呈微酸性	价格较贵	高通透性的火山泥,为暗红色圆状颗粒,其形状有利于蓄水和排水

1. 复合有机营养土

根据各类植物对土壤的不同要求,由人工配制的含有丰富养料,具有良好的排水和通透(透气)性能,能保湿、保肥,干燥时不龟裂,潮湿时不黏结,浇水后不结皮的土壤称为有机营养土。有机营养土的主要成分是泥炭土,并添加蛭石、珍珠岩、菌棒和各类腐殖质,如图 4-1 所示。

(a)泥炭土　(b)蛭石　(c)珍珠岩　(d)菌棒　(e)腐殖质

图 4-1　有机营养土的主要成分

泥炭土是指在某些河湖沉积低平原及山间谷地中,由于长期积水,水生植被茂密,在缺氧的情况下,大量分解不充分的植物残体积累并形成泥炭层的土壤。泥炭土土类划分为 3 个亚类。低位泥炭土亚类分布于低湿地,其造炭植物属富营养型,主要为灰分含量较高的苔草类草本植物,泥炭层有机质含量多为 30%~70%,pH 值为 6.0~7.0;中位泥炭土亚类属过渡类型,零星分布于山地森林中的沼泽化地段,造炭植物为中营养型的乔木及莎草、泥炭藓等,有机质含量为 50%~80%,pH 值为 5.0~6.7;高位泥炭土亚类属贫营养型,造炭植物主要为泥炭藓,水分靠大气降水补给,泥炭层有机质含量为 60%~90%,pH 值为 4.0~5.0,零星分布于山地的阴湿地段。泥炭土含有大量的有机质,土质疏松,透水透气性能好,保水、保肥能力较强,质地轻且无病害孢子和虫卵,所以也是盆栽观叶植物种植常用的土壤基质。

珍珠岩是一种火山喷发的酸性熔岩经急剧冷却而成的玻璃质岩石,因其具有珍珠裂隙结构而得名。在农业园艺方面,珍珠岩主要用于土壤改造,预防土壤板结,防止农作物倒伏,控制肥效和肥度，以及作为杀虫剂和除草剂的稀释剂和载体。

蛭石是一种少见的天然、无机、无毒的矿物质，是在高温作用下会膨胀的矿物，属于硅酸盐。其晶体结构为单斜晶系，从外形看很像云母。蛭石是在一定量的花岗岩水合时产生的，一般与石棉同时产生。由于蛭石有离子交换的能力，它对增加土壤的营养有极大的作用。

腐殖质是已死的生物体在土壤中经微生物分解而形成的有机物质，呈黑褐色，含有植物生长发育所需要的一些元素，能改善土壤，增加肥力。腐殖质是土壤有机质的主要组成部分，一般占有机质总量的 50%～70%。腐殖质的主要组成元素为碳、氢、氧、氮、硫、磷等。腐殖质并非单一的有机化合物，而是在组成、结构及性质上既有共性又有差别的一系列有机化合物的混合物，其中以胡敏酸与富里酸为主。

如果选择自行配制营养土，基本成分是一致的，但可添加的成分更加丰富，包括各类砂石、草木灰、砻糠灰(稻壳烧成的灰，含丰富的钾)、秸秆、落叶或者赤玉土、鹿沼土等，核心在于根据不同植物的种植要求进行不同比例的配置。

对培养土的配制应掌握以下几个原则。

①具有适当比例的养分，包括氮、磷、钾等营养元素。

②要求疏松、通气及排水良好。

③无危害植物生长的病虫害和其他有害物质，如虫蛹等。

④除去草根、石砾等杂物，过筛，并进行一般性消毒，如在日光下暴晒或加热蒸焙等。

提供一些常用的组合配方如下。

播种及幼苗用土：腐叶土 2 份，园土 1 份，厩肥(家畜粪尿和垫圈材料、饲料残茬混合堆积并经微生物作用而成的肥料)少量，沙少量；或用腐叶土 1 份，园土 1 份，砻糠灰 1 份，厩肥少量。

一般盆栽用土：腐叶土 1 份，园土 1 份，砻糠灰 0.5 份，厩肥 0.5 份；或腐土 1 份，园土 1.5 份，厩肥 0.5 份。

耐阴湿植物用土：腐叶土 0.5 份，园土 2 份，厩肥 1 份，砻糠灰 0.5 份。

喜酸性植物用土：用山泥或腐叶土、园土再加少量黄沙即可。

多浆植物用土：可用黄沙 0.5 份，园土 0.5 份，腐叶土 1 份；或用砖渣 1 份，园土 1 份。

松土：园土 2 份，砻糠灰 1 份，适用于扦插。

轻肥土：园土 1 份，腐叶土 2 份，厩肥 1 份。适用于根系发育较弱的植物和细小的种子。

叶类蔬菜：赤玉土 6 份，腐叶土 3 份，蛭石 1 份。

果实类蔬菜：赤玉土 5 份，腐叶土 4 份，蛭石 1 份。

薯类：赤玉土 4 份，腐叶土 3 份，蛭石 1 份，堆肥 2 份。

根菜类：赤玉土 5 份，腐叶土 3 份，蛭石 2 份。[①]

2. 土质改良技术

(1) 提高土壤肥力

基肥是在种植前配制土壤时添加的。可选用商品化的微生物有机肥，也可以自行堆肥，在配制基质时施入并充分混合，一般可食地景都可采用颗粒肥料或成品营养液。肥料的主要成分是

① 资料来源：http://www.52caiyuan.com/thread-204319-1-1.html。

植物生长需要的大量元素如氮、磷、钾，中量元素如钙、镁、硫，微量元素如铜、铁、锌、硼、氯、钼等。使用时，营养液一般需要溶于水进行浇灌，颗粒肥料有些可以溶于水中使用，有些直接可以掺拌在土壤中。需要注意的是，不同植物对土质要求的差异直接影响其使用量和使用频率。

(2) 提高通透性

植物在一些土质黏重的地区很难生长，一般都要在排水、通气良好的土壤条件下生长。这样的环境有利于根系生长、枝繁叶茂、果实丰硕。因此需要采取措施来提高土壤的排水、通气性。常用的措施如下。

①增施有机肥，杜绝滥施化学肥料。

土壤有机质可以在土壤中形成团粒结构，另外能够起到保水、保肥的作用，土壤的团粒结构是土壤最佳种植状态。有机质含量的提高也促进了土壤微生物活性的提高，微生物的活动疏松了土壤，产生了一些促进根系生长的物质。如果大量施入化学肥料，会造成土壤板结、酸化，土壤团粒结构遭到破坏，甚至引发线虫以及土传病害的发生。

②增施生物菌肥。

有益菌可以分泌代谢物，促进土壤团粒结构的形成，而且有益菌的分泌物能够刺激根系生长。有益菌群也可以分解土壤中残存的不易被吸收的养分，防止土壤板结。

③合理浇水。

杜绝大水漫灌的粗放式管理，应该采取小水勤浇和滴灌，减轻对土壤团粒结构的破坏。

④适时中耕松土。

特别是刚刚定植的蔬菜小苗，根系发育尚未完全，此时中耕松土对于提高土壤通透性和促进根系发育是必不可少的措施。

⑤适时选择腐殖酸、氨基酸类冲施肥(随浇灌而使用的肥料)。①

(3) 调节土壤酸碱度

大多数植物在偏酸性(pH 5.5～7.0)土壤中生长良好，高于或低于这一界限，有些营养元素即处于不可吸收状态，从而导致某些植物发生营养缺乏症。

改变土壤酸碱性的方法很多：如酸性过高时，可在盆土中适当掺入一些石灰粉或草木灰；降低碱性可加入适量的硫黄、硫酸铝、硫酸亚铁、腐殖质肥等；对少量培养土可以增加其中腐叶或泥炭的混合比例。

如果是社区中的可食地景，也可以用更生活化的“酸碱调节剂”，如发酵好的淘米水、饮后酸奶残余、橘子皮水、柠檬汁、食盐水甚至食用醋等。

(二) 基质选择

基质是指植物栽培中人工合成或制造的栽培介质，有别于自然土壤，除了固态基质，更多的是液态和气态(雾状)的基质类型。

1. 常用基质

(1) 营养培养液

无土栽培中使用最广泛的培养基是液态的培养液。大多数培养基是由无机营养物、碳源、维

---

① 资料来源：http://www.dyny.gov.cn/news/20121122/n492512325.html。

生素、生长调节物质和有机附加物五类物质组成的。

无机营养物主要由大量元素和微量元素两部分组成。大量元素中，氮源通常有硝态氮或铵态氮，但在培养基中用硝态氮的较多，也有将硝态氮和铵态氮混合使用的。磷和硫则常用磷酸盐和硫酸盐来提供。钾是培养基中主要的阳离子，在现代培养基的发展中，其含量有逐渐提高的趋势。钙、钠、镁需要得则较少。培养基所需的钠和氯化物，由钙盐、磷酸盐或微量营养物提供，微量元素包括碘、锰、锌、钼、铜、钴和铁。培养基中的铁离子大多以螯合铁的形式存在，即 $FeSO_4$ 与 Na_2-EDTA（螯合剂）的混合。

培养的植物组织或细胞的光合作用较弱，因此需要在培养基中附加一些碳水化合物以供需要。培养基中的碳水化合物通常是蔗糖，蔗糖除作为培养基内的碳源和能源外，对维持培养基的渗透压也起重要作用。

在培养基中加入维生素，常有利于外植体的发育。培养基中的维生素属于 B 族维生素，其中效果最佳的有维生素 B_1、维生素 B_6、生物素、泛酸钙和肌醇等。

培养基中还包括人工合成或天然的有机附加物。最常用的有酪朊水解物、酵母提取物、椰子汁及各种氨基酸等。另外，琼脂也是最常用的有机附加物之一，它主要是作为培养基的支持物，使培养基呈固体状态，以利于各种外植体的培养。

不同培养基有不同特点，适合于不同的植物种类和接种材料。开展组织培养活动时，应对各种培养基进行了解和分析，以便能正确选择。下面介绍培养基的三大类型。

①MS 培养基。MS 培养基是普遍使用的培养基，它有较高的无机盐浓度，对保证组织生长所需的矿质营养和加速愈伤组织的生长十分有利。由于培养基中的离子浓度高，在配制、贮存、消毒等过程中，即使有些成分略有出入，也不影响离子间的平衡。MS 培养基适用于细胞悬浮培养。这种培养基中无机养分的含量和比例比较合适，足以满足植物细胞在营养上和生理上的需要。因此，一般情况下，无须再添加氨基酸、酪蛋白水解物、酵母提取物及椰子汁等有机附加成分。与其他培养基的基本成分相比，MS 培养基中的硝酸盐、钾和铵的含量高，这是它的明显特点。

②B5 培养基。B5 培养基的主要特点是铵含量较低，这是因为铵对不少培养物的生长有抑制作用。经过试验发现，有些植物的愈伤组织和悬浮培养物在 MS 培养基上生长得比 B5 培养基上要好，而另一些植物在 B5 培养基上培养更适宜。

③N6 培养基。N6 培养基特别适合于禾谷类植物的花药和花粉培养，在国内外得到广泛应用。

在组织培养中，经常采用的还有怀特培养基、尼许培养基等。它们在基本成分上大同小异。怀特培养基由于无机盐的含量比较低，更适合木本植物的组织培养。

为了避免每次配制培养基都要对几十种化学药品进行称量，应该将培养基中的各种成分，按原量 10 倍、100 倍或 1000 倍称量，配成浓缩液，这种浓缩液叫作母液。这样，每次配制培养基时，取其总量的 1/10、1/100、1/1000，加以稀释，即成培养液。

在可食地景园营造中，非科研性质的单位和个人一般直接采购配制好的浓缩母液成品稀释使用，即上文中提到的相关营养液，只需根据种植品种的相关特殊要求选择即可。

（2）水

有些植物并不需要复杂的复合培养液，只需要简单处理后的水即可正常生长。一般家庭可使用晾晒至少一天的自来水（去除氯气）或者饮用纯净水、凉白开水，但需注意换水频率。一般水培植物一到两周可换水一次,但仍视种类而有所差异。换水时,最好水温与室温相差不大,以使根部适应。一般情况下,根部 2/3 入水即可。根部生长大多不需要光照,若光照强度大,可以适当遮阴,一般情况下放于室内明亮处比较好。水培植物及水培设备如图 4-2 所示。

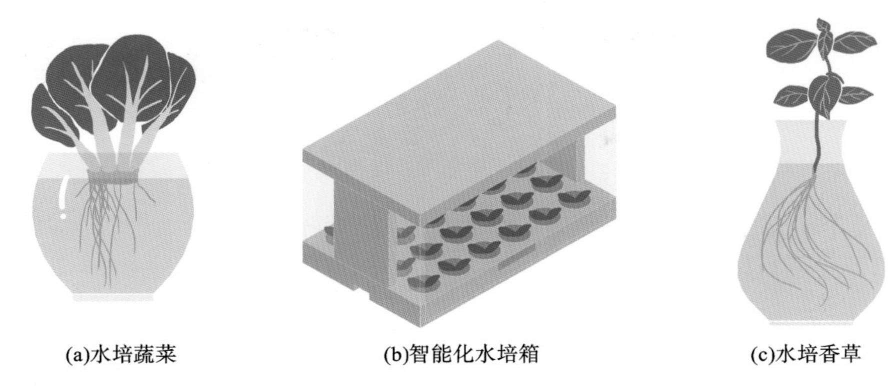

(a)水培蔬菜　(b)智能化水培箱　(c)水培香草

图 4-2　水培植物及水培设备

扦插类植物入水前要将插条基部叶片剪去,并将基部用利刀切成斜口,刀具要消毒,切口要平滑,以利吸收水分和养分。10 天内不要移动位置或改变方向,约 15 天可长出须根。生长过程中出现营养不足的情况可适当添加营养液。

2. 特殊基质

(1) 椰砖

椰砖是在加工椰子纤维的过程中提取出的粉末状物质,经过高温消毒压缩成各种尺寸的砖状(图 4-3)。它是一种无公害、绿色环保、天然优良的蔬菜培养基质材料,其特点如下。

图 4-3　椰砖

①椰砖可单独使用或根据需要与其他基质材料混合使用,具有良好的保水性、保湿性、透气性及稳定的酸碱度,可满足大多数植物、蔬菜生长的需求。

②把椰砖放入相应大的容器,并加入水,量为砖的 5～6 倍,让椰砖在水中浸泡直至完全膨胀,不再吸水,倒出多余的水即可直接使用。椰砖浸泡时间越长,效果越好,泡开后可膨胀至原体积的 8～9 倍。

椰砖使用步骤如下。

①把椰砖放入盆或桶中,倒入水至椰砖不再吸水,倒掉多余的水分,如图 4-4 所示,把泡开的椰土装入种植箱内。

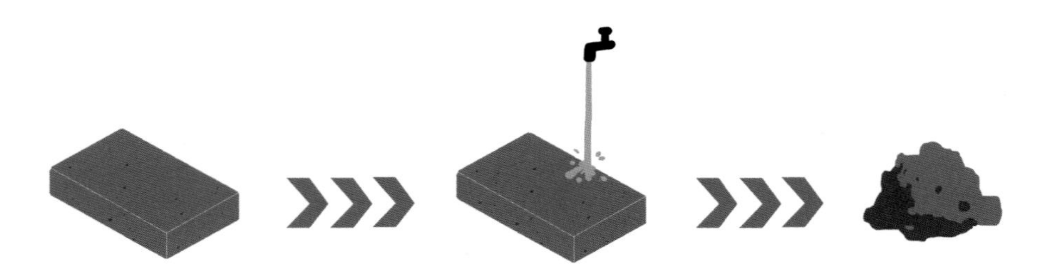

图 4-4　椰砖泡开过程

②将泡开捏碎的椰土与蚯蚓肥(用量:1 个种植箱混合半包蚯蚓肥)混合均匀,把适量有机复合肥埋在土里当作基肥。

③将蔬菜种子均匀撒在椰土表面,再铺上一层椰土,其厚度约等于种子的高度。种子发芽前保持土壤潮湿即可,不需过量浇水。

据研究表明,98%种蔬果长虫子的情况是因为土壤没有经过处理,含有虫卵所致,而椰砖是经过高温消毒的,不含虫卵。另外,椰砖泡开时呈蓬松状,有利于蔬菜根部吸收营养和生长。

(2) 岩棉培

岩棉培是疏松多孔可成型的无机固体基质,由 60%的辉绿岩、20%的石灰岩和 20%的焦炭,在 1600 ℃的高温下熔化,喷成直径 0.005 mm 的纤维,并压成块,其密度为 77~80 kg/m^3。岩棉具有很好的透气性和保水性,经过 1600 ℃的高温提炼,无菌、无污染,因此是欧洲主要的无土栽培的基质。植物栽培中强调使用专业的农用岩棉,反对用工业岩棉代替。岩棉培的形态及使用方式如图 4-5 所示,其基质有如下几点优势。

图 4-5　岩棉培

①岩棉培能很好地解决水分、养分和氧气的供应问题。水培和营养液膜栽培(NFT 培),主要靠配制爆氧装置、水面喷水、安装起泡器、营养液循环、薄层间歇供液、使部分根系暴露在空气中等方法,给根系补充氧气。而岩棉培则利用岩棉的保水和通气特性来协调肥、水、气三者关系,无须增加其他装置。

②岩棉培具有多种缓冲作用,利用其吸水、保水、保肥、通气和固定根群等,可以为作物的根系创造一个稳定的生长环境,受外界的影响较小。同时,由于岩棉质地均匀,栽培床中不同位置的营养液和氧气的供应状况相近,不会造成植株间的太大差异,有利于平衡增产。

③岩棉培的装置简易,安装和使用方便,不受地形限制。其栽培床只需岩棉毡、黑色塑料薄膜、无纺布,并配以滴灌装置。若改用薄棉毡作栽培床,或改用岩棉方块,其用材还可节省。岩棉

培由于采用滴灌供液，对地面坡降的要求不如NFT培严格。营养液的供应次数可以大大减少，不受停电停水的限制，能节省水和电。

④岩棉本身不传播病、虫、草害，在栽培管理过程中，土传病害很少发生，在不发生严重病害的情况下，岩棉可以连续使用1～2年，或经过消毒后再度利用。

⑤由于岩棉质地轻，浸水后不变软，故可用于立体栽培或阳台栽培，还可用以育苗，便于进行规范化栽培。

适于岩棉培的作物种类较多，国外应用成功的有番茄、黄瓜、茄子、甜椒、甜瓜和香石竹、玫瑰、兰花以及苗木扦插等。国内试验表明，番茄、黄瓜、茄子、辣椒、草莓、生菜以及香石竹等应用岩棉培都可获得很好的效果。尤其是应用岩棉培栽种的番茄和黄瓜长势好、产量高、果形大、品质好、管理方便。茄果类、瓜豆类及叶菜类蔬菜、棉花、花卉应用岩棉方块，育苗效果更好。

我国当前岩棉种植中存在的主要问题有以下几点。

①缺乏先进的管理和岩棉种植技术，制约了岩棉栽培的推广。现代的园艺设施应有现代化的园艺栽培技术与之配套，才能充分发挥先进设施和优良品种的增产潜力。岩棉种植中的核心技术是水分管理和养分管理，这是一套精确的管理技术，通过它可以有效地控制根系的生长，实现植株营养生长和生殖生长平衡，达到控制收获时间和产量的目的。除此之外，建设单位缺乏现代化管理技术，在环境控制技术以及病虫害防治技术等方面与国外也存在较大的差距。

②产量不高是限制效益的最主要因素。岩棉种植的产量不高是这一技术推广的主要障碍。与荷兰、日本岩棉种植的番茄50～80 kg/m^2，黄瓜40～50 kg/m^2的产量相比，我国岩棉种植的番茄产量只有18～22 kg/m^2，黄瓜产量只有24～30 kg/m^2，存在很大的差距。造成这种差距的原因是栽培技术和管理技术的落后。除了上述原因，当前普遍流行的节约成本思想也在很大程度上限制了产量的提高。这种思想提倡低产、低收、低成本，认为增加的成本投入不仅耗资大，而且还会给回收造成压力。因此，这种观点不仅影响了温室整体效益的发挥、先进技术的推广，而且前期就决定了它不仅不能节省费用，还可能会影响收益。

③废弃岩棉的处理问题。岩棉最大的缺点是废弃岩棉的处置比较困难，在运用岩棉培育面积最大的荷兰已构成公害。理论上，农用岩棉需要每年更新，废弃的岩棉必须由专门的公司进行回收处理，否则会造成环境污染。但在我国，这一体系仍不完善，废旧岩棉的再污染成为较为严峻的问题。

(3) 发酵的工农业废物

伴随着环保意识的不断深入，有机生态型栽培介质在近几十年才开始提出，它是以有机废弃物经发酵，特别是添加功能发酵菌种(如发酵助剂)处理，再辅以少量泥炭、蛭石、珍珠岩等矿物介质，配制成能满足现代园艺生产需求的无毒可再利用的栽培介质。一般的落叶、枯枝、秸秆、锯末、树皮、刨花等一些工农业废弃物及下脚料经过发酵处理后均可作为轻质栽培基质。使用时将物料按自身的工艺要求切碎或粉碎到合适尺寸，然后用发酵助剂发酵。以秸秆为例，发酵方法如下。

①将作物秸秆(如玉米秸秆)用粉碎机粉碎或用铡草机切断，一般长度以1～3 cm为宜(麦秸、稻草、树叶、杂草、花生秧、豆秸等可直接发酵，但粉碎后发酵效果更佳)。

②将粉碎或切断后的秸秆用水浇湿，秸秆含水量一般掌握在60%左右。

③浇水的同时,将生物菌肥发酵剂菌液和秸秆按照 1∶200 至 1∶300 的比例加入。

④将拌好的秸秆以长方形打堆,堆成宽 2 m、高 1.5 m、长度不限的长条,用草席等透气材料覆盖即可。肥料发酵为有氧发酵,不必完全密封。

用发酵助剂的情况下,一般物料在三周左右即可发酵处理完成,生成外观漂亮(褐色或黑色)、气味适宜(去除鸡粪、猪粪等粪便的臭味,或其他各种垃圾下脚料的腐臭味)、富含营养的基质,被广泛用于苗木花卉、瓜果蔬菜的无土栽培基质(介质)的发酵处理及屋顶景观绿化,除可获得较好的生态效益外,其经济效益也很可观。

二、播前处理

在播种前,种子和幼苗植株需要经过特殊处理培育,主要包括种子萌发与催芽、扦插植株的生根以及待播种土壤的消毒等处理。

(一)种子萌发与催芽

种子萌发是指种子从吸胀作用开始的一系列有序的生理过程。种子的萌发需要适宜的温度、适量的水分和充足的空气。种子萌发时,首先是吸水,浸水后使种皮膨胀、软化,可以使更多的氧透过种皮进入种子内部,同时二氧化碳透过种皮排出,里面的物理状态发生变化。其次是呼吸,种子在萌发过程中所进行的一系列复杂的生命活动,需要种子不断地进行呼吸作用,获取能量,才能保证生命活动的正常进行。最后是温度,温度过低,种子的呼吸作用会受到抑制,种子内部营养物质的分解和其他生理活动都需要在适宜的温度下进行。

种子萌发有几个必备的自身条件。首先,种子的胚具有生命力且完整,胚被破坏的种子不能萌发。种子在离开母体后,超过一定时间将丧失生命力而不能萌发,对不同种子而言,其寿命时间长短不同。例如,花生种子为 1 年,小麦和水稻的种子一般能活 3 年,白菜和蚕豆的种子能活 5～6 年。其次,种子有足够的营养储备。正常种子在子叶或胚乳中储存有足够种子萌发所需的营养物质,干瘪的种子往往因缺乏充足的营养而不能萌发。最后,种子不能处于休眠状态。多数种子形成后,即使在条件适宜的情况下暂时也不能萌发,这种现象被称为休眠。其主要原因一是种皮障碍,有些种子的种皮厚而坚硬,或种皮上附着蜡质层或角质层,使之不透水、不透气或对胚具有阻碍作用。二是有些果实或种子内部含有抑制种子萌发的物质。比如某些沙漠植物在长期的生活中,为了适应干旱的环境,种子表面有水溶性抑制物质,只有在大量降雨后,这些抑制物质被洗脱掉,种子才能萌发,以保证形成的幼苗不致因缺水而枯死。

种子萌发还需要具备几个外部条件。首先是充足的水分,不同种子萌发时吸水量不同,种子吸水有一个临界值,一般种子要吸收其本身质量的 25%～50%或更多的水分才能萌发。其次是适宜的温度,种子萌发所要求的温度还会因其他环境条件(如水分)不同而有差异,幼根和幼芽生长的最适温度也不相同。还有许多植物种子在昼夜变化的温度下比在恒温条件下更易于萌发。不同植物的种子萌发都有一定的最适温度,高于或低于最适温度,萌发都受影响。各类种子的萌发一般都有最低、最适和最高三个基点温度。超过最适温度到一定限度时,只有一部分种子能萌发,这一时期的温度叫最高温度;低于最适温度时,种子萌发逐渐缓慢,到一定限度时只有一小部分勉强发芽，这一时期的温度叫最低温度。最后是足够的氧气，种子吸水后呼吸作用增强，需氧量加大。一般种子在其周围空气中含氧量为10%以上时才能正常萌发。此外，一般种子萌发和光线关系不大，无论在黑暗或光照条件下都能正常进行，但有少数植物的种子需要在有光的条件下才能萌发良好。还有一些百合科植物、番茄、曼陀罗的种子萌发则为光所抑制，这类种子称为嫌光种子。需光种子一般很小，贮藏物很少，只有在土面有光的条件下萌发，才能保证幼苗很快出土进行光合作用，不致因养料耗尽而死亡。嫌光种子则相反，因为不能在土表有光处萌发，避免了幼苗因表土水分不足而干死。此外还有些植物种子如莴苣的种子萌发有光周期现象。

因此，为了使种子正常萌发与生长，需要从种子自身和外部条件两方面着手。

1. 选购优质种子

蔬菜种植，除了一些能够扦插繁殖和分根育苗的品种，如空心菜、西洋菜、葱和韭菜等这类可以直接购买现成菜苗、菜根的品种，一般来说都需要自行选购植物种子。

选购优质种子的主要渠道是农贸市场和网络，而多数种子都是定量包装好的，只要是通过正规渠道购买正规厂家保质期内的产品，一般出芽率都会符合产品说明。

2. 促进种子萌发的方法

①浸种。浸种是指对于发芽较慢的种子，在播种之前需要对种子进行浸泡。浸种的目的是促进种子较早发芽，还可以杀死一些虫卵和病毒。较易发芽的种子可在播种前用冷水或温水(35～40 ℃)浸种处理，待种皮变软后即可取出播种。有些种子种皮坚硬，不易吸水，可用锉刀磨破或刻伤种皮，再用温水(35～40 ℃)浸种处理，待种皮变软后即可取出播种。浸种所用的水和用具要整洁，不带油污，否则易造成烂种。浸种后出芽的种子如图4-6所示，常见蔬果浸种要求如表4-2所示。

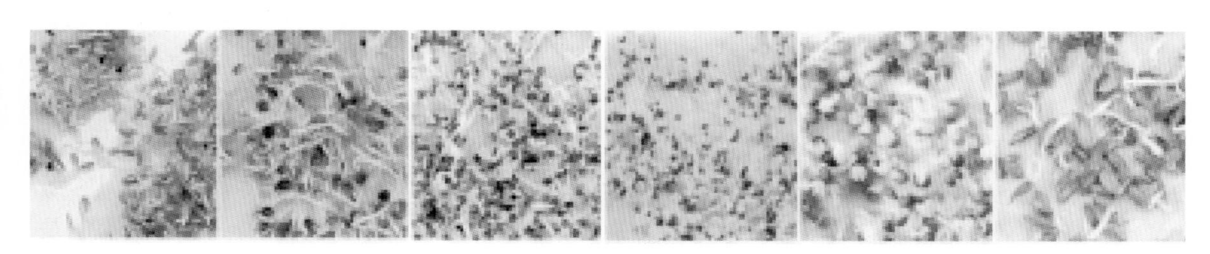

图4-6 浸种后出芽的种子

表4-2 常见蔬果浸种要求表

品种	水温/℃	时长
番茄	20～25	12～24 h
	25～30	6～8 h
	52	25 min
白菜、萝卜、甘蓝等十字花科蔬果	20～30	3～6 h
菜豆	20～25	2～4 h
茼蒿	20～25	8～12 h

续表

品种	水温/℃	时长
莴苣	20～22	3～4 h
冬瓜	20～25	12～24 h
	25～30	2～4 h
南瓜	25～30	6～8 h
丝瓜、苦瓜、辣椒	20～30	12～24 h
黑籽南瓜、葫芦	28～30	48～56 h
黄瓜	55	12 min
	28～30	4～6 h
	20～25	6～12 h
茄子	55	12 min
	28～30	24～36 h
油菜	20 左右	2～4 h
甜椒	55	12 min
	25～30	12～24 h
芹菜	48	25 min
	28～30	24～36 h
	20～22	36～48 h
香菜、茴香	75～85	—
菠菜	75～85	—
	15～20	10～12 h

②晒种。晒种是利用阳光暴晒种子，具有促进种子后熟和酶的活动、降低种子内抑制发芽物质含量、提高发芽率和消毒等效果。通过晒种，阳光中的紫外线可以杀死附着在种子表面的病菌。晒种能避免受潮的种子继续霉变，也可以及时发现一些霉变严重的种子，以便及早调换。

③药剂处理。氯化钠（食盐）可防治瓜类细菌性病害，高锰酸钾溶液可减轻和控制茄果类蔬菜病毒病、早疫病，硫酸铜溶液可防甜椒炭疽病和细菌性角斑病，草木灰水对防治稻瘟病、恶苗病、白叶枯病有较好的作用等。

④低温层积沙藏法。低温层积沙藏法对要求在低温与湿润条件下完成休眠期的种子，有明显的促进发芽效果。在低温沙藏的条件下，氧气的溶解度增大，在此过程中，种子本身可解除休眠，软化种皮，增加种皮的透性，对于一些生理后熟的种子，胚会明显增大，完成生理后熟过程，提高种子第二年的发芽率。种子在播种前需用凉水浸泡一天，将浸泡后的种子沙藏在 0～5 ℃的环境中（1～3 ℃最佳），若低于 0 ℃则种子表面易结冰，高于 5 ℃则种子可能在第二年播种前就发芽生根，播种时根易受到损害。

（二）扦插植株的生根

扦插种植的植株能否正常生长，关键在于植株能否在移栽前生根，大量丰富的根系便于植物吸收足够的水分和营养，也使植物更易适应新环境。促进生根长叶的有大量元素、中量元素和微量元素。氮主要促进叶片的生长及有机物质的合成，磷主要可促进细胞的分裂和遗传，钾有助于养分的运输，也能促进生根长叶。

促进扦插植株生根的方法有以下几种。

1. 物理处理

物理处理适用于最难生根的木本植物。在生长过程中，先环割、刻伤或用麻绳捆扎枝条基部，以阻止枝条上部养分向下部的转移运输，从而使养分集中于受伤部位，然后在此处剪取插穗进行扦插，由于养分充足，不仅易生根，而且扦插苗长势强，成活率高。

2. 浸水处理

有些枝条内含有影响生根的树液，扦插前将插穗浸入水中浸泡 2 h 至几天，可使插穗充分吸收并保持一定量的水分，维持植株生命力，促进根的形成。同时也可浸出切口的汁液，起到一定程度的脱胶、脱脂作用，防止输导组织阻塞，便于吸水，有利于切口愈合和生长。如若需要浸泡 3～5 天，应注意换水，保持水的清洁。

3. 软化处理

软化处理指在剪插穗前用黑布、泥土或者不透水的黑纸封裹枝条，经过 3 个星期左右的生长，被遮过光的插穗枝条就会变白、软化。这个时候再把它剪下来扦插，就会更容易生根了，因为黑暗环境可以促进根原组织的形成。不过这种方法只对部分木本植物才有效，并且只对正在生长的枝条有效。

除了市面上配制好的生根剂，社区可食地景园还可以自行配制生根剂，几种常用且简单的生根剂配方如下。

1. 米醋水溶液

选质量较好的米醋，与凉白开按 1∶100 比例配成米醋水溶液，适宜浸泡果木插穗。使用时将插条下部置于溶液内浸泡 8～12 h 后取出扦插，能显著提高成活率，使扦插苗长得更快更壮。

2. 阿司匹林溶液

用 0.01%的阿司匹林溶液浸泡插条，发芽率可明显提高。用 0.05%的阿司匹林溶液浸泡移栽苗木，能缩短缓苗期，防止苗木干枯，提高成活率。

3. 维生素 B_{12} 溶液

取医用维生素 B_{12} 针剂加凉白开 1 倍稀释，将插条剪口下部置于稀释液中浸泡 5 min 再扦插。既可促进根系生长，又可促进组织愈合。

4. 柳树浸出液

柳树浸出液是很好的一种植物生长剂，有抑制细菌繁殖的成分而且富含生长激素。柳树浸出液可用于浸泡或浇灌，且效果比萘乙酸更好，浓度较随意，不烧苗。

具体做法：取柳树枝叶若干，枝条砸碎，然后浸入水中，一天后将枝叶捞净，其水即为柳树浸出液,第二天即可将插条浸入,浸泡 1 天左右,然后按常规方式扦插。

5. 蔗糖溶液

取蔗糖用开水冲成 5%～10% 的蔗糖溶液,自然冷却后,将较易生根的插穗基部浸入蔗糖溶液 4～6 h 后扦插。在处理生根较慢的插条时,蔗糖溶液浓度还需加倍(蔗糖溶液浓度越高,浸泡时间越短)。

6. 蜂蜜水溶液

无性繁殖时,通常应用生长激素促进扦插植株生根。将插条在蜂蜜中蘸一下(蜂蜜就是天然生长素),然后扦插,能提高成活率,促进生根。

7. 高锰酸钾溶液

将插枝基部放在 0.1%～0.5% 的高锰酸钾溶液中浸泡 10～12 h,取出后立即扦插。

8. 白糖液

白糖液也是一种很好的生根剂。使用白糖液浸泡后的扦插植株,其成活率比按常规方式扦插的植物高出许多,即使较难生根的品种也能达到 90% 以上的生根率。

具体做法:先用热水把白糖溶化,水和糖的比例为 9∶1,待糖水冷却后,即可将削好的插条浸入其中。40～60 min 后取出,将切口用清水冲净,并用利刀切去部分切口,然后就可按常规方式扦插。

(三)待播种土壤的消毒与除草

通过播种前消毒与除草,可以避免植物在幼苗期、生长期可能遇到的很多虫害和疾病。在暴晒消毒法中,通过暴晒消毒灭菌,对可食地景营造来说,是既经济又方便,且行之有效的消毒灭菌方法。操作方法是,于夏季将土壤均匀平铺在水泥地面或其他硬质地面上暴晒至干透。夏季直射光照下的硬质地面温度可达 60 ℃以上,最高可达 75 ℃,一些病原菌及土壤中害虫的若虫及成虫和其他动物的幼体,以及已经发芽或将要发芽的杂草种子均能被杀死。

三、植物养护技术

植物播种成功后就是相对漫长和复杂的养护期,在这期间,植物由幼苗成长为熟苗,然后可能会开花、结果。整个养护期需要关注植物的营养、水分、光照以及防治病虫害,有些植物还需要授粉。当然,现代技术条件下,这些环节都可以依靠智能化技术辅助养护。

(一)人工养护

传统农业社会里植物养护的全部环节都依靠人类的经验和手动操作,饱含了人类的辛苦与智慧。

1. 堆肥技术

堆肥是一种有机肥料,所含营养物质比较丰富,且肥效长而稳定,同时有利于促进土壤固粒结构的形成,能增强土壤保水、保温、透气、保肥的能力,而且与化肥混合使用又可弥补化肥因所含养分单一而导致土壤板结,保水、保肥性能减退的缺陷。堆肥是利用各种植物残体(植物秸秆、杂草、树叶、泥炭、垃圾以及其他废弃物等)为主要原料,混合人畜粪尿经堆制腐解而成的有机肥料。

随着堆肥技术的不断完善,目前国内外已有很多成熟的堆肥技术,分类很多。常见的,按照微生物需氧情况分为好氧堆肥和厌氧堆肥,按有无发酵装置可分为开放式堆肥系统和发酵仓堆肥系统。①

堆肥的技术种类众多,分类方式多样。根据堆肥物料的状态,可分为静态堆肥和动态堆肥;根据堆体内微生物的生长环境,可分为好氧堆肥和厌氧堆肥;根据堆肥的机械化程度,可分为露天堆肥和快速堆肥;根据堆肥技术的复杂程度,可分为条垛式堆肥、强制通风静态垛式堆肥和反应器系统堆肥。②

高温好氧堆肥主要包括静态堆肥、条垛式堆肥、槽式堆肥、反应器好氧堆肥等种类。其中,反应器好氧堆肥方式因其具有堆肥周期短、占地面积小、易实现自动化控制和二次污染小等优点,成为目前研究的热点,具有良好的应用前景。③

人工堆肥的方法主要分为两类:发酵法和生物法。发酵法又可分为无氧发酵法和有氧发酵法两种。

(1) 无氧发酵法:波卡西堆肥法/堆肥桶堆肥法

波卡西堆肥法是琉球大学比嘉照夫教授研究开发的,"波卡西(bokashi)"在日语中的意思就是"发酵过的有机物"。波卡西堆肥法是将 EM 活菌制剂混合到厨余垃圾中,一同放进密封的、底部可排水的堆肥桶,通过厌氧发酵来分解厨余的方法。EM 活菌制剂由各种不同的光合菌、乳酸菌、酵母菌组成,在堆肥过程中,它们可以抑制有害微生物产生,避免堆肥发出难闻的气味。波卡西堆肥法的优点有以下几个方面。

①没有臭味,可以在室内操作。普通的好氧堆肥须在室外进行,而我国大部分城市家庭没有足够的室外空间。

②节省空间,适合城市家庭。

③操作简单。只要有一个专用堆肥桶和一包 EM 发酵糠就可以,且不需要像好氧堆肥那样经常翻搅(图 4-7)。

④堆肥原料广泛:所有厨余垃圾(包括熟食、荤食、奶制品等)都可以拿来堆肥,减少厨余的浪费。相对好氧堆肥、蚯蚓堆肥等方法,波卡西堆肥法对堆肥原料无太多限制。

其具体方法如下所示。

步骤一,准备用具。

准备好以下用具:EM 发酵糠和堆肥桶,菜刀和切菜板(用来切碎厨余),一张报纸或者厨房用的纸巾。自制或市售的厨余堆肥桶都一样适用,最关键的条件是:堆肥桶顶部盖子密封,底部有滤网,并有水龙头可以排出液肥。

步骤二,厨余处理。

瓜皮及果壳要切成碎块或剥碎,蛋壳需要捏碎。每个厨余颗粒的体积越小,整体的接触面积

---

① 杨茜,李维尊,鞠美庭,等.微生物降解木质纤维素类生物质固废的研究进展[J].微生物学通报,2015,42(08):1569-1583.

② 杨丽楠,李昂,袁春燕,等.半透膜覆盖好氧堆肥技术应用现状综述[J].环境科学学报,2020,40(10):3559-3564.

③ 张安琪,黄光群,张绍英,等.好氧堆肥反应器试验系统设计与性能试验[J].农业机械学报,2014,45(07):156-161.

图 4-7　专门设计的波卡西堆肥桶套装

就越大，越能方便活菌将之快速分解，缩短厨余完全发酵成堆肥的时间。

步骤三，滤网加垫。

准备厨房用的吸油纸巾，或者是旧报纸。虽说堆肥桶底部的滤网可以分隔厨余堆肥杂质和堆肥液，但是可能还是有一些较微小的厨余颗粒混进堆肥液中，因此建议再加垫一层纸巾或报纸过滤。

步骤四，铺上 EM 发酵糠。

放入厨余前，需要先铺上一层 EM 发酵糠，这是为了让底部的厨余也能够接触到活菌进行分解发酵，而且让滴下去的厨余液也能接触到有益的活菌。

步骤五，放入厨余。

接下来的步骤就像做三明治一样，重复性地一层叠一层：发酵糠—厨余—发酵糠—厨余……以此类推，一直到桶装满。铺撒发酵糠时，尽量铺撒均匀，让其和厨余充分接触、充分覆盖。每次操作完后，稍微挤压，排出空气，让活菌更好地进行厌氧发酵。桶还没有装满之前，每次加完厨余后可以覆盖一层塑料膜，然后再盖上桶盖，帮助营造厌氧环境。

步骤六，密封发酵。

堆肥桶完全装满后，把盖子盖紧进行密封发酵。停止添加厨余后的第 7 天，可以开始取底部的液肥。应 1～2 天取一次，否则会影响继续发酵的效果。10～15 天后，桶内长出白色或偏红色菌丝，说明堆肥正在顺利进行。再过 5～7 天后，菌丝老化、退去，可将堆肥全部倒出，作为基底肥埋入土中，或密封装袋备用。注意波卡西堆肥产品不是完全腐熟的，不要让堆肥产物直接接触到植物，以免伤害其根系。波卡西堆肥产物埋在土中两周左右才会腐熟。

判断堆肥是否成功的方法有以下几种。

①靠视觉：有白色、偏红色菌丝是成功的，如图 4-8 所示，被发酵物变成绿色或黑色则是不成功的。

②靠嗅觉：发酵顺利的话，应该有酸酸的、如同泡菜一样的味道，否则是腐败的恶臭味。

如果需要自制堆肥桶，所需的基本材料有如下几种。

①带盖的桶：常见的有盖塑胶桶都是不错的选择，只要确定桶没有漏洞，盖子密封性好即可，如图 4-9 所示。有可能的话最好选择装食品用的桶，因为不希望有害物质进入肥料中，污染到所种的蔬菜。

图 4-8 发酵

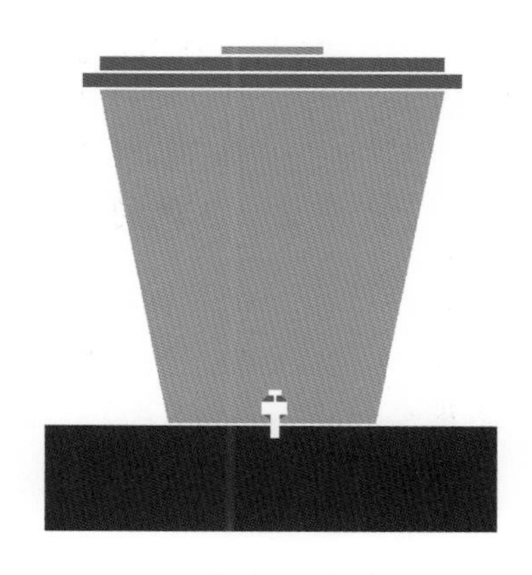

图 4-9 用垃圾桶自制的波卡西堆肥桶

②水龙头:使用小型塑胶或金属制水龙头皆可,安装到桶上需记得将接缝处用涂胶或水电用胶带封好,避免之后漏水;在正式放入厨余制作堆肥之前,也可以先注入一些水测试桶是否会漏水。

③内侧滤网:可以找一些塑胶或是金属制的滤网,只要是规格适当(放到桶内还会离桶底部5~10 cm),且带小孔能够作为过滤网即可。若滤网本身的下部没有支撑,可以找一些砖块或是其他工具将其垫高固定。也可以用大小合适的蒸帘和蒸架代替滤网,如图 4-10 所示。需要注意的是,用来垫高的材料不能阻碍液肥的流出。

如果不想太麻烦,还可以用本身就带有水龙头的容器来做波卡西堆肥桶。图 4-11 所示的这种饮料桶,本身的制作材料是食品级材料,又带有密封性好的盖子和现成的水龙头,所以只需要在内部装上垫高的材料和滤网就可以直接使用,非常方便。[①] 波卡西堆肥制作基本步骤如表 4-3 所示。

图 4-10 蒸帘配上蒸架可以作为底部过滤

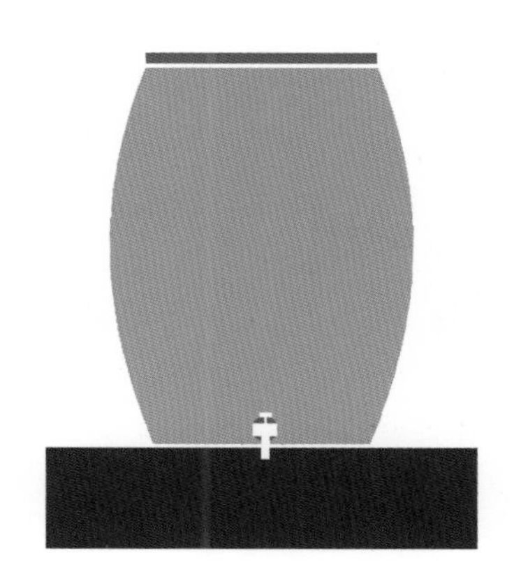

图 4-11 大型的、带水龙头的饮料桶制作的波卡西堆肥桶

① 黄央.厨余堆肥 DIY:厨房垃圾变沃土[M].北京:中国轻工业出版社,2012.

表 4-3 波卡西堆肥制作基本步骤

(1) 寻找一个塑胶桶，将其底部垫高（或铺上网）并打洞，制成简易的有机堆肥桶	
(2) 在桶底铺上 6～7 cm 的土	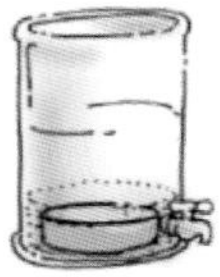
(3) 将果皮、菜渣、骨头、剩饭等厨余，尽可能切成 3～5 cm见方，沥干后平铺在桶里	
(4) 在厨余上方铺土并压实，以避免臭味逸出	
(5) 盖上桶盖并用重物将盖子压紧，隔绝空气（因生化菌类具有厌氧性）及蚊蝇，并将堆肥桶置于阴暗处	
(6) 重复步骤(3)(4)(5)，像三明治的做法一样	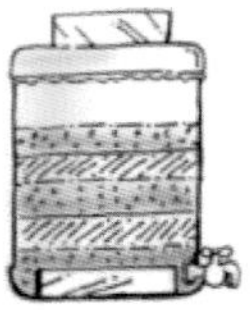
(7) 桶底的水龙头平时应关闭。3～5 天后，厨余分解产生水之后，将桶底水龙头打开，排出桶底累积的水，这些水是很好的液体肥料，可加水稀释 20～50 倍后浇灌植物。而这些液体肥料又含有大量菌种，是最佳的清道夫，但在倒入排水孔或马桶后 30 min 才冲水，方能有效分解	

续表

(8) 每隔约 3 天,排去桶底积水一次,避免生虫	
(9) 最后再于堆肥桶最上层铺一层七八厘米厚的土	
(10) 3～6 个月后,这些厨余就变成黑褐色的有机肥料了,以 1(有机肥料)∶5(土壤)的比例混合,便可让植物变得更加茂盛、美丽	

(2) 无氧发酵法:编织袋堆肥法

编织袋堆肥法是利用厨余垃圾制作有机肥料的简单方法,其利用的原理是自然界中微生物的自然发酵降解。

该方法最突出的特点是成本很低,使用的编织袋、桶都可以是废弃的,如图 4-12 所示。此外,该方法十分简便易学,储存方便,但制作周期较长,夏秋季节需要 2～3 个月,而冬季要 5～6 个月才可以完成。具体制作方法有以下步骤。

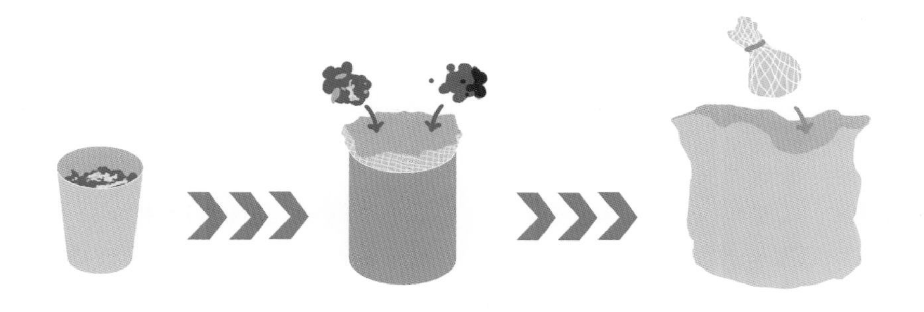

图 4-12 编织袋堆肥法

步骤一,材料收集。

在厨房洗菜池边放一个容器,随手把菜皮、菜根、果皮、蛋壳、茶渣等厨余放入。

步骤二,材料处理。

将编织袋套入塑料桶内,先在编织袋中放入一层土(厚 2～3 cm),然后将厨余放入,摊平,再放一层土将其覆盖,以免味道逸出。像做三明治一样,一层厨余一层土,最后一层土可以厚一些

(厚 4～5 cm)。

步骤三,密封发酵。

7～10 天后,厨余和土达到一定量,将编织袋从桶中取出,放入更大的塑料袋中,就可以去堆放发酵了。

(3) 有氧发酵法:蚯蚓堆肥法

蚯蚓堆肥法是利用蚯蚓把食品等有机废物转化为营养丰富的土壤的方法。蚯蚓的排泄物(蚓粪)是天然的混合肥料,其中蕴含有益的微生物和丰富的营养,同时也是非常好的植物肥料,如图 4-13 所示。蚯蚓们摄入腐烂的食物残渣,排出肥料——这对于土壤质量来说是一个极大的改善。蚯蚓堆肥法所需的基本材料有如下几种。

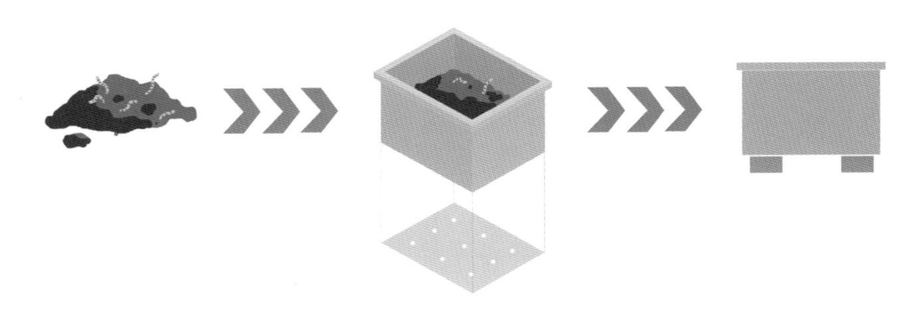

图 4-13 蚯蚓堆肥法

①蚯蚓箱。盛放蚯蚓的容器尺寸有很多,从很小的鞋盒甚至到大型“地产”。可供选择做容器的材料也有很多,如果自己做容器,容器的尺寸和外观会有更多选择,塑料容器是最简易方便的了。无论选择什么尺寸的容器,都需要注意如下几点细节。

a. 位置。如果计划把容器放在外面,那么一定要确保此地不是太冷或是太热。蚯蚓在 12.7～25 ℃的时候是高产的。在此温度范围之外的极高温或极低温都会对蚯蚓造成伤害,所以一定要在选择位置的时候认真考虑温度因素。

b. 留孔。用 0.6～1.3 cm 的钻片在底部钻几个孔,以保障正常的空气流动。这些孔可以让容器通风、排水。蚯蚓堆肥是一个好氧过程,需要氧气,如果容器因无法通风而造成厌氧(缺氧或无氧)环境,那么就会出现恶臭问题。

c. 需要四“脚”。“脚”用来将容器底部架起,以确保排水和通风。小木块或塑料瓶盖子能起到很好的作用,不管用哪一种,都需要四个。把每个“脚”设置在容器底部的每一角周边 5～7.6 cm 范围内的位置。

d. 虫虫茶。在容器底部装一个底盘收集蚯蚓的液体排泄物(虫虫茶)。废弃的铝制平底锅是很好的选择。如果没有托盘,可以用零售店的纸袋或是硬纸板来代替,但需要定期更换,被换下来的纸袋或是硬纸板可以作为蚯蚓的养殖床。任何容器流出的虫虫茶都是有极高营养的。

e. 避免光线直射。红蚯蚓没有眼睛,看不见任何东西,它们靠对光线敏感的皮肤细胞来感觉光并避开。因此容器材料一定不能是透明的,可在容器上放置盖子,以防光线进入,这样蚯蚓们也能吃表层的食物,并保持活力。

②养殖床。养殖床通常有许多材料可供选择。其中一种选择是泥煤苔,可以在当地的苗圃

购买，但是一定要经过过滤，否则蚯蚓们无法适应这种酸性泥炭。也可选择办公用纸、椰子纤维，或是报纸和硬纸碎屑。养殖床的材料要求吸水性好。蚯蚓们需要一个潮湿的环境——它们的身体由75%～90%的水分构成，潮湿的养殖床会让它们感到舒服并保持身体里的水分。应该随时准备一个装满水的喷雾器，经常润湿容器，防止其变干。

找一堆报纸，撕成约2.5 cm宽的条，放进容器直到充满三分之二的容器。报纸条要松软，避免堆成一堆。首先加几杯水，继续加水并不断搅动纸条，直至所有纸条彻底湿润，像拧过的海绵一样——水和养殖床重量之比为3∶1。切记养殖床不要太湿或太干，因为这种极限环境不利于蚯蚓生长。养殖床也用来掩盖食品垃圾和防止臭味，可轻轻摇动小床，让蚯蚓自由移动，空气自由流通。

一个标准的蚯蚓箱应当在最开始的时候存放大约450 g重的蚯蚓，即1000条红蚯蚓。把蚯蚓放到养殖床上，5～10 min它们就会分散隐匿。

③原料。粉碎的纸制品、水果和蔬菜的残渣、谷物、豆类或面包(不加牛油、黄油和蛋黄酱)、鸡蛋壳、落叶、茶叶包、咖啡粉和咖啡渣、草地里的杂草都比较合适，但不能将肉制品、奶制品和油类产品放在蚯蚓箱中。

养蚯蚓是有许多特殊条件的，红蚯蚓就是最适合养在蚯蚓箱里的一类。每天它们要吃掉大量的有机物质——重量甚至与它们自己的体重相当。可不要把这种小动物当作是大蚯蚓(夜行蚯蚓)。红蚯蚓和大蚯蚓是两种完全不同的种类，它们需要的环境条件也不同。大蚯蚓需要在一个很大的空间里挖洞，它居住在土壤深处并通过“打地道”来疏通空气。而红蚯蚓则生活在接近土壤表面的地方，它不需要空间挖洞。各种蚯蚓都有适合自己的生存环境，否则就有可能因为不适应环境而死去。

蚯蚓是不会挑食的，它们特别青睐蔬菜、果皮、谷物、咖啡粉、咖啡渣以及其他有机物。虽然蚯蚓嗜吃水果，但确保不要往箱里放太多柑橘属水果。蚯蚓没有牙齿，但它们有类似鸟的胃(砂囊)，可以磨碎细小的食物。通过添加磨碎的鸡蛋壳、牡蛎壳或少量含有沙砾的土壤可以加速这个过程。箱子中其他的生物，如跳虫通过初步分解食物残余来协助蚯蚓。有些纤维性强的食物需要更长的时间分解，例如椰菜茎、胡萝卜皮和土豆皮。一个标准的蚯蚓箱中的蚯蚓一天可以吃掉大约450 g的食物残余。

蚯蚓忙着进食后，当容器里的东西看上去更像是泥土而不是报纸屑时，就已经有堆肥了。因为不必立即收获，所以可以按照计划表安排收获的时间，而收获所需要的时间是取决于选择的方式。

①锥形收成法：如果不介意把手弄脏的话，这是一个很好的收成方法。找到一个工作区域，最好是户外有荫的区域，在温度适宜时，铺上一块防水布或者是一大块塑料薄膜。小心地将容器里的东西清空，包括蚯蚓和所有其他的东西，倒在平面工作区域里。将其分离并堆成直径大约15 cm的锥形堆。给蚯蚓足够长的时间远离光线并向下钻洞。等到蚯蚓完成钻洞过程之后，仔细地从每个锥形堆里筛选出堆肥，每次大概一掌的量，直到剩下的都是蚯蚓为止。此时将已收获的堆肥转放入储存容器中，然后将蚯蚓们放回崭新的养殖床。

②移动收成法：这是为那些想快速收获或不想一次性收获的人设计的。打开容器轻轻地将堆肥推到一边，在半满的容器中布置一个新的养殖床。此时停止在堆肥的一侧放置食物，开始在新的养殖床区域喂食。蚯蚓们喜欢食物残渣，所以这对它们来说是很好的引诱物。一旦大部分

的蚯蚓都到了新布置的养殖床区域，就可以清除堆肥了。在此时，可以在容器里空的区域布置更多养殖床，还可以在持续不断布置养殖床的基础上交替收获的方位。

③铲子收成法：对于那些一次只需要少量堆肥的人来说，这是一个很好的方法。打开容器，让光透过养殖床和蚓粪，以此来推动蚯蚓向下钻洞。小幅度搅动堆肥表面也会促使它们下潜。大约 10 min 后，铲掉表面的一层堆肥。在移除掉的堆肥里应该只有极少量的蚯蚓，甚至根本没有。如果仍需要更多堆肥，继续让盖子打开，并等上 10 min 再次移除表面堆肥。[①]

(4) 有氧发酵法：落叶堆肥法

落叶堆肥和厨余堆肥一样，是垃圾减量、资源利用非常有效的方法。一般来说，落叶会跟其他生活垃圾一起，由环卫部门装车，运去垃圾填埋场。但是，落叶堆肥法是最"简陋"、零成本且最实用的堆肥法，其堆肥方式如图 4-14 所示。

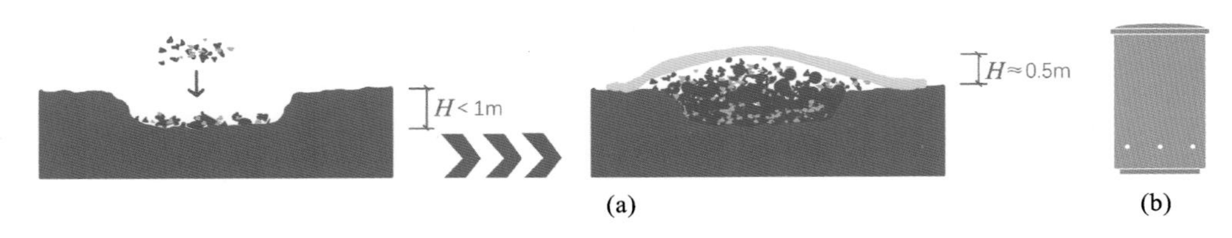

图 4-14　落叶堆肥法

在地上挖一个不到 1 m 深的浅坑，然后一层层把粉碎过的落叶填进去(粉碎可以让落叶更快发酵，不过如果没有条件粉碎，完整的叶子也可以发酵，只是时间长一些)；每填一层落叶，就浇一遍水，保证叶子湿润。如果不浇水，叶子非常难发酵；还可以把用果皮、菜叶等厨余垃圾制作的环保酵素撒在落叶堆里，加快发酵。等肥堆堆到一定高度(约 0.5 m)，就在上面盖一层塑料布，防止大风把落叶吹走。这之后的整整一个冬天都是漫长的堆肥期，肥堆里的落叶会在天然微生物的作用下，经历先升温再降温、逐渐腐熟的发酵过程，直至成为肥料。

如果没有足够的户外场地用于堆肥，也可以使用有氧堆肥桶，其形态各异，但核心在于有通气孔道用以补充氧气。

2. *灌溉技术*

水分是种植的基本条件，是绿色植物进行光合作用不可缺少的原料，也是动植物生存、生长所需要的各种营养物质的输送者，一切农业生产过程只有在水分的作用下才能顺利完成。对于不同的区域来说，水分在空间分布上具有显著的差异性。我国降水量的空间分布是东部多、西部少，并且表现出由东南沿海向西北内陆逐步递减的趋势。水分比较多的地方可以发展水稻生产和淡水养殖业，水分比较少的地方适合经营旱作农业。以下是几种有利于节约水资源的灌溉方法。

(1) 滴灌

滴灌(图 4-15)是滴水灌溉的简称，目前在我国也有广泛应用。滴灌是将具有一定压力的水过滤后，经过一种专门的滴灌设备和滴水器，将水一滴一滴均匀、缓慢地滴入植物根部附近的土壤，使植物吸收。在采用滴灌技术的土地里都铺有许多条塑料管道，在管道上每隔一段会有一个

---

① 美国加州废物综合管理委员会. 蚯蚓指南书[M]. 环境友好公益协会"垃圾观察"项目组，译. [S. L.]：[s. n.]，2001.

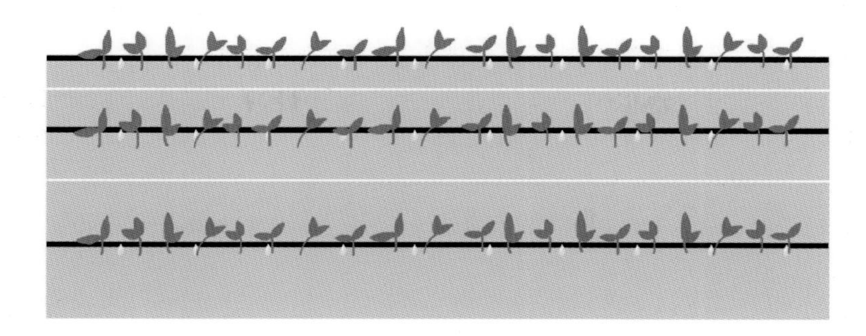

图 4-15 滴灌

滴水孔口和一个有弹性的盖子，用来控制水滴，使其均匀流出。

滴灌技术，不需要平整土地，适用于各种复杂的地形，大大减轻了种植的田间工作量，而且采用滴灌技术还可以增加蔬菜、果树等植物的产量。但是滴灌技术也有缺点，由于出水的孔很小，水流的速度又慢，所以容易发生堵塞，因此对灌溉水一定要进行过滤和处理。

(2) 喷灌

喷灌是把由水泵加压或自然落差形成的有压水通过压力管道送到田间，再经喷头喷射到空中，形成细小水滴，均匀地洒落在农田，达到灌溉的目的(图 4-16)。一般说来，其明显的优点是灌水均匀、少占耕地、节省人力，对地形的适应性强。主要缺点是受风影响大，设备投资高。

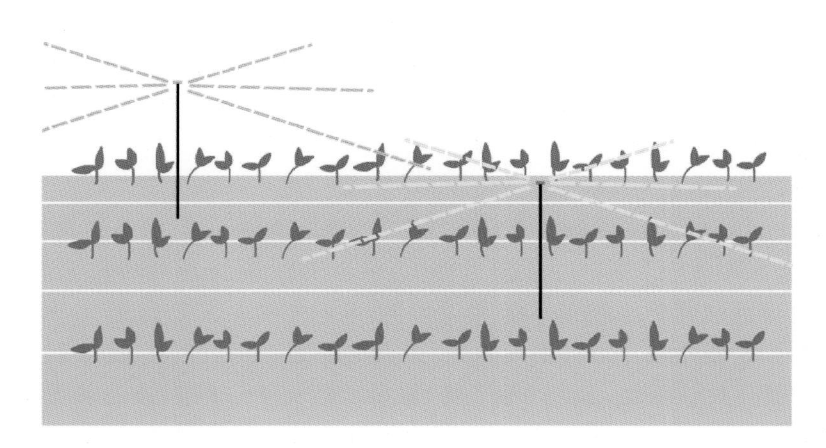

图 4-16 喷灌

喷灌几乎适用于除水稻外的所有蔬菜、果树等，它对地形、土壤等条件适应性强。但在多风的情况下，会出现喷洒不均匀、蒸发损失增大的问题。与地面灌溉相比，大田植物喷灌一般可省水 30%～50%，增产 10%～30%。

(3) 渗灌

渗灌，也称之为地下滴灌，是一种地下节水灌溉方法，它是从地表转移到地下进行灌溉，即通过在地下埋设一种独特的渗水管进行灌溉，根据种植者各自的需要，在渗水管上每隔一段扎些小孔，当管内充满水的时候，水就会逐渐像出汗一样从小孔中一点点渗出(图 4-17)。

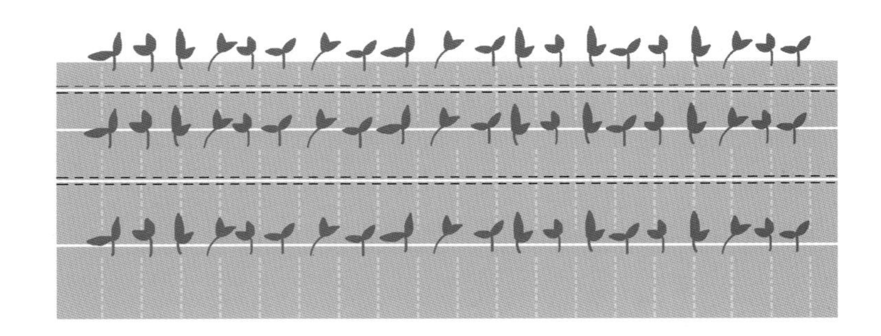

图 4-17　渗灌

通过这种结构,可以把水分和肥料直接送到植物的地下根区附近,植物只需要直接吸收就可以了。另外一种方式是用不透水的塑料管将水送到植物根部,然后通过一种埋在地下可以慢慢渗出水的渗头进行灌溉,也可以达到同样的效果。渗灌的优点是减少了地表的水分蒸发,节约用水量,同时还可节省劳动力,提高植物的品质和产量。但是渗灌的主要问题是渗水的小孔极易发生堵塞。[①]

3. 光照技术

光照是地球生物的能量源泉,也是农业生产的基本条件。太阳辐射为绿色植物的光合作用提供能量。光照条件在各个区域是不同的,不同植物对于光照的要求也是不同的。光照长短、强弱的地区分布,在很大程度上决定着植物的地区分布。热量是作物生长发育的基本条件,不仅制约着作物的产量,而且关系到作物种类、耕作制度和栽培方法的选择。

一般室内可食地景才可以人工调控光照,主要通过更换温室大棚覆膜材料、调节室内灯光、覆盖棚外草苫等方式进行。

(1) 覆膜材料

阳光照射到覆膜材料上,被薄膜吸收掉一部分,也会反射掉一部分,特别是在薄膜变松、起皱时,反光率增加,透光率降低。薄膜在使用过程中,还会因静电、渗出物等原因吸附灰尘,灰尘附在薄膜外表面,对光线起到阻挡、吸收和反射的作用,平均光损失达 4%以上。薄膜在使用过程中长时间受阳光(特别是紫外线)照射,逐渐老化,透光率随之下降。另外,如果薄膜内表面布满水珠,透光率更会严重下降。因此,应选用聚乙烯、聚氯乙烯长寿无滴膜,或乙烯-醋酸乙烯多功能复合膜。覆膜时将薄膜展平拉紧,压膜线压牢,防止出现褶皱。保持薄膜清洁,每年更换新膜。另外,薄膜的颜色能够改变光谱组成,蓝色膜透过蓝光较多,对光合作用有利。紫色膜在番茄、茄子种植上应用效果较好。另外,地面铺设银灰膜或铝箔,也能增加植株间的光照强度,使果菜类蔬菜着色良好,并能防止下部叶片早衰。

(2) 调节室内灯光

①调节大棚方位和棚面角度。应根据大棚使用时间、生产目的和植物对光照条件的要求进行调节。以春秋两季栽培为主的塑料大棚,棚面角可小些(15°左右),棚面放平,使透射进来的光

---

① 资料来源:http://amuseum.cdstm.cn/AMuseum/agricul/3_5_6_sheng.html。

线距离相等，分布均匀；冬季要求棚面角度大些(25°左右)，棚面起拱，以利采光。

②人工补光。深冬季节或在阳光不足的塑料大棚，人工补光尤为重要。可利用高压水银灯、日光灯、白炽灯、荧光灯、钠灯等进行补光。灯泡应距蔬菜及棚膜各50 cm左右，避免烤伤蔬菜、烤化薄膜。

具体要求和做法：a. 补光强度方面，人工补光要求光照强度要大；b. 光源方面的研究表明，植物对红光和蓝紫光吸收能力最强，所以灯源以3根40 W的日光灯合在一起，在离苗45 cm高处照射，100 W的高压汞灯在离苗80 cm高处照射；c. 补光时间方面，冬季补光应在日出后进行，一般每天2～3 h，棚内光强增大后停止，阴雨天可全天补光。

③利用反射光。对建材和墙面进行涂白处理，能增加反射光和延长大棚使用年限，适当增加大棚高度，也能改善棚内光照条件。通过墙面涂白或挂反光幕增加温室光照，利用地膜的反光作用，改善植株下部光照。

(3) 早揭晚盖草苫

大棚外面覆盖的草苫等保暖材料，要在不明显影响棚内温度的前提下，适当早揭晚盖，以确保采光面积，延长光照时间。大棚在日出后放风排湿半小时，可减少膜面水珠，因而也能增加透光率。塑料大棚或日光温室在春秋两季不需盖草苫，温室内的见光时间和露地是一致的。冬季需盖草苫保温，早晨太阳升起后揭开，晚上太阳未落时就要放下，人为地缩短了光照时间，有时遇灾害性天气，连续几天不揭开草苫。在室内温度不受影响的情况下，应早揭晚盖草苫，延长光照时间。遇阴天，只要室内温度不下降，就应揭开草苫，尽量争取散射光。

4. *热量技术*

通过合理调整农作物播种时间并适当采用调控措施，可充分利用各地区农业热量资源。此外，为了强化人类适应气候变化及对农业热量资源影响的能力，需加强生物固氮、抗御逆境、设施农业和精确农业等方面的技术开发，以提高科研成果的转化率。

针对未来气候变暖的趋势，应全面分析当地热量条件的时空分布，合理利用农业热量资源，避免或减轻不利热量条件的影响。冬季平均气温和最低气温升高可使作物冻害概率降低、作物生育期提前，有利于引进亚热带良种作物和越冬作物生长；温暖季节灌溉可以降低地温；冬前浇冻水可以提高冬季地温；春季灌溉可以防霜冻；地膜覆盖可提高地温和近地面气温，使生长季提前，避免作物生长后期的热量不足；日光大棚和拱棚种植能高效利用光照资源，实现蔬菜和瓜果的周年种植。但热量条件经常出现波动，超出农业生产的利用范围，对农业生产造成危害。冬季气候变暖，使越冬病虫卵蛹死亡率降低，使越冬虫源、菌源基数增加，加重了病虫害对农业生产的危害程度，使农业投资成本增加。因作物生育期提前，使作物遭受春季低温冷害的风险也在加大，因此，采用防灾抗灾、稳产增产的技术措施，可建立减少和抵抗农业气象灾害的新格局，预防可能加重的农业病虫害。①

5. *病虫害防治技术*

病虫害防治是为了减轻或防止病原微生物和害虫危害蔬果，而人为地采取某些手段。病虫

---

① 赵俊芳，郭建平，马玉平，等. 气候变化背景下我国农业热量资源的变化趋势及适应对策[J]. 应用生态学报，2010，21(11)：2922-2930.

害的防治措施分为农业防治(通过耕作栽培措施或利用选育抗病、抗虫植物品种防治有害生物的方法)、物理防治(利用简单工具和各种物理因素,如光、热、电、温度、湿度和放射能、声波等防治病虫害的措施)、化学防治(利用化学药剂的毒性来防治病虫害)以及生物防治(利用一种生物对付另外一种生物的方法)措施。目前物理防治措施有利用黄板、蓝板、黑光灯、糖醋液引诱等,或播种金盏花以吸引作物上的蚜虫,这种种植方式也被称为伴生种植,旱金莲也是很好的伴生植物,可以驱赶植物体上的黑蝇,同时它的叶子、花和种子都可以食用,具有辣椒风味。

生物防治措施,如赤眼蜂、丽蚜小蜂以及一些生物菌类的应用等。因为生物防治的最大优点是不污染环境,是非生物防治病虫害方法所不能比的,因此在可食地景的营造中,理论上笔者更推荐生物防治法。生物防治虽不产生污染,但需要有控制昆虫的能力,要求比较高,非专业人士很难操作,因此,小尺度、小规模的社区可食地景不建议使用该方法。

(1) 常见疾病及防治

①蔬菜叶片发黄(图 4-18)。

a. 水黄:因浇水过勤引起,其特点是老叶无明显变化、幼叶变黄,此时应立即控制浇水量。

b. 旱黄:因缺水、干旱引起,其特点是自下而上老叶先黄,若缺水时间稍长,则会全株黄叶,甚至死亡,应及时浇水。

c. 肥黄:因施肥过勤或浓度过高引起,特点是幼叶肥厚,有光泽,且凹凸不平,应控肥、中耕、

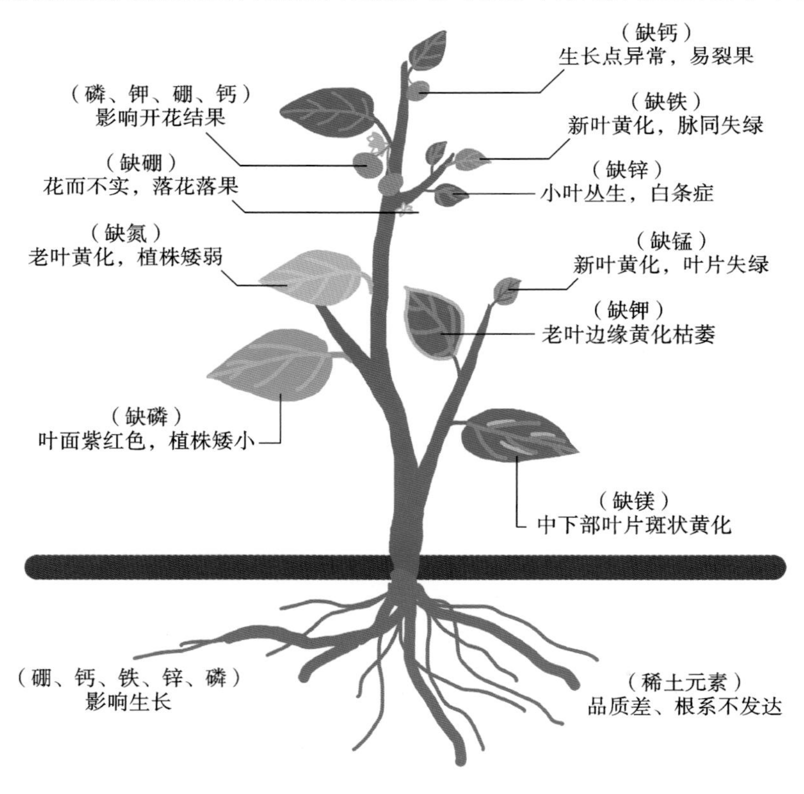

图 4-18 常见疾病

浇水。

d. 饿黄：因肥料不足、施肥浓度偏低，且施肥间隔时间过长而引起，其特点为幼叶、嫩茎处先黄，如见此现象后不及时施肥，也会造成全株黄叶甚至死亡，对缺肥的花卉，切忌一次大量施用浓肥，以免造成烧根。

e. 缺铁性黄叶：温室中木本花卉等，由于土壤肥力条件变化大，常会出现黄叶现象，特点是幼叶明显，老叶较轻，叶肉黄色，叶脉绿色，并形成典型网络，可施用硫酸亚铁水溶液，其方法为以饼肥 7 份、硫酸亚铁 5 份、水 200 份配成倍液浇之。

f. 光黄：因光照不足，光合作用减弱，造成营养物质制造减少，叶绿素合成减少，导致叶片发黄，应增加光照。

g. 害黄：由于地下害虫危害植物根系，造成植物吸收水分、养分的能力降低，营养不足，导致地上部营养生长减弱，进而造成叶片黄化。应查明病因，积极补救。[①]

②白粉病(图 4-19)。

白粉病自幼苗到抽穗期均可发病，主要危害黄瓜、南瓜、苦瓜、番茄、茄子、白菜、莴苣等蔬菜，以及草莓、葡萄等水果。在叶片上开始产生黄色小点，而后扩大发展成圆形或椭圆形病斑，表面生有白色粉状霉层。一般情况下，下部叶片比上部叶片多，叶片背面比正面多。霉斑早期单独分散，后联合成一个大霉斑，甚至可以覆盖全叶，严重影响光合作用，使植株正常的新陈代谢受到干扰，造成早衰，产量受到影响。防治建议如下。

(a)

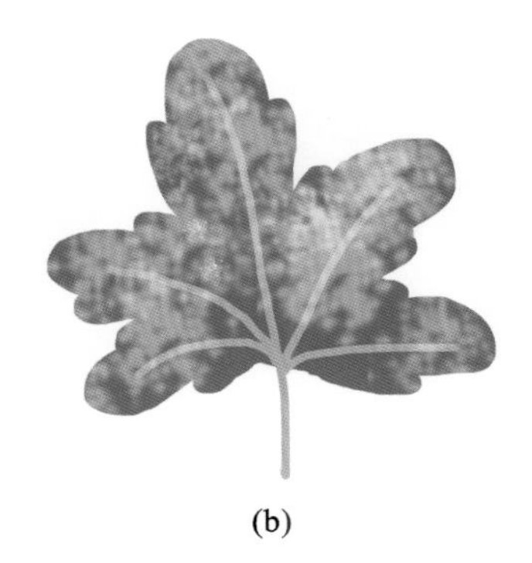

(b)

图 4-19　白粉病

a. 选择抗病品种。

b. 在购入苗木时要严格剔除染病株，杜绝病源。

c. 进行扩繁时，要剪取无病虫插枝或根蘖作为无性繁殖材料。

d. 苗木出圃时，要进行施药防治，严防带病苗木传入新区。

e. 轮作。与非寄主花木轮作 2～3 年，以减少病源。彻底清洁苗圃，扫除枯枝落叶，剪去病虫枝，集中销毁。生长期间及时摘除染病枝叶，彻底清除落叶，剪去病虫枝和中下部过密枝，集中销毁。不宜种植过密，棚室加强通风换气，以降低湿度。及时排除田间和花盆积水，浇水不宜多，从

---

① 资料来源：https://mp.weixin.qq.com/s? biz=MzAwODAwODg5MQ==&mid=205008576&idx=2&sn=2ca46276574b5d07022653ee75f7794f&mpshare=1&scene=1&srcid=05043bRNrDSa4a6ovlA5Retu#rd。

盆边浇水，不使茎叶淋水，减少病菌传播和植株发病机会。增施磷钾肥，少施氮肥，使植株生长健壮，多施充分腐熟的有机肥，以增强植株的抗病性。

f. 预防大棚内花木发病。大棚育苗种植前，彻底清除棚内所有植物，清扫棚室，用药物、熏烟等手段严格消毒。严防病苗入室，棚内尽量种植单一花木品种，避免混植，以防交叉传染。早春露地花木萌芽前，彻底销毁棚内病株后，才能开棚，以防病菌孢子传播到棚外。

(2) 常见害虫及防治

自从人类从事集约化蔬菜栽培以来，便不断面临害虫威胁，最初并没有农药可以使用，防治害虫都是采用较原始的方法，例如徒手捉害虫、将忌避植物叶片捣碎加水喷施于蔬菜叶片等。直到 20 世纪初，农药的发明改变了人们对于害虫防治的习惯与方法，如今人们已经渐渐倾向于采用减少使用农药或不使用农药的有机栽培法从事耕作，以确保使用者及消费者的健康。目前蔬菜害虫种类繁多，以下介绍对蔬菜产生危害的主要害虫种类的危害特性及其防治要点。

①蝶蛾类害虫(图 4-20)。

危害蔬菜的蝶蛾类害虫有斜纹夜盗虫、甜菜夜蛾、小菜蛾、纹白蝶等，此类害虫为完全变态昆虫，其成长分为卵期、幼虫期、蛹期及成虫期。成虫自由活动，飞翔能力不弱，主要是在幼虫期危害蔬菜植株，防治要点在于减少成虫密度，降低幼虫危害程度。田间耕作前可先行全区浸水，可有效防治隐藏于土中的夜盗虫，或者于栽培初期用 16 目的阻隔网防止成虫于蔬菜生长初期在叶上产卵，配合使用性费洛蒙诱杀雄性成虫，平均一公顷田区使用两台诱虫器即可有效诱杀。

图 4-20　蝶蛾类害虫

②蚜虫类害虫(图 4-21)。

危害蔬菜的主要蚜虫类害虫有桃蚜、棉蚜、伪菜蚜等。桃蚜、棉蚜可危害瓜类、豆类、茄科、十字花科蔬菜等，伪菜蚜主要危害十字花科蔬菜。蚜虫属于同翅目害虫，若虫、成虫皆可以刺吸式口器危害蔬菜，亦可传播多种病毒，其族群主要是以雌成虫的孤雌生殖繁殖后代，往往于短时间内即可大量繁殖，并借由风力及上升气流将有翅型蚜虫带往高处，遇有黄绿色的田区即降落，因此防治的要点在于初期避免有翅型蚜虫入侵，可以用银色塑胶布铺设于畦上，可有效避免蚜虫降

图 4-21　蚜虫类害虫

落。若田区已有蚜虫出现，亦可用黄色黏纸或黄色水盘诱杀，另外可以苦楝油 500 倍液喷施，可得到不错的防治效果。

③蓟马类害虫(图 4-22)。

危害蔬菜的主要蓟马类害虫有南黄蓟马、台湾花蓟马等，其中南黄蓟马寄主范围较广，包括瓜类中的冬瓜、苦瓜、洋香瓜等，另外豆类作物、茄子、青椒等皆可被危害，通常以瓜类蔬菜受害较严重。台湾花蓟马可危害豌豆。蓟马年发生约二十代，通常栖息于新芽处，成虫、若虫皆以锉吸式口器危害植株，使芯叶皱缩，无法伸展。蓟马成虫具有飞翔能力且对蓝色有偏好性，因此可以蓝色黏纸诱杀成虫，于田区每隔 5 m 设置一张，高度低于 1 m，可诱杀大量蓟马成虫。

图 4-22　蓟马类害虫

④螨类害虫(图 4-23)。

危害叶片的螨类害虫有二点叶螨、细螨，危害根部及地基部茎的有根螨。二点叶螨危害的植物包括瓜类蔬菜、豆类蔬菜、茄子等植物，细螨主要危害甜椒、青椒等，根螨主要危害韭菜、葱等植物。二点叶螨大多群集于叶背以刺吸式口器吸食叶液，虫害大都发生于高温、低湿时期，因此栽培时期的水分管理格外重要，若能适时喷水于叶背上，则能有效减少二点叶螨的数量。二点叶螨的天敌甚多，包括瓢虫、草蛉、捕植螨、蝽象、瘿蝇等，目前已经推广应用者有基征草蛉，其幼虫、成虫均能捕食多种螨类害虫，且其行动迅速、捕食能力强，防治效果相当好。根螨主要危害地基部的根及茎部，使植株出现黄化、萎缩现象，根螨虫害于高温、多湿的季节较易发生，每年三至五月为其高峰期，根螨的防治重在预防，种植前翻犁土壤使之充分暴晒以减少残存于土中的根螨密度。另外，水分管理也相当重要，尽量筑高畦，促进排水，避免积水，即可避免根螨族群增长。

图 4-23　螨类害虫

⑤潜蝇类害虫(图 4-24)。

对蔬菜造成危害的潜蝇类害虫主要有番茄斑潜蝇、非洲菊斑潜蝇、葱潜蝇、韭潜蝇等。此类害虫主要以类似蛆状的幼虫潜食于上下表皮间的叶肉上，造成弯曲的白色食痕，被啃食严重的叶肉甚至只剩上下表皮，使被害植株生长缓慢。幼虫于叶片上或掉落土中化蛹，成虫善飞行，因此防治上主要在于降低成虫密度，较有效的方法为以黄色黏纸诱杀，以两黏纸距离 5 m 内且高度低

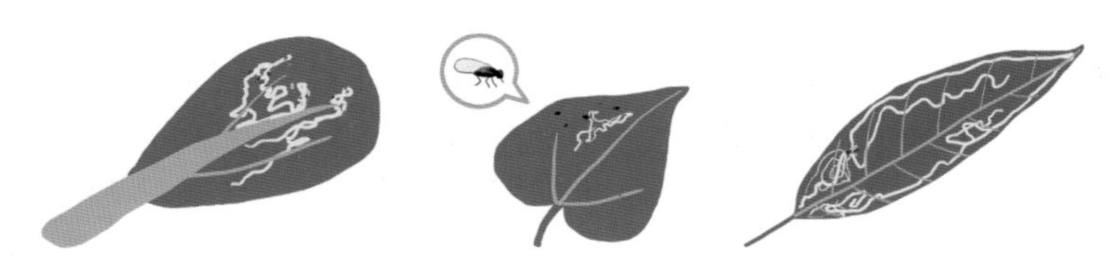

图 4-24　潜蝇类害虫

于 1 m 的防治效果较好。

⑥粉虱类害虫(图 4-25)。

对蔬菜危害较严重的粉虱类害虫为银叶粉虱。银叶粉虱危害的寄主植物多达 500 种以上，包括十字花科、苋科、豆科、葫芦科、茄科蔬菜等多种植物。若虫为害时会分泌蜜露，若数量多，则使叶片产生煤污，除造成植株本身营养不良外，煤污亦影响光合作用，使植物寿命减短甚至死亡，产量亦相对减少；成虫则会传播病毒。成虫具有飞翔能力，并偏好黄、绿色，种植区可利用此种颜色的黏纸或水盘诱引，设置高度以低于 1 m 为宜，每隔 5 m 设置一片，诱杀效果较好。目前较有效的非传统药剂有 4.5%苦楝精乳剂 2000 倍及 90%苦楝油乳剂 500 倍。这两种药剂对银叶粉虱不但有防治效果，且对人及环境的影响较小。

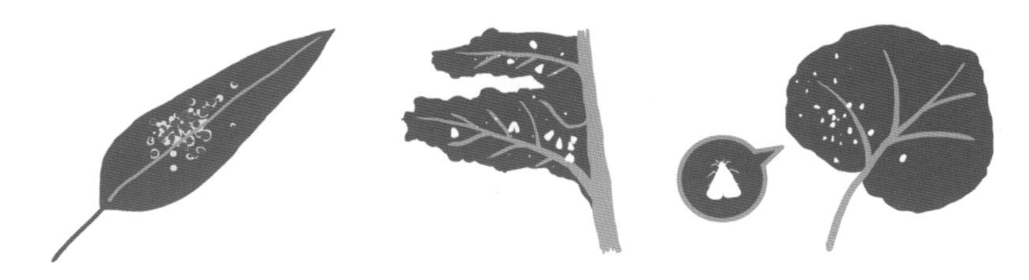

图 4-25　粉虱类害虫

5. 授粉技术

授粉是用人工方法把植物花粉传送到柱头上以提高坐果率的技术措施。在植物生产上，对自花不结实、雌雄同株而异花以及雌雄异株的品种，在缺乏授粉树或花期气候恶劣、影响正常自然授粉的情况下，也常需进行人工授粉。

对于自花传粉植物，一般常用的人工授粉方法如下。

①除去未成熟花的全部雄蕊，即去雄。

②给雌蕊的花套上纸袋密封，待花成熟时再采集需要的植株花粉，撒在去除雄花的雌花柱头上。

以上是最简单也是最基本的步骤，如果没有严格执行这两个步骤，人工授粉肯定是失败的，去雄只是阻止其自花授粉，套袋子是防止意外异花授粉，如昆虫及风等媒介传粉。对于异花授粉植株而言，即同株或异株的两朵花之间传粉的植株，这就简单多了，在花未成熟前套上袋子即可。

一般来说，城郊农园的瓜果类蔬菜不需要人工授粉，因为几乎都是成片成批地种植，各种蜜蜂、蝴蝶来来往往穿梭授粉，得天时地利，它们都能自己配对成功，结出丰硕的果实，而阳台种植的瓜果类蔬菜基本上都需要人工授粉。下面就对小规模的可食地景，尤其是社区的蔬菜授粉的技巧做介绍。

(1) 瓜类蔬菜

瓜类蔬菜如丝瓜、南瓜、冬瓜、葫芦、西瓜、瓠瓜、西葫芦、苦瓜、黄瓜等的花都是单性花，在同一植株上分别长着雄花和雌花。辨认方法：雄花底下没有小瓜，花里具有花药，能产生花粉，以供雌花受精之用；雌花底下有个小瓜，花里具有柱头，能分泌黏液，用来接受花粉。

晴天早晨8:00后，11:00前进行授粉，阴天9:00—13:00进行。当瓜类蔬菜的花盛开时，先用手指在雄花蕊里抹一下，如果散出花粉，可立即进行人工授粉。授粉时先将雄花摘下，除去花瓣或使花瓣反折，再将雄花的花药在雌花的柱头上轻轻涂抹，使花粉粘在柱头上。每朵雌花宜用1～3朵雄花授粉，以便充分满足瓜类植物自由选择受精的需要，并保证坐瓜和防止产生畸形瓜。

授粉的同时，有的品种还要注意抹除新发嫩杈，以消除营养竞争，促进有机营养向幼瓜输送，以保证坐瓜。比如冬瓜出现第一个雌花后，以后每隔几节可陆续着生雌花，早熟品种留1个或2个果实，中晚熟品种留1个果实，但幼花或幼果在发育过程中有脱落的可能，每株应留2个或3个幼果，待幼果长到半斤或1斤时再择优留取。

(2) 果实类蔬菜

番茄、辣椒、茄子等蔬菜的花是两性花，一朵花上既有雌蕊又有雄蕊，属自花授粉植物。在露地栽培条件下一般不需要进行人工授粉。在阳台种植，由于通风较差，昆虫较少，不利于传粉、授粉，容易造成授粉不良，引起坐果率下降或果实生长发育不良，形成畸形果，产量和品质受到影响。采用人工振荡授粉法能提高果类蔬菜坐果率、产量和品质。

以番茄为例，此法是在番茄花序开花盛期，振动花序进行人工辅助授粉，要求细心操作，以防植株和花序受伤。番茄植株具有活力、发育良好的花粉，通过振动或摇动花序能促进花粉从花粉囊里散出，并落到柱头上，从而达到人工辅助授粉的目的。

摇动花序或振动植株的适宜时间为上午9:00—10:00。当花序发育不良、花粉粒发育很少时，则需要用辅助工具帮助授粉，方法是选取一根棉花棒，在花蕊里轻醮两三次，让花粉落到柱头上，从而达到授粉的目的。①

(二) 智能化养护

相比于传统的人工养护，现代技术条件下的智能养护更加精准、科学，而且充分考虑现代都市生活节奏与生活习惯，设计出更多适合小型可食地景使用的智能化软件与设备。

1. 农业信息监测技术

(1) 环境感知技术

植物生长环境信息主要包括土壤温度、光照强度、土壤湿度和土壤养分等。它们具有数据海量、多维，空间分布差异大等特点。传统的信息感知方法费时费力，尤其对初学者而言，几乎无法满足精准种植的需求。这就需要应用到各种感知层监测设备。无线温湿度传感器、无线光照度传感器、无线气体传感器、无线营养元素传感器等是目前智慧农业中几种常用的传感器(图4-26、图4-27)。

---

① 资料来源：https://mp.weixin.qq.com/s?biz=MzAwODAwODg5MQ==&mid=206050801&idx=2&sn=592e697057ec75bf96c680458a053f57&scene=20#rd。

空气

光照

土壤

图 4-26　环境感知设备

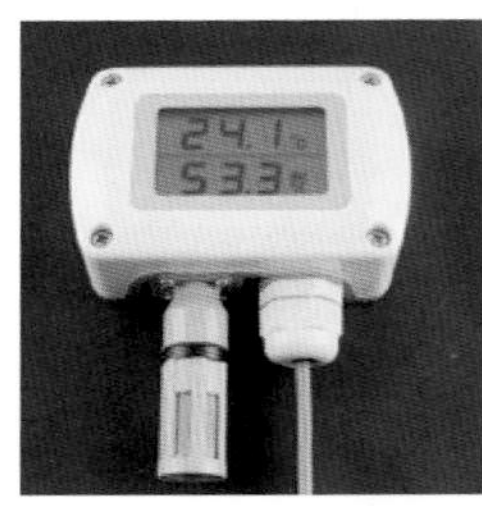

无线温湿度传感器

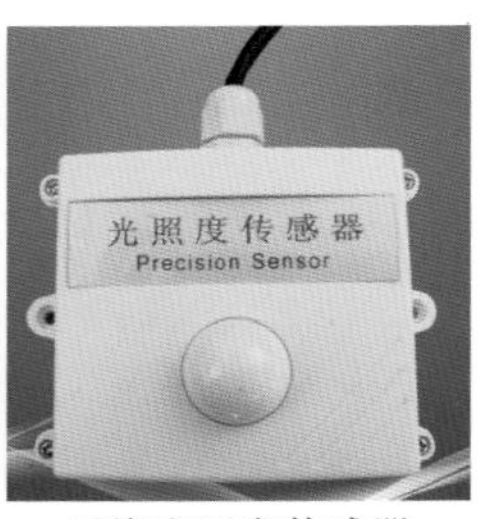

无线光照度传感器

无线气体传感器

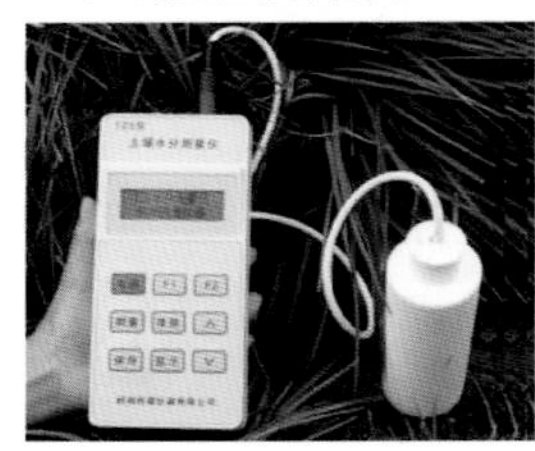

土壤水分检测仪

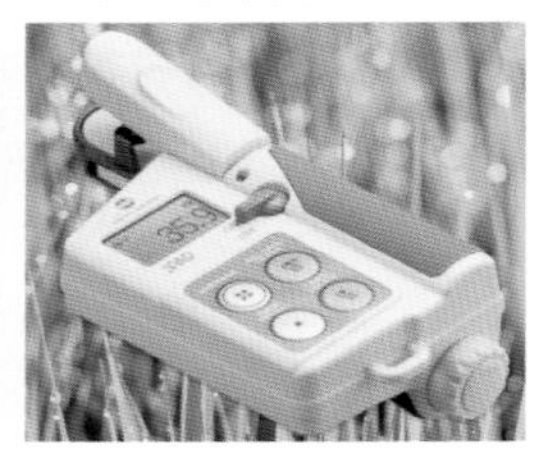

叶绿素测定器

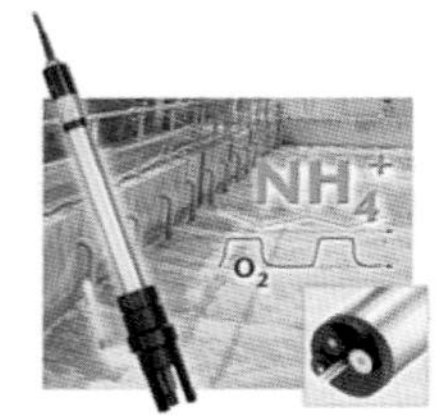

氨氮传感器

图 4-27　智慧农业常用设备

无线温湿度传感器是目前智慧农业中应用范围最广的一类传感器，广泛用于温室大棚，土壤，露天环境，植物叶面，粮食及蔬菜、水果储藏等过程中的温湿度监测。其中空气温湿度传感器用于检测环境中空气的温湿度，通常安装在温室大棚中。土壤温湿度传感器安装在植物根部土壤中，安装时根据植物的不同根系深度情况确定传感器埋土深度，按大棚或温室长度通常安装2～4个不等，用以检测植物生长发育过程中土壤温度、水分含量及变动情况，便于及时和适量浇灌。

智慧农业中的无线光照度传感器普遍采用对弱光也具有较高灵敏度的硅兰光伏探测器，具有便于安装、防水性能好、测量范围宽、传输距离远等特点，尤其适用于农业温室大棚，用来检测植物生长所需的光照强度是否满足植物生长的需求，以决定是否需要补光或遮阳。

目前应用最多的无线气体传感器是 CO_2 含量传感器，通过检测温室、大棚中的 CO_2 含量，来决定是否需要增肥或者是通风换气。

无线营养元素传感器一般用于无土栽培环境所调配的营养液中各种营养元素的含量检测，也可以用于普通温室、大棚中的土壤营养元素含量检测，以决定是否需要施肥。

(2) 本体感知技术

实时监测植物的生长快慢和生理状态也是现代高端农业的要求。通过一些精细传感器，如叶片温度传感器、茎秆直径微变化传感器和果实生长传感器就可以精确地把握植物生长变化了。其与灌溉系统结合，可实现智能化精准灌溉。通过科学、及时的指导，应用于以城郊农园为代表的大规模可食地景，可以节水、节肥、节省劳动力成本，较大幅度提高蔬果的产量和品质，并且在一定程度上预防植物病虫害(图 4-28、图 4-29)。

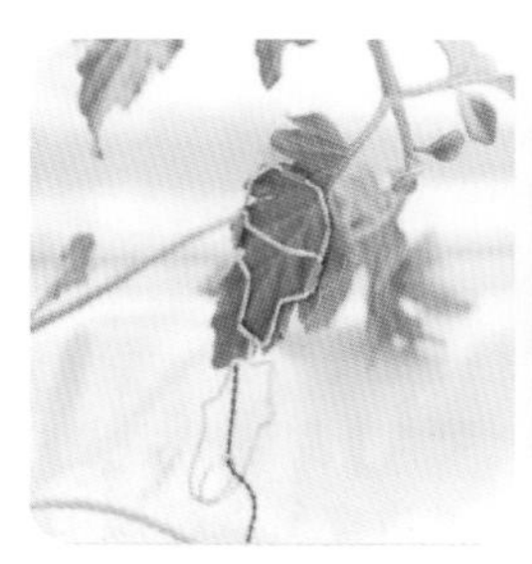
叶片温度

植物茎秆直径微变化

果实大小微变化

图 4-28　本体感知技术

叶片温度传感器

茎秆直径微变化传感器

果实生长传感器

无线植物传感器

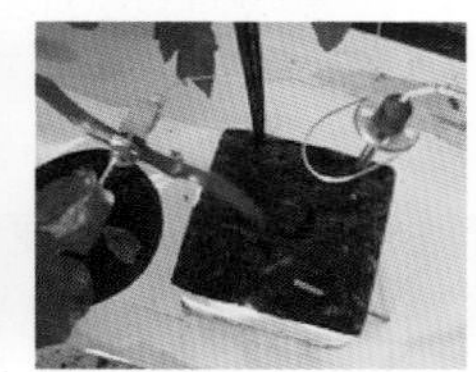
植物茎生长传感器

光合速率传感器

图 4-29　传感器技术

采用植物生理传感器后，就能真正实现植物生长模式的最佳化模拟与创造。传感器能实时或阶段的反映植物的光合作用、呼吸作用、蒸腾速率、茎流速率、果实增重与膨大速率，对这些所测变量与环境因子进行动态分析，用回归分析、数学统计等方法实现有序化的分析，找到植物在最佳光合作用下的最适光、温、气、水状态，从而再来指导环控的实现。这样植物才能在最适环境下达到最适的生理状态，实现植物生长环境的最优化。

2. 综合自动化控制技术

(1) 光照控制技术

光作为温室植物生产的重要环境要素，是植物光合作用的唯一能量来源，也是调节植物光形态的关键环境信号。一方面，人们可通过改变光质，调节其质量属性控制植物生长发育；另一方面，通过改变光强和光周期，调控其数量属性来控制植物生长发育及其速率。光对植物的调节作用是通过调节叶片中的光合色素和光受体作用，进而影响植物碳氮代谢等生物学过程来实现的。

①LED 植物照明智能控制技术。

刘文科和杨其长提出了人工光植物工厂光环境智能控制的策略，强调基于植物光环境需求特性，建立光照配方，制定光环境控制策略，是在保证优质高产的前提下实现光能利用效率最大，削减光源能耗的有效方法。

首先，温室植物半导体照明智能控制技术需要充分利用设施内的太阳光能量与资源，实时调整光照配方中自然光贡献部分，调整光照策略，削减能耗。其次，温室植物半导体照明智能控制技术需要遵循设施内可食地景生长的时空规律，按照植物生长发育阶段，考虑植物冠层分布、果实分布与叶片角度等要素，注重照射面积与植物冠层的匹配关系，调整光源悬挂位置、照射角度等控制参数。最后，温室植物半导体照明智能控制技术需要大功率红、蓝 LED 光源装置作为执行机构，该光源装置具有较宽的光强控制范围、较大的照射面积、较好的散热性能，并具有可调节的悬挂能力。

通常，叶片的光能利用率仅有 5%，补光照射方向与叶片间的夹角大小很重要。目前，温室补光已有冠层内补光、冠层上补光、行间补光和立体补光等技术模式，能够最大限度地扩大冠层和叶片的受光比例和强度，尽量让补光面积覆盖整个冠层，在不能完全覆盖的情况下，应集中于生理活性最高、叶面积指数最大的部位进行补光，而且要以果实着生部位周边作为补光重点，才能达到最佳的补光效果。

温室半导体照明实现了温室内光照及光环境的智能化控制。基于光照配方及光环境控制策略技术建立起的人工光植物工厂智能控制系统是温室补光智能控制的基础。

②“viride”人造灯光与植物装置。

“viride”人造灯光与植物装置将室内灯光与装饰性的可食地景结合在一起，由三种不同的模型组合而成，每个都是针对一种特殊的植物形态设计的。每款都配有一个或多个 LED 面板灯以及适合室内设计的色彩方案，同时种植植物也是非常方便的。为了确保每株植物都能接收到最合适的光照亮度，LED 面板灯会周期性亮起与关闭。容器以相当慢的速度不停旋转，确保所有植物所接收到的光照量都是相同的。LED 面板灯以及较大的容器同时以相当慢的速度不停旋转，这样就保证了植物的所有部分都能够接收到相同的光照量。此外，该装置配备了超声波空气加湿器，用来增加植物周围的空气湿度。

“viride tres”人造灯光与植物装置是为悬挂的植物设计的，配有三个 LED 面板灯，植物能够从不同的方向接收阳光。此外，灯光点亮之后，这三个 LED 面板灯还会以低速度不断旋转，模拟从地球上看到的从日出到日落的太阳运动。

“viride uno”人造灯光与植物装置则只有一个静止的 LED 面板灯，其尺寸也要更大一些，这是专门为那些需要一个少量底物才能生长的植物设计的，如铁兰属植物，这种植物也称附生植物或气生植物，其生长过程不需要土壤，需要的是空气中的水与养分(图 4-30)。

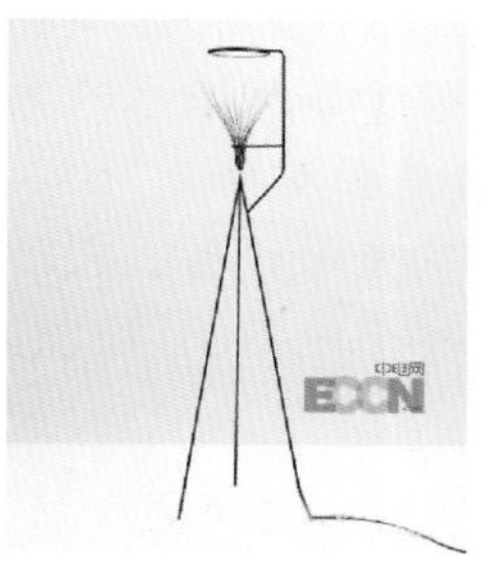

图 4-30　人造灯光

(2) 智能灌溉技术

智能灌溉技术可以根据植物的生长发育规律将输水管铺设到植物根部，水经过过滤，进行根部准确灌溉、施肥精准高效作业，它涉及传感器技术、自动控制技术、计算机技术、无线通信技术等(图 4-31)。

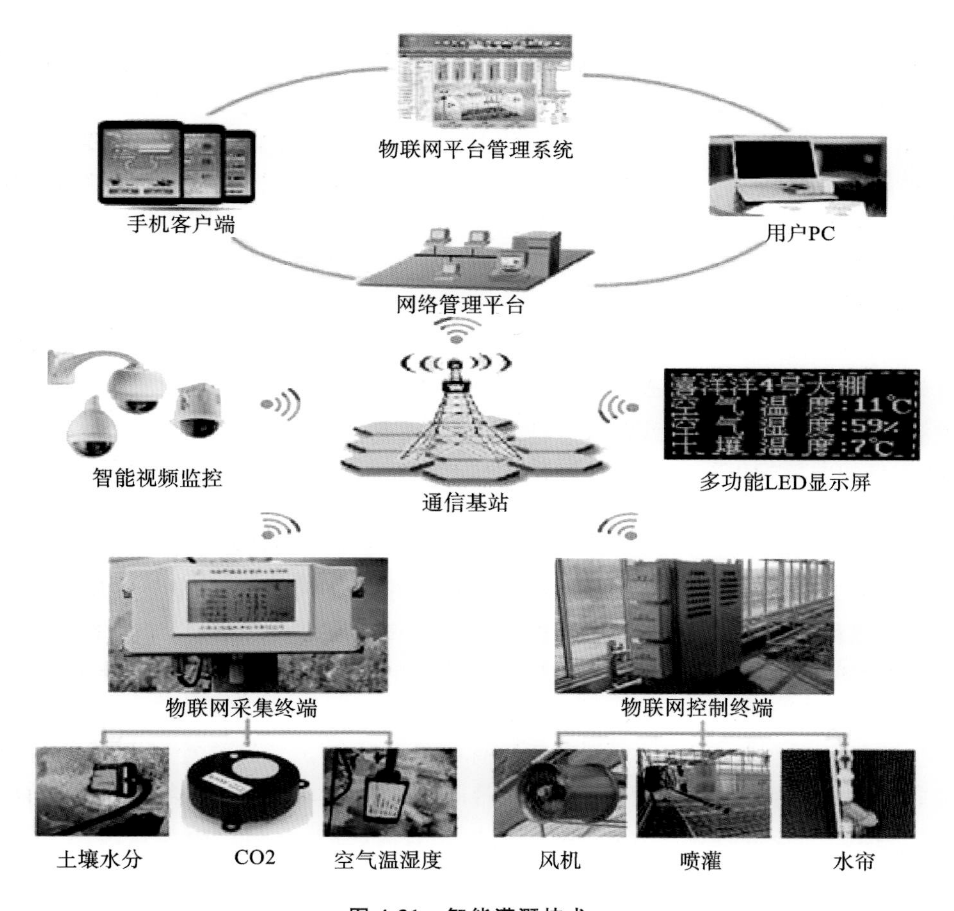

图 4-31　智能灌溉技术

TLG-2 型智能灌溉控制系统是国家农业信息化工程技术研究中心自主研发的集自动控制技术、专家系统技术、传感器技术、通信技术、计算机技术等于一体的灌溉管理系统。通过机井灌溉控制器对农田机井进行取水管理，以 IC 卡刷卡取水的方式取代了传统的专人管理方式，实现了农业用水计量、水资源信息的自动化采集和测控。

机井灌溉控制器是智能灌溉系统的核心设备。它可以嵌入平升智能机井柜、智能井房或原有启动柜，对机井进行监控，实现了用水需刷卡、远程能监控、占地面积小、安全有保障的机井科学管理新模式(图 4-32)。

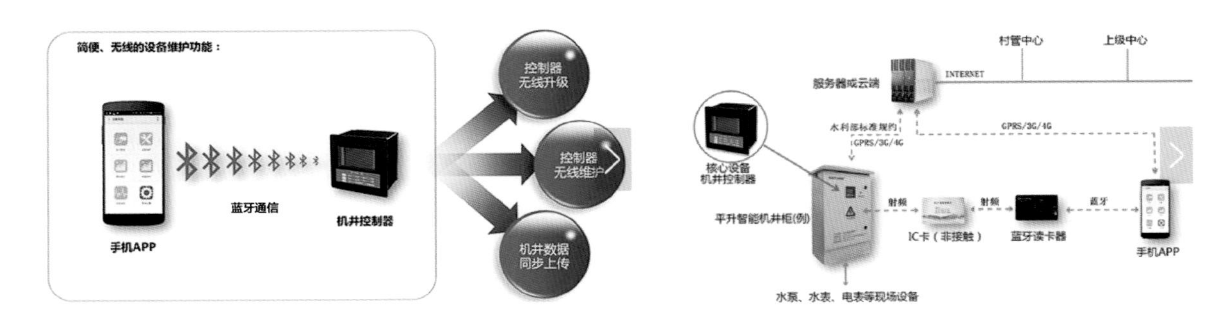

图 4-32　机井灌溉技术

现在，机井灌溉控制器还集成了蓝牙设备维护功能，机井灌溉控制器通过蓝牙网络与手机 APP 近距离连接，可以实现控制器的无线升级、控制器的无线维护、机井数据的同步上传。

与传统灌溉方式相比，TLG-2 型智能灌溉控制系统有如下优点。

①微机控制喷灌和滴灌，大大节省日趋宝贵的水资源，具有巨大的社会效益和经济效益。

②根据植物对土壤水分的需求特点设定不同的灌溉方式，使植物按最佳生长周期生长，达到增产增收的目的。

③自动灌溉，大大节省人力资源，提高劳动生产率。

智能灌溉与水肥一体化系统通过对各传感器测得的数据进行分析，科学合理地安排灌溉计划，并结合先进的灌溉控制系统，实现电脑端和手机端的远程自动化控制。AWL 农业科技(泰州)有限公司利用了以色列先进的农植物模型。以色列专家通过对中国的实地勘察调研，基于先进的物联网技术和水肥一体化设备，制定了符合中国农植物模型的智能灌溉和水肥一体化系统。该系统将植物本体传感器与 AWL 独立开发的先进算法、以色列农业灌溉科技及互联网技术相结合，对植物、土壤和气候数据进行连续、精准的监测，使智慧农业和农业远程在线服务实时响应植物需求，通过把物联网(IOT)、云计算、数据分析和预测能力运用到农业企业，实现科学生产、精准管理，促进降本降耗、增产增效。

利用智能灌溉和水肥一体化技术施肥具有明显的优势。肥料完全溶解于水中，滴灌系统布置在植物的根系位置，采用水肥同施，以水带肥，实现了水肥一体化，它的有效吸收率高出普通传统施肥方式一倍多，达到 80％～90％，而且肥效快，可解决高产植物快速生长期的营养需求。其需水量仅为传统方式的 30％，而且施肥作业几乎可以不用人工，大大节省了人力成本(图 4-33)。

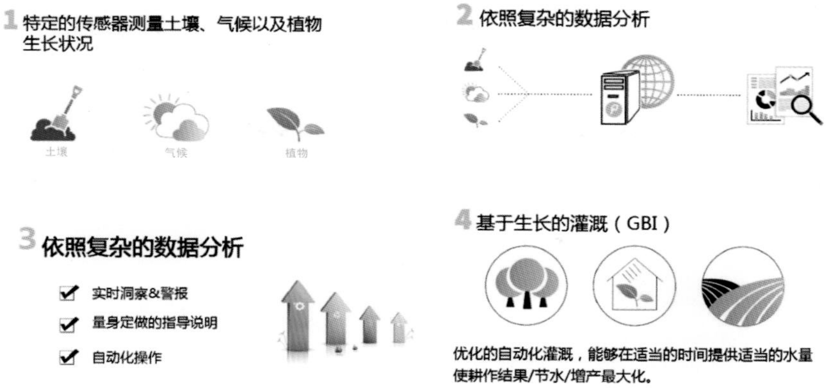

图 4-33　智能灌溉与水肥一体化系统

①水处理系统。

安装一套全自动砂石过滤和二级叠片式过滤器。全自动反冲洗砂石过滤器是介质过滤器之一，其砂床可实现三维过滤，具有较强的截获污物的能力，通常为多罐联合运行。

②水肥一体化系统。

目前滴灌系统已由原先单纯的节水灌溉设备升级为施肥灌溉系统，不仅为植物提供充分的水量，而且按照植物的不同生长阶段进行施肥，从而增加产量和提高品质，又避免了过度施肥引起的土壤板结和次生盐碱化。这在使用人工开关的滴灌系统中是很难实现的，因为这要求每天按照植物的需求量进行不同轮灌组合、不同时长的田间开关阀门工作，劳动量太大，同时由于人工操作失误造成的减产后果是极为严重的。因此依靠智能化控制系统是实现自动化高产的有效手段。

a. 系统设计。

自动施肥系统连接到滴灌系统中，根据用户在控制器上设计的施肥程序，注肥器按比例将肥料罐中的肥料溶液注入灌溉系统的主管道中，达到精确、及时、均匀施肥的目的。同时通过自动施肥机上的 EC/pH 传感器的实时监控，保证施肥的精确浓度和营养液的 EC 和 pH 水平。

b. 系统功能。

该系统可以按土壤养分含量和植物种类的需肥规律及特点，调节肥料、水、酸碱等的配比，通过可控管道系统供水、供肥，使水肥相融后，通过管道和滴头滴灌，均匀、定时、定量地浸润植物根系发育生长区域，使主要根系附近的土壤始终保持疏松和适宜的含水量，同时根据不同的蔬菜的需肥特点、土壤环境和养分含量状况，把水分、养分定时、定量、按比例直接提供给植物。用户可根据栽培植物品种、生育期、种植面积等参数，对灌溉量、施肥量以及灌溉的时间进行设置，形成一个水肥灌溉模型。

c. 滴灌系统。

主要配备先进的滴灌系统和可远程控制的液压阀等设备。“Dream”系列灌溉控制器接收各传感器采集的数据并发送到云端，云端软件进行智能化分析，发送指令给控制器，实现灌溉设备的远程自动化控制(图 4-34)。①

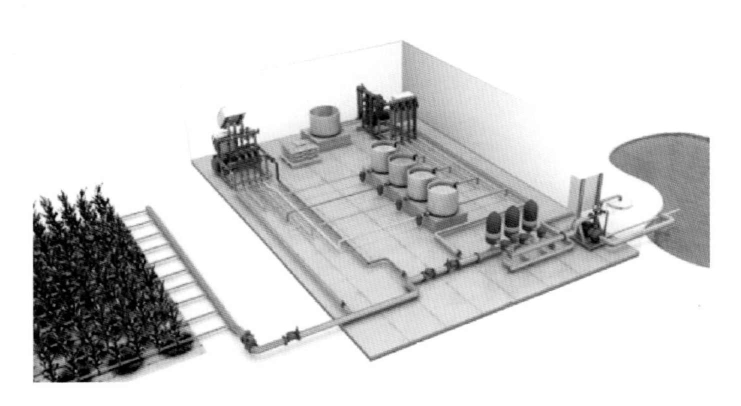

图 4-34 滴灌系统

3. 社区家庭式感知管理系统

如果可食地景园的规模没有那么大,并且投资资金有限,那么微型化、便携式的智能管理系统可以帮助许多营造者进行日常植物的养护。通过手机等微型终端设备,使用者可以随时“看到”植物的现状,还可以控制植物的光照、水分乃至营养。

当前市面上的智能产品种类丰富,使用方便。以下是近年来较受欢迎的植物感知管理系统。

(1) Plug & Plant 智能种植系统

Plug & Plant 智能种植系统采用模块化种植方式,先将整体框架固定在墙壁上,而后再将装有培育用智能泡沫和植物种子的生长模块装进框架中即可完成,其大小、形状都可以随意掌控,非常方便(图 4-35)。

图 4-35 智能种植系统

Plug & Plant 智能种植系统除了可以挂在墙壁上种植,最大的特点就是没有土壤。在每个种子生长模块中都使用含有营养成分的智能泡沫替代传统的土壤。这种智能泡沫可以给植物根部充分的生长空间,确保种植在最顶端的植物根部也可以延伸到最底端的泡沫中。

此外,这套 Plug & Plant 系统还内置了湿度、光照以及温度传感器,通过蓝牙模块进行数据传输,用户可以通过相配套的应用程序获得详细的植物培育建议。

① 图片和部分文字来源:http://www.awlchina.cn/。

在培育植物中的浇水环节，Plug & Plant 系统的设计同样非常人性化。用户可以通过兼容 iOS 以及 Android 系统的配套应用程序来接受系统发送的浇水通知，从而确保每个生长模块都拥有足够量的水分（图 4-36）。此外，为了确保长时间不在家时植物能够正常生长，这套系统特别设置了“智能灌溉系统”。该系统可以将每次浇水后多余的水存储起来，从而使最长浇水周期达到一个月。①

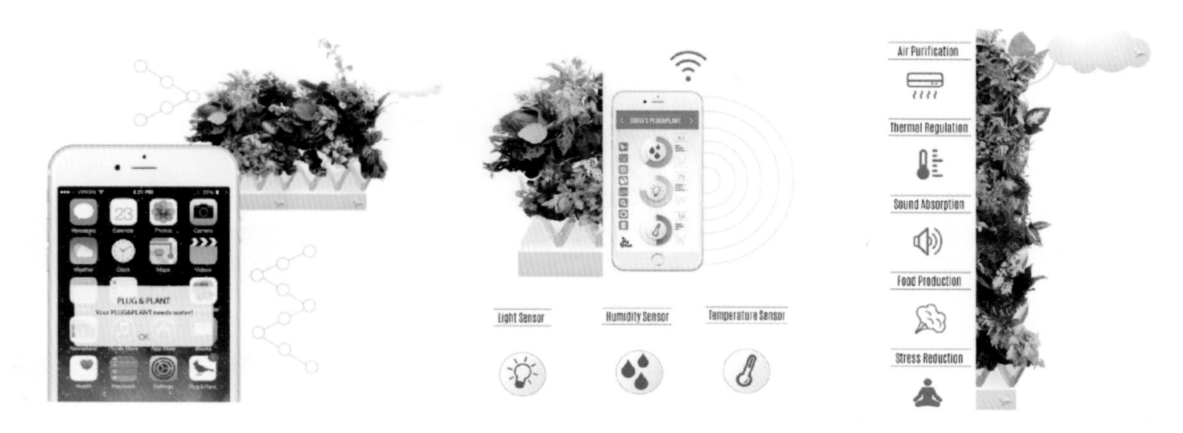

图 4-36　智能灌溉系统

（2）Koubachi Wi-Fi Plant Sensor

Koubachi Wi-Fi Plant Sensor 是瑞士公司 Koubachi 发明的一种传感器（图 4-37），能通过智能手机的应用程序向用户告知植物生长情况，提示用户对植物进行浇水、施肥或光照。

该植物传感器的外形像个高尔夫球杆头。将长杆放入土壤里，打开应用程序便能精确地监控室内植物的健康状态。该植物传感器能分析光照强度、水含量，以及土壤和肥料的一致性、温度和 pH 值等，系统还能提示浇水时间。除此之外，它会时刻监控植物生长的温度及植物的位置是否合理、光线是否充足，同时还会给出一些关于环境的其他建议。

系统发明人菲利普·伯里格（Phillipp Bolliger）表示：“当你购买一种植物时，你获得的信息很少。大部分情况下，会有标签告知用户植物需要什么程度的光照，以及每隔几天浇水。但这非常粗略，并且不适用于大部分植物。”

伯里格表示，对浇水的监测尤其重要。他表示：“人们遇到最多的问题是浇水过多，这是杀死植物的最主要原因。”通过传感器收集的数据，用户可以针对不同植物采取不同的种植方式。Koubachi 的智能手机应用程序支持超过 135 种植物，包括兰花、番茄和伞莎草等，其中的种植说明来自瑞士科研机构 ETH Zurich 的研究成果。

伯里格表示，即使用户不购买传感器，也可以通过智能手机应用程序获得不同植物的种植说明，但如果配合传感器使用，那么得到的结果更准确。他表示：“我们在温室中针对多种植物进行了不同的试验。一些专家评估植物的生命力，随后我们根据专家的分析对模型进行修改。”

这一传感器的开发花费了 3 年时间，在不更换电池的情况下可以使用超过 1 年。伯里格表

① 资料来源：https://www.kickstarter.com/projects/1810482715/plug-and-plant-smart-vertical-garden。

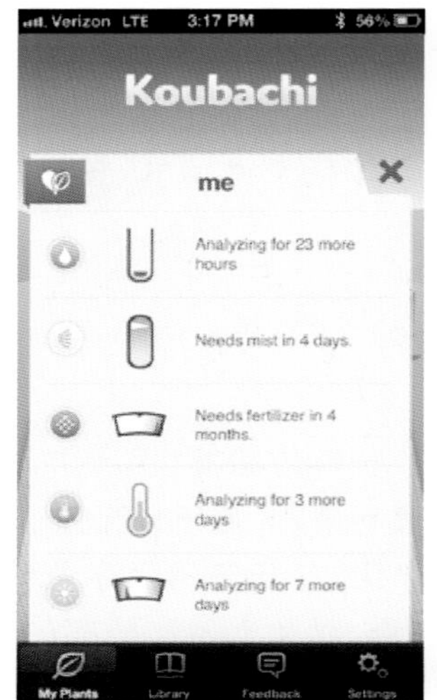

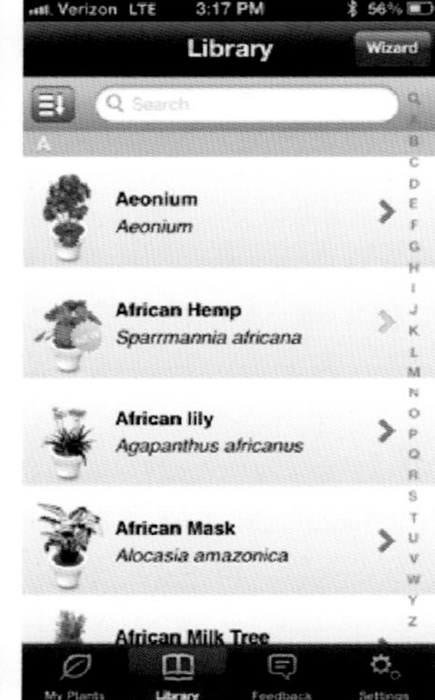

图 4-37 Koubachi Wi-Fi Plant Sensor

示:“传感器就像是埋在植物下面的一块石头。”

(3) Motorleaf 无线传感器

这款传感器可以让人轻松打理可食地景园,并且操作也很简单。先将 Motorleaf 与安装了配套 APP 的智能移动设备相连接。然后只需要把 Motorleaf 无线传感器放在地上,并且将内置传感器的连接线插入土壤中即可。Motorleaf 无线传感器能够时刻监测温度、光照强度、植物水分、植物营养成分以及土壤酸碱度等。接下来要做的就是时不时地查看配套 APP,看看植物长势如何。甚至可以放任不管,耐心等待 APP 发出进行施肥、浇水、控制温度等操作的通知,如图 4-38 所示。

更贴心的是,Motorleaf 无线传感器还能够自动操控例如加热器、加湿器、除湿器、水泵等自动化设备中的任意两台,在需要时自动进行补给。

核心传感器是 Motorleaf 无线传感器的监控和自动化系统的中心。它可以单独工作,监测空气温度、相对湿度和光线水平,连接到 POWERLEAF 无线传感器、DROPLET 无线传感器、DRIPLET 无线传感器和空间传感器以及监测和控制重要系统。

图 4-38　Motorleaf 无线传感器

水环境传感器每 4 s 就会将数据无线传送到核心传感器，监测水位、温度、pH 值和营养水平等。可以通过核心传感器无线连接到动力系统，从而控制储集层充气泵、储集层冷却器和储集层加热器。

通过无线传送，核心传感器和水环境传感器连接到调节器，定时、定量调节 pH 值和养分，或自动根据传感器读数调节。

POWERLEAF 无线传感器可使环境实现自动化控制。如果有一个核心传感器，每一个 POWERLEAF 无线传感器都可自动控制任何两台生长监控设备，空间传感器是一种无线、模块化的装置，它可以测量光级、相对湿度、温度和红色、绿色、蓝色的光谱。

四、收获、加工与保存

（一）人工收获与机械收获

若以人工方式收获，那么可能就要在短期内雇用很多人（适宜收获的时机很短，没必要长期雇人），费用相当高（劳动力价格较高）。人工采摘自古以来就是最好的采摘方式，因为它对果实伤害最小，而且可以根据成熟程度要求分批采摘，先采摘品质较好的，品质较为普通或较差的以后再采摘，这是机械采摘无法做到的一点。

1. 常见蔬果适宜收获时间

大部分蔬果收获的是果实部分，也有些是花朵、叶子、根茎等部位。一般成熟的果实都需要尽快采摘，一是为了保证果实的品质，二是为了植物后续的生长。表 4-4 是常见蔬果的推荐采收时间。

表 4-4　常见蔬果推荐采收时间

蔬果名称	推荐采收时间	蔬果名称	推荐采收时间
芦笋	栽种 3 年后方可采收。等笋芽长到 15～25 cm 高，趁笋芽还没有绽放时割下	甜玉米	待穗变干焦，玉米粒变饱满后，但还没有变硬之前采收。可以用指甲掐一下，看有没有乳汁流出，趁有乳汁的时候采收

续表

蔬果名称	推荐采收时间	蔬果名称	推荐采收时间
各种菜豆、豆荚	在豆荚已经完全长大，但里面的豆子还嫩小的时候采收	胡萝卜、白萝卜、甜菜之类的根菜	要在根完全长大之前采收，太迟了口感不好
青花菜	趁深绿色的花蕾没有发散之前采收。主蕾割去后，侧蕾又会长出	黄瓜、葫芦、丝瓜之类的夏瓜	要趁嫩的时候采收，用指甲掐一下，就可以知道是否还嫩。黄瓜应当趁瓜呈深绿色的时候采收，不要等到颜色变浅。要将瓜连着一段瓜蒂一起割下
花椰菜	在菜花没有发散和变色之前采收	南瓜	等瓜皮变硬，指甲不易掐破时再采收
卷心菜	在菜心变得结实，但还没有裂开之前采收	茄子	当茄子皮上出现一层紫色光泽时就可采收。等表皮暗淡了，茄子已经太老了
大白菜	菜心变得结实时，就可以采收了	大头菜	菜头长至 5～7 cm 大时可以采收
香瓜	当瓜藤自行脱落，留下一个清晰的瓜蒂时采收	青椒	在青椒变得硬挺之后，但还没有完全成熟时采收
洋葱	如果要吃叶，就要趁球茎没长大之前采收。如果要吃球茎，就要等叶子全部枯倒，萎缩至根部后，方能采收	马铃薯	开花后就可以采挖马铃薯了。马铃薯会一直长大，直到薯藤枯死为止。薯藤枯死后采收的马铃薯才能长期储藏
番茄	待整粒果实均匀变红后采收，但要赶在果实变软之前	西瓜	等靠地面一侧的瓜皮变黄时采收。用指头敲一敲，成熟的西瓜会发出沉闷的声音，而没熟的瓜则发出清脆的声音
菠菜、生菜之类的绿叶菜	要趁嫩采收，长到中等大小时采收最好，不要等到完全长大，否则就太老了	红椒	等果实完全变红之后采收

2. 全人工采摘收获

即便是人工采摘收获，还是需要一定的简单工具，如镰刀、剪刀等，现代园艺与规模农场催生了各种方便快捷的人工采摘工具，如图 4-39 所示。在人工采摘时，应防止折断枝叶，碰掉花芽与叶芽，可重复收获的植物要注意保留根部或者果柄等。一般采收的顺序是先下后上，先外后内。

用于销售的果实一般还需要分级，人工分级是我国主要的分级方法，尤其是有机种植中常用目测法。通过人工选果，去除病虫果、损伤果，凭人的视觉与经验将成熟度差异明显、果实大小差异较大的果实分别放在不同的分组堆中。要求比较严格的采用分级板，即在一个长方形光滑木板上刻有几个直径不同的孔，按果实等级规格依次将孔的直径增大。分级时，将果实送入孔中漏下即可。人工分级效率低，准确性差。

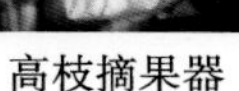
高枝摘果器

伸缩摘果器

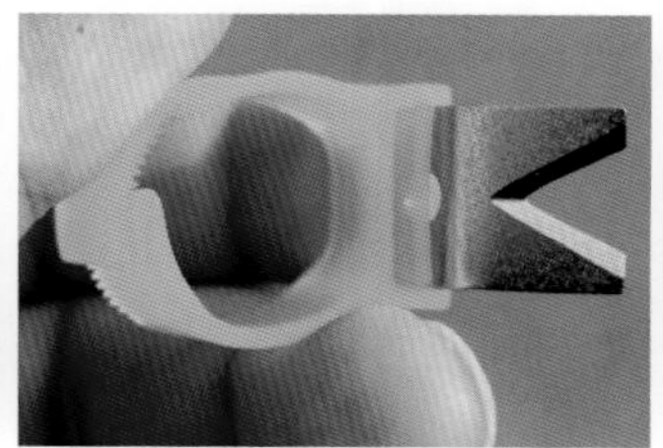
戒指V型采摘刀

稀疏果实剪刀

图 4-39　人工采摘工具

3. 辅助人工收获机械

(1) 刀片辅助采摘机械

此类机械由伸缩杆、落果袋、刀片、电机及电机控制机构成,操作简单、较为安全,对环境破坏小,通用性高,但是容易伤及果实及枝干,因此需要精确操作,导致效率较低。

(2) 电气动辅助采摘机械

此类机械包括果柄入口、剪刀、弹力圈、剪刀加长杆、电机、弯头、采摘头、接头、袋子、空心杆、开关、风机、蓄电池和电路板等部分,是将水果吸入采摘头最后落入袋中,适用于小型长柄水果。

(3) 拉拽式辅助采摘机械

此类机械包括抓取装置、机架、曲柄、连杆及驱动装置,是通过旋转使果实的果梗与树枝连接处产生拉力和剪力从而迅速分离。这种方式不易误伤果树,且操作简便,但可能会将果梗扯掉,并且有可能损伤果实。

4. 机械采摘人工智能趋势

随着科技发展和劳动力成本增加,各类极具创意的机械采摘装置设备争相涌现出来。

①2017 年,德国柏林国际果蔬博览会开幕前的水果世界里的奇思妙想板块让与会人员领略了果蔬生产、包装、运输、物流等领域最为前沿的理念及技术。其中,比利时 Octinion 公司的一款全自动草莓选摘机器人更是成为全场的焦点。

该公司开发了一种配备机器视觉和 3D 打印“手”的草莓采摘机器人,其先进的计算机视觉系统可以确定草莓何时成熟并准备采摘,采摘的效果与人工采摘一样。

这台机器人的设计目的是与“桌面”生长系统配合,即草莓生长在一排排托盘上,而不是田野里。在欧洲,温室种植草莓已经成为一种常见方式。

公司开发者认为这套系统能够改变传统的草莓种植和收割模式。Octinion 公司开发的这种机器人可每 5 s 摘一颗草莓,而人类的速度要稍快,平均每 3 s 摘一个。虽然采摘速度使用机器人采摘草莓可节省大量人力成本。Octinion 公司基于成本约束以及其他采摘草莓的要求开始设计这台机器人。比如,草莓的茎在采摘时不应留在果实上,因为它会在篮子里刺破其他草莓;当果实开始包装时,更红的一面应该放在上面,以吸引消费者,机器人的视觉系统能够完成这项任务,如图 4-40 所示。

②第八届全国大学生机械创新设计大赛黑龙江赛区决赛中,一台可以自动识别成熟草莓并自动采摘的机械惊艳全场。

图 4-40　机器人采摘系统

这台机械可以自动识别成熟草莓并采收，单果采收最快用时在 1 s 左右。该装置叫“流水式”草莓采收机，它应用于目前主流的草莓种植大棚，以减少人工成本。

③以色列本·古瑞安大学的团队设计了一台最小驱动串行机器人（minimally actuated serial robot，简称 MASR），其操作方式与具有多个连接电机的传统蛇形机器人非常相似，但是这台新的机器人只使用了两个电机，一个用来沿着结构行进，另一个则用来旋转它需要弯曲的关节。

本·古瑞安大学机械工程系的高级讲师大卫·扎洛克（David Zarrouk）博士在接受采访时表示：“这种独特的简约配置可应用于任何具有两个或更多链接的串行机器人身上，从而减少重量、体积以及成本。”大卫·扎洛克也认为采摘水果是另一个潜在的应用。最小驱动串行机器人的配置结合了现有的机械技术的特性，以实现高水平的准确性和控制能力。

（二）果蔬加工

果蔬加工就是通过各种加工工艺处理，使果蔬达到长期保存、随时取用的目的。在加工处理中要最大限度地保存其营养成分，改进食用价值，使加工品的色、香、味俱佳，组织形态更趋完美，进一步提高果蔬加工制品的商品化水平。

利用食品工业的各种加工工艺和方法处理新鲜果品、蔬菜而制成的产品，称为果蔬加工品。根据果蔬植物原料的生物学特性采取相应的工艺，可制成许多种类的加工品，如图 4-41 所示，按制造工艺可分为以下几类。

①果蔬罐藏品：将新鲜的果蔬原料经预处理后，装入不透气且能严密封闭的容器中，加入适量的盐水、清水或糖水，经排气、密封、杀菌等工序制成产品。

②果蔬糖制品：新鲜果蔬经预处理后，加糖煮制，使其含糖量达到 65%～75%，这类加工品称为果蔬糖制品，按产品形态又分为果脯和果酱两大类。

③果蔬干制品：新鲜果蔬经自然干燥或人工干燥，使其含水量降到一定程度（果品 15%～25%，蔬菜 3%～6%）。

④果蔬速冻产品：新鲜果蔬经预处理后，于－30～－25 ℃的低温下，在 30 min 内使其快速冻结所制成的产品称为果蔬速冻品。

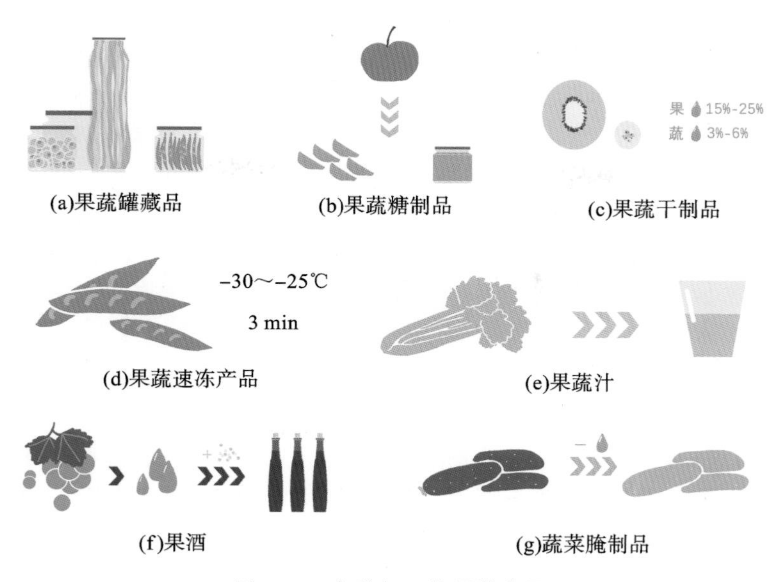

图 4-41　各种加工的果蔬产品

⑤果蔬汁：用果蔬原料榨取汁液，经澄清过滤或均质等处理所制得的加工品，称为果蔬汁。

⑥果酒：水果原料经榨汁后，利用酵母菌的作用，使糖转变为酒精所制得的产品。

⑦蔬菜腌制品：新鲜蔬菜经过部分脱水或不脱水，利用食盐进行腌制所制得的加工品。

预处理流程如下所示。

①选剔：是一种果蔬加工处理的过程，其原则是选优去劣，凡不符合加工要求的原料必须剔除，如青刀豆的老荚，残、次及腐烂、生霉的果蔬等都要去除。

②分级：包括对重量、品质和原料大小的分级。重量分级便于随后的加工处理，且使产品能够达到均匀一致。品质分级可以保证达到规定的质量要求，包括色泽、成熟度、形态、硬度等指标。原料大小分级有两种方法，即人工分级和机械分级。人工分级是手工进行的，但有时也需要借助一定的模板，如苹果分级；机械分级设备包括振动筛（豆类原料、花生）、滚筒分级机（山楂）、分离输送机、重量分级机等。

③洗涤：洗涤的内容包括洗去原料污染的泥沙、微生物、农药残留等。洗涤用水也应该符合饮用水要求。洗涤有手工和机械两种方法。从形式上分，洗涤的主要方式有三种，即流动水冲洗（人工搅动或压缩空气搅动）、摩擦洗涤（滚筒式洗涤）和喷淋洗涤，应根据不同的原料特性灵活选择。

④去皮、切分、去核及去芯：去皮的方法包括手工去皮、机械去皮、热力去皮、冷冻去皮和碱液去皮、酶法去皮等。有核原料加工时需将果核或果芯去除，如桃、杏、苹果、梨、山楂等。桃的切分即“劈桃”，沿缝合线用人工或劈桃机完成，然后用勺型果核刀挖净果核；杏的切分即“割型”，按缝合线环割后，一拧即可脱离杏核；苹果、梨等切分后用环型果芯刀剔除果芯（需去干净以免褐变）；山楂果芯用捅核器去核，一般用圆筒型捅核器。

⑤烫漂：除腌制外，供糖制、干制、罐藏、速冻的原料一般都需要进行烫漂处理。烫漂是将新

鲜果品、蔬菜原料在温度较高的热水、沸水或常压蒸汽中加热处理一定时间的工序。

⑥护色处理：指原料颜色的保护、维持，一般应用于果蔬加工的过程，特别是在原料去皮、切分、破碎等操作完成以后。对于有色原料，应尽量维持原有色泽，对于白色原料，应防止褐变发生。在果蔬加工过程中，对于白色原料的护色应特别注意，水果如苹果、白桃、梨等，蔬菜如莲藕、牛蒡、马铃薯等，切碎后放置于空气中很容易变色，这与其多酚物质的含量及多酚氧化酶的活性有关。

传统的加工方法如干制、腌制、罐装等，已难以满足消费者需求和提高企业效益的需求，高效、优质、环保的果蔬加工方式已经成为新的趋势。国内外流行的果蔬加工方式主要有功能型果蔬制品、鲜切果蔬、脱水果蔬、谷-菜复合食品、果蔬功能成分的提取、果蔬汁的加工、果蔬综合利用等。

①鲜切果蔬：鲜切果蔬又称为果蔬的最少加工，指新鲜蔬菜和水果原料经清洗、修整、鲜切等工序，最后用塑料薄膜袋或以塑料托盘盛装，外覆塑料膜包装，是供消费者立即食用的一种新型果蔬加工产品。不对果蔬产品进行热加工处理，只适当进行去皮、切割、修整等处理，果蔬仍为活体，能进行呼吸作用，具有新鲜、方便、可100%食用的特点。因为鲜切果蔬具有新鲜、营养卫生和使用方便等特点，在国内外深受消费者的喜爱，已被广泛用于胡萝卜、生菜、圆白菜、韭菜、芹菜、马铃薯、菠菜、苹果、梨、桃、草莓等果蔬。与速冻果蔬产品及脱水果蔬产品相比，更能有效地保持果蔬产品的新鲜质地和营养价值，食用更方便，生产成本更低。

②脱水果蔬：脱水果蔬是利用先进的加工技术，使原料中的水分快速减少至1%～3%或更低。脱水果蔬不仅营养损失少、耐贮藏，且因重量轻、体积小、便于运输、食用方便等特点，在人们日益追求安全、营养、保健、方便的绿色食品背景下，脱水果蔬越来越受到人们的青睐。其中以果蔬脆片的加工和果蔬粉的加工为主要的果蔬加工方式。果蔬脆片是以新鲜、优质的纯天然果蔬为原料，以食用植物油作为热的媒介，在低温真空条件下加热，使之脱水而成。它保持了原果蔬的色香味，而且具有松脆的口感，低热量、高纤维，富含维生素和多种矿物质，不含防腐剂，具有携带方便、保存期长等特点，在欧美、日本等地区十分受欢迎，前景广阔。果蔬粉加工对原料的大小没有要求，拓宽了果蔬原料的应用范围。果蔬粉能应用到食品加工的各个领域，用于提高产品的营养成分，改善产品的色泽和风味以及丰富产品的品种等，主要可用于面食、婴幼儿食品、调味品、糖果制品、焙烤制品和方便面等。

③谷-菜复合食品：谷-菜复合食品是以谷物和蔬菜为主要原料，采用科学方法将它们“复合”，所生产出的产品的营养、风味、品种及经济效益等多种性能互补，是一种优化的复合食品，如蔬菜面条、蔬菜米粉及营养糊类食品、蔬菜饼干、面包、蛋糕类食品等。

（三）蔬果保存

蔬果采摘收获之后如果不进行加工，保存的期限有限，不仅影响果实的品质，还有可能影响营养水平。一般影响蔬果保存的是温度，所以常规保存方法是冰箱保存，除此之外一些特殊的蔬果还有特殊的保存技巧。

1. 冰箱保存

冰箱一般都有冷藏室与冷冻室，不同的位置适合保存不同类型的食材，有些冰箱也会标明食材具体的储存位置。冰箱门架处温度相对较高,也方便拿取,适合保存开封后的饮料或者调味品;上层比下层温度高,后壁比靠门处温度低,所以上层靠门处适合放置可以直接入口的食材,上层后壁处适合放置不怕冻的食材,下层靠门处适合放置各种蔬菜、水果,下层后壁处适合放置需要低温保存的食物;保鲜层适合放置 24 h 内要吃的肉食与水产品;冷冻室上层温度一般最低,适合放置速冻食材;中间层适合放置无须长时间加热的食品;最下层适合放置冻鱼、生肉、海鲜等。

一般蔬果直接放置在冰箱,保存期不会超过 2 周,如胡萝卜 7～14 天、芹菜 7～14 天、菠菜 3～5 天、番茄 10～12 天、苹果 7～14 天、柑橘 7 天、梨 1～2 天等。所以,即便是在冰箱保存也是需要技巧的。

(1) 叶菜类

叶菜类蔬菜通常无法久放,如果直接放入冰箱冷藏,很快就会变黄,叶片也会因潮湿面腐烂。保存此类蔬菜最重要的就是要留住水分,同时又得避免叶片腐烂。最简单的方法就是将叶片喷点水,然后用旧报纸包起来,以直立的姿势,茎部朝下放入冰箱蔬果保鲜室,这样就可以有效地延长保存时间。也可以用浸湿的厨房纸巾将叶菜包住,再放入冰箱冷藏,这样可以减缓水分散失。

(2) 果菜类

果菜类蔬菜的保存要注重购买时的挑选,茄子、番茄、青椒等需选择外皮紧实有光泽的,小黄瓜则需选刺比较多的。此外,冷藏的温度必须维持在 6 ℃,太冷会使果菜类蔬菜冻伤,流失原有风味。

(3) 香辛类

香辛类蔬菜多作调味用,用量不大,保存时最好能保持原貌,也就是葱、姜最好都能带土,能保存得更久。葱花、蒜末、姜末、辣椒,以冷冻方式保存,至少能保存 1 个月。

(4) 根茎类

一般未沾水的根茎类蔬菜可以室内常温保存,但清洗过的可用干报纸包起来放入塑胶袋中,再放入冰箱保鲜室冷藏。

(5) 菌类

新鲜的菌类蔬菜富含水分,与干货的保存有很大的不同。

(6) 水果

大部分水果需要在阴凉的环境下保存,短期内可以用冰箱冷藏以保持新鲜,特殊用途的也可以冷冻保存。原产于热带的香蕉、杧果、木瓜等,放入冰箱反而会使果皮上起斑点或变成黑褐色,破坏水果品质。一般来说,苹果、葡萄、桃子、李子、柿子等水果适合冷藏,这些水果在放入冰箱前可先不清洗,以塑料袋或纸袋装好,在塑料袋上扎几个小孔,保持透气。

2. 室内常温保存

很多蔬果并不要求一定要在冰箱保存,放于干燥阴凉的室内即可,有些地区使用地窖等空间保存蔬果。

(1) 水果类

有些热带水果不适合冰箱保存,而一般带有角质层的完整水果(如西瓜、白兰瓜、哈密瓜、菜瓜、香瓜、苹果、柑橘、柚子、橙子等)在室内常温放置至少可以保存 1 周左右。为了减少水分流失和氧化,可以用报纸或者吸水纸包好果实。

(2) 蔬菜类

并不是所有的蔬菜都适合冷藏。通常,含糖分多、表皮较硬的蔬菜如萝卜、洋葱、地瓜、芋头、牛蒡等,适合放于阴凉处存放,放进冰箱反而更容易坏。根茎类蔬菜如马铃薯放在冰箱中反而更容易发芽。

3. 锡箔纸保存法

生姜、大蒜、葱的保存条件比较严苛,不能过于干燥,所以不能直接置于室内环境;也不能过于湿润,所以不能放入冰箱,较好的保存方法如下所示。

①保存前,千万不要清洗(绝对不能带有水分)。

将锡箔纸剪成大小合适的尺寸分别包装,尽量在包裹的时候将锡箔纸紧贴被保存的食物。

②包裹好后,放在室内阴凉通风的地方就行了,不需要占用冰箱内的空间。

用这样的方法,就算在室外存放,也可以保证它不发芽、不变干、不发霉,而且可以保存至少1个月。锡箔纸可以常年反复使用,不会造成浪费。

第二节 植物选择

一、基于日照需求

喜阴植物也称“阴生植物”“阴生植物”,不能忍耐强烈的直射光线,比耐阴植物更不喜欢阳光。在适度荫蔽的情况下方能生长良好,生长季节的生境较湿润,生长期间一般要求有50%～80%荫蔽度的环境。

耐阴植物是指在光照条件好的地方生长较好,但也能耐受适当的荫蔽,或者在生长期间需要轻度遮阴的植物。耐阴植物对光的需要介于喜阴植物和喜阳植物之间,它们所需的最小光量约为全日照的1/15～1/10。

耐阴植物在形态和生态上的可塑性很大,也介于喜阴植物与喜阳植物之间。耐阴植物同其他植物一样有调节环境温度、湿度,吸附并消化有害气体和灰尘、净化空气、平衡空气中氧气和二氧化碳含量等多种功能。同时它有优于其他植物的特点,能在阳光很少的区域、阴湿的环境中生长,起到良好的水土保持作用。

最喜阳的多是花果类植物,如玉米、青椒、西瓜、南瓜、番茄、茄子、芝麻和向日葵等,它们每天至少需要8 h的日照,果实才能成熟。

其次是那些根类蔬菜,如马铃薯、甜菜、胡萝卜、白萝卜、甘薯、山药等。它们至少需要半天的日照来制造糖分和淀粉,并储藏在根部。芋头虽然也需要日照,但是比其他蔬菜更能耐阴。叶类蔬菜对日照的要求不那么高,其中芹菜、生菜、茼蒿、薄荷等是比较喜阴的。

按照对光的敏感度,常见蔬果的分类如下。

喜阳或耐阳蔬果:玉米、青椒、西瓜、南瓜、黄瓜、番茄、柿子椒、尖椒、苦瓜、茄子、芝麻、向日葵、菜豆、长豇豆、四角豆、西葫芦、羽衣甘蓝、结球甘蓝、小绿甘蓝、芥蓝、花椰菜、白菜、青梗菜、塌菜、红菜薹、紫背菜、空心菜、科斯莴苣、芹菜、紫苏、马铃薯、甜菜、小芜菁、秋葵、茴香、胡萝卜、白萝卜、甘薯、山药、香菜、鼠尾草、罗勒、芝麻菜、迷迭香、野生草莓、芋头、果桑、葡萄、无花果、火龙果、菠萝等。

喜阴或耐阴蔬果:莴苣、韭菜、芦笋、香椿、空心菜、木耳菜、藤菜、西兰花、大葱、大白菜、豆芽、丝瓜、香菇类食用菌、生菜、菠菜、香菜、茼蒿、薄荷、生姜、洋葱、百香果、紫金牛、草莓等。①

二、基于水分需求

耐旱型植物在土壤和空气潮湿时可直接吸水,空气干燥时,植物体内水分迅速蒸腾散失,全株呈风干状态,但原生质并未淤固,而是处于休眠状态。有的耐旱型植物能忍受风干数年之久,一旦获得水分,立即恢复生命活动。

最喜湿的是那些原本为水生植物的蔬菜,如莲藕、茭白、芋头、空心菜、芹菜等。其次是瓜果类蔬菜,如黄瓜、丝瓜、葫芦、番茄等。由于枝叶多,果实中含大量的水,因此水分消耗大,开花结果时更是需要大量的水,所以要多浇水。但是和水生植物不一样,瓜果类蔬菜虽然喜欢湿润的土壤,却不能忍受根被泡在水里。因此要种在排水性好的土壤中,并注意覆盖。瓜果类蔬果中,南瓜、西瓜由于根扎得很深(可达 2 m),是比较耐旱的,只要在开花结果期间浇一些水就可以。再其次是叶类菜,叶菜类蔬菜不耐旱,如果太干,会变得老硬难吃。白萝卜、胡萝卜等根类菜蔬菜不能太湿,也不能太干。豆类作物比较耐旱,但在开花结果时需要多浇一些水。花生、大豆、绿豆等矮生豆类作物都是非常耐旱的。蔓生豆类作物由于枝叶比较多,不如矮生豆类作物耐旱。特别耐旱的是甘薯、山药、芝麻、向日葵等。其中以甘薯最为耐旱,只要开始走藤后,就可以不必浇水了。

按照对水的敏感度,常见蔬果的分类如下。

喜湿的蔬果:莲藕、茭白、芋头、空心菜、芹菜、芽苗菜等。

相对耐旱的蔬果:黄瓜、丝瓜、西葫芦、番茄、辣椒、秋葵、茴香等。

比较耐旱的蔬果:花生、大豆、绿豆等矮生豆类作物,甘薯,山药,芝麻,向日葵等。

中性:白萝卜、胡萝卜等根类蔬果。②

三、基于温度需求

耐寒植物顾名思义就是在低温下能够生长存活的植物。这里说的低温一般是指 0～15 ℃的气温,但也有一些植物极其耐寒,在 0 ℃以下也能存活。

多年生宿根蔬菜在生长季节,地上部夏季能耐高温,冬季枯死,以地下宿根(茎)越冬,能耐－10 ℃的低温。一般耐寒的蔬菜在 15～20 ℃时生长最好,能耐－2～－1 ℃的低温。半耐寒的蔬菜在 17～20 ℃时生长最好,能耐短期的－3～－1 ℃的低温。喜温的蔬菜生长适温为 20～30 ℃,不耐霜冻,15 ℃以下易发生落花情况,35 ℃以上生长和结实不良。耐热的蔬菜在 30 ℃左右生长较好,35～40 ℃时仍能正常生长、结实。喜温与耐热蔬菜欲在冬季栽培,必须采用大棚等保护地

---

① 曾明.菜园里的学问:有机园艺方法[M].北京:中国轻工业出版社,2011.

② 曾明.菜园里的学问:有机园艺方法[M].北京:中国轻工业出版社,2011.

栽培，同理，耐寒或半耐寒蔬菜若要在夏季及早秋栽培，则要采用遮阳覆盖措施。

按照对温度的敏感度，常见蔬果的分类如下。

耐寒的蔬果：南瓜、西瓜、豆类、香菜、葱、紫玉油菜、红茎菠菜、韭菜、黄花菜、鸡毛菜、菊花菜、苦苣、生菜、大蒜苗、大白菜、小白菜、萝卜、胡萝卜、包菜、豌豆、蚕豆、茴香等。

喜温的蔬果：黄瓜、番茄、辣椒、菜豆、茄子、豌豆苗等。

喜热的蔬果：青椒、甘薯、花生、四季豆、毛豆、葫芦、苦瓜、丝瓜、甜瓜、苋菜、玉米、芋头、芝麻、向日葵、空心菜等。

喜寒的蔬果：大白菜、白萝卜、芥菜、甘蓝、卷心菜、花菜、花椰菜、芜箐、土豆、生菜、莴苣、胡萝卜、芹菜、甜菜、菠菜、香菜、小白菜、上海青、洋葱、葱、韭菜等。

耐热的蔬果：冬瓜、南瓜、西瓜、秋葵、豇豆、刀豆、苋菜、空心菜、茴香等。

四、基于土壤酸碱度需求

有的蔬菜喜欢在酸性土壤中生长，而有的则喜欢碱性土壤，但大部分蔬菜则喜欢 pH 值为 6.5～6.8 的微酸性土壤。

在栽种喜欢碱性土壤的蔬菜时，要撒一些草木灰或石灰石粉在土壤里。而栽种喜欢酸性土壤的蔬菜时，不可撒草木灰或石灰石粉。

按照对 pH 值的敏感度，常见蔬果的分类如下。

喜欢酸性土壤（pH 值在 6 以下）的植物：花生、马铃薯、芜菁、甘薯、西瓜、浆果类植物（如草莓等）、麻、杜鹃花、百合、石楠、万寿菊、忍冬、雪杉、橡树等。

喜欢碱性土壤（pH 值在 7 以上）的植物：青花菜、花菜、卷心菜、胡萝卜、芹菜、菠菜、大葱、洋葱、生菜、韭菜、紫花苜蓿、芦笋、甜菜、牛皮菜、甜瓜、木瓜、秋葵、康乃馨、鸢尾花等。

喜欢微酸性和中性土壤（pH 值为 6～7）的植物：油菜、葫芦科蔬菜、番茄、白萝卜、豆类作物、羽衣甘蓝、玉米、棉花、茄子、大麦、燕麦、小麦、水稻、黑麦、荞麦、樱桃、栀子花、葡萄、芥菜、三色堇、香菜、桃树、梨树、苹果等。

五、基于季节时令需求

植物种植时间实质上取决于温度、光照等要素，一般建设可食地景园时，如果没有控制温度、光照的科技手段，就要考虑种植时间的问题了，也就是人们常说的“当季”种植。不同地理区位的气候千差万别，室内和室外的温度也可能会有相当大的差异，对植物习性的了解是必须的。

在我国南方，3 月已春意盎然，最佳的种植季节一般在 3 月底 4 月初。6 月中下旬的梅雨季节也适合植物的生长和栽种，但对于秋冬季多雨湿冷的地区，例如上海市，根据天气的情况指定 12 月 1 日为秋季植树节。

在四季分明的温带地区，一般在秋冬落叶后至春季萌芽前的休眠时期种植最为适宜。就多数地区和大部分植物来说，以晚秋和早春种植最好。晚秋是指地上部分进入休眠，根系仍能生长的时期；早春是指气温回升，土壤刚刚解冻的时期，土温适合根系生长。至于春栽好还是秋栽好的问题，世界各国学者历来有许多争论，主张秋栽好的学者占大多数，但因各地具体条件不同，不能过于死板。大致上，冬季寒冷地区和在当地不甚耐寒的植物适合春栽，冬季较为温暖和在当地耐寒的植物适合秋栽。在冬季，从植株地上部蒸腾量少这一点来说，也是可以移栽的，但要看植物的耐寒能力如何。在土壤冻结较深的地区，可以用"冻土球移植法"。夏季由于气温高，植株生命活动旺盛，一般不适合移栽。但如果正值夏天的梅雨季节，由于供水充足、土温较高，有利根系再生；空气湿度大、地上部蒸腾量少，在这种条件下也可以进行移植。但必须选择春梢停止生长的植物，抓紧在连阴雨天气的时期进行，或配合其他减少蒸腾的措施，例如遮阴，才能保证植物的成活率。

我国北方的冬天比较漫长，气温低，不适宜园林绿化的施工。同时可食地景中观赏植物的种植养护一般要至4—5月，才会春暖花开，土壤解冻，所以施工的期限较短，施工季节一般为4—10月。至于具体到某一个地区的植树季节，应根据当地的气候特点、植物类别、工程量大小以及技术支持(包括劳动力、机械条件)等方面而定。

一般来说，喜热型植物要在春季解霜、天气转暖、气温稳定后栽种。长得比较慢的喜热型蔬菜要早一些栽种，有的或许需要先在温室里育苗，以保证能有足够长的时间成熟。至于长得快的喜热型蔬菜，如空心菜、苋菜等，则可以从春季一直种到夏末初秋。喜寒型蔬菜在没有霜的地区，秋季和冬季都可以种；有霜的地区则要在夏末初秋种，以保证在降霜前成熟。在寒冷的地区，春季也可以栽种，不过需要先在温室里育苗，再移栽到户外。成熟得快的喜寒型蔬菜，如樱桃小萝卜、小白菜、上海青、生菜等，不管是南方北方，春季均都可栽种。

按照季节划分，不同季节适合种植的蔬菜大致如下。

1. *春季(阳历3—5月)*

韭菜、番茄、苦瓜、救心菜、丝瓜、豌豆、四季豆、鱼腥草、朝天椒、茄子、紫苏、木耳菜、玉米、紫背菜、葫芦、菠菜、小青菜、苋菜(喜热，最好在5月份播种)、生菜、黄瓜、番薯、菊花菜、辣椒、冬瓜、南瓜、豇豆、西瓜、扁豆等。

2. *夏季(阳历6—8月)*

空心菜、西洋菜、花菜、莜麦菜、黄瓜、冬瓜、南瓜、西瓜、菜瓜、辣椒、苦瓜等。

3. *秋季(阳历9—11月)*

白菜、白萝卜、豇豆、油豆、菠菜、香菜、红菜薹、大白菜、芹菜、秋茄子、茼蒿、莴苣、花菜、黑心乌(乌踏菜)、大蒜、菜薹、牛皮菜、萝卜、葱、莴苣、生菜、芹菜、豌豆苗等。

4. *冬季(阳历12—次年2月)*

青菜、菜心、菠菜、生菜、胡萝卜、香菜、百合、萝卜、芥菜等。

部分蔬菜适宜种植的温度如表4-5所示。

表4-5　部分蔬菜适宜种植的温度一览表

种类	温度要求
萝卜	种子发芽适温为20～25 ℃，叶片生长适温为15～20 ℃，肉质生长适温为13～18 ℃
胡萝卜	种子发芽适温为20～25 ℃

续表

种类	温度要求
叶用芥菜	生长适温为 15～20 ℃
菠菜	生长适温为 15～20 ℃
苋菜	生长适温为 23～27 ℃
茼蒿	生长适温为 20 ℃左右
香菜	生长适温为 15～20 ℃
生食甜瓜	生长适温为 25～32 ℃
葫芦	生长适温为 20～25 ℃
蚕豆	生长适温为 14～16 ℃
毛豆	生长适温为 20～25 ℃
扁豆	生长适温为 20～25 ℃

虽然随着农业技术的发展，传统季节性的蔬菜种植实质上不再受限于季节，许多蔬果常年在市场上销售，但出于可食地景营造的初衷和价值观，我们仍希望遵循自然规律种植“应季”蔬菜，自然界依然有许多全年四季可种的植物，如薄荷、大蒜、葱、小白菜、豆芽、青江菜、莜麦菜等。

六、基于生长周期需求

从播种到收获的这段时间，我们称之为生长周期，不同植物的生长周期在自然状态下是不同的，虽然可使用营养液和特定光谱光照后对植物生长周期进行干扰，而且通过科技研发出很多早熟品种，但从可食地景营造的初衷和价值观取向来看，我们更倾向于尊重蔬果的自然生长周期。表 4-6 为部分植物自然种植的生长周期。

表 4-6 部分植物自然种植的生长周期一览表

植物品种	生长周期/天	植物品种	生长周期/天
菠菜	30～40	生菜	20～50
苦菊	20～40	莜麦菜	20～60
黄瓜	40～80	小葱	30～50
芸豆	30～50	荠菜	20～30
茴香	30～60	芽苗菜	5～8
茼蒿	20～50	青江菜	20～30
苋菜	30～50	樱桃萝卜	30～50
小白菜	20～50	萝卜	50～100
油菜	30～60	辣椒	90～120

续表

植物品种	生长周期/天	植物品种	生长周期/天
南瓜	80～120	茄子	80～120
胡萝卜	90～120	豆角	60～90
紫甘蓝	50～80	番茄	40～80
青蒜	60～80	香菜	60～90
韭菜	50～80	秋葵	200～260
草莓	100～150	西葫芦	50～65
苹果	90～120	芹菜	90～120

七、基于种植经验需求

初学者种植往往选择操作简单、容易养护、不易染病虫害且在日常生活中经常食用的植物。因为空间规模的限制，大多数初学者往往会在家庭阳台完成第一次种植。另外，植物的生长周期最好不要太长，这样可以很快收获，提高初学者的信心和兴趣。综合考虑以上需求，我们总结出适合初学者种植的植物如下。

节省空间的蔬菜：胡萝卜、萝卜、莴苣、葱、姜、香菜等。

易于栽种的蔬菜：苦瓜、胡萝卜、姜、葱、生菜、小白菜、青江菜、莜麦菜等。

不易生虫的蔬菜：葱、韭菜、番薯叶、人参草、芦荟、角菜、苦瓜、姜等。

基本无病害的蔬菜：胡萝卜、香菜、欧芹等。

成功率近100%的蔬菜：樱桃萝卜、散叶生菜、葱等。

适合在阳台种植的蔬菜可分为瓜果类蔬菜、茄果类蔬菜和叶菜类蔬菜等。瓜果类蔬菜中最适合种植的是黄瓜，其生长期短，晚熟品种大约需要100天，早熟品种七八十天即可收获。另外，黄瓜无论大小皆可食用。茄果类的蔬菜中最适合在阳台种植的则是番茄，尤其是樱桃番茄。樱桃番茄生长周期比较长，但是花多、果多，可以先赏花再食果，而且樱桃番茄的颜色也很多，有红色、粉色，甚至还有花绣球番茄，观赏性非常强。在叶菜类蔬菜中，推荐韭菜和芹菜，但在种植时要尽量关好阳台门，以免韭菜味蔓延。与韭菜相比，芹菜更适合在家中种植，若只劈枝不拔根的话，一棵芹菜可一直吃到第二年的春天。芹菜包括西芹和本地芹等多个品种，其中西芹更适合在阳台种植。

八、基于植物伴生需求

不同种类的植物有些是可以搭配在一起种植的，这样不仅可以节约空间，而且有些甚至可互相促进生长，减少虫害。搭配种植的基本原则是对温度、湿度、酸碱度和光照的要求接近。常见伴生蔬菜如表4-7所示。

表 4-7 常见伴生蔬菜一览表[①]

蔬菜名称	适宜搭档	不宜搭档
芦笋	番茄、香菜、金莲、罗勒、矮牵牛	洋葱、大蒜、土豆
矮生豆类植物	土豆、黄瓜、玉米、草莓、胡萝卜、芹菜、甜菜、牛皮菜、花菜、甘蓝、芜菁、茄子、欧防风、生菜、香薄荷、艾菊、万寿菊、迷迭香	葱科植物、大头菜、茴香、罗勒
蔓生豆类植物	玉米、芜菁、花菜、黄瓜、胡萝卜、牛皮菜、茄子、生菜、其他豆类植物、土豆、草莓、薄荷、艾菊、万寿菊、迷迭香	葱科植物、甜菜、大头菜、向日葵、甘蓝、茴香、罗勒
豌豆	胡萝卜、芜菁、白萝卜、黄瓜、玉米、芹菜、菊苣、其他豆类植物、茄子、香菜、菠菜、草莓、青椒、薄荷、万寿菊、矮牵牛、迷迭香	葱科植物、土豆、剑兰
菠菜	草莓、蚕豆、芹菜、玉米、茄子、花菜	芥菜、红花菜豆
十字花科植物	芜菁、芹菜、甜菜、葱科植物、菠菜、牛皮菜、矮生豆类植物、胡萝卜、芹菜、黄瓜、牛至、生菜、洋甘菊、旱金莲、莳萝、牛膝草、天竺葵、薄荷、万寿菊、芸香	草莓、蔓生豆类植物、番茄
白萝卜	豌豆	土豆
芜菁	生菜、豆科植物、甜菜、胡萝卜、瓜类植物、菠菜、欧防风、细叶芹、生菜、旱金莲	牛膝草
香菜	芦笋、番茄、辣椒	莳萝
芹菜	葱科、十字花科植物、番茄、矮生豆类植物	胡萝卜、欧防风、香菜、莳萝
生菜	胡萝卜、芜菁、草莓、黄瓜、葱科植物	
葱科植物	胡萝卜、甜菜、生菜、十字花科植物、芹菜、黄瓜、欧防风、辣椒、青椒、菠菜、瓜类植物、番茄、草莓、夏香薄荷、洋甘菊、莳萝	豆类、芦笋、鼠尾草
黄瓜	豆类植物、玉米、向日葵、芜菁、十字花科植物、茄子、生菜、葱科植物、番茄、甜菜、胡萝卜、辣椒、莳萝、旱金莲、迷迭香、夏香薄荷、琉璃苣、洋甘菊、艾菊	土豆、芳香草药
番茄	葱科植物、芦笋、胡萝卜、香菜、芹菜、黄瓜、生菜、矮生豆类植物、辣椒、青椒、辣根、矮牵牛、万寿菊、旱金莲、罗勒、薄荷、香蜂草、琉璃苣	土豆、十字花科植物、玉米、蔓生豆类植物、茴香、莳萝

① 曾明. 菜园里的学问:有机园艺方法[M]. 北京:中国轻工业出版社,2011.

续表

蔬菜名称	适宜搭档	不宜搭档
甜椒、辣椒	葱科植物、番茄、黄瓜、茄子、秋葵、牛皮菜、南瓜、香菜、辣根、罗勒、牛至、迷迭香、万寿菊	茴香、大头菜
草莓	矮生豆类植物、生菜、葱科植物、芜菁、菠菜、琉璃苣、旱金莲、鼠尾草	甘蓝、土豆

九、基于南北地域的需求

通常来说，北方大部分地区可以种植的植物品种在南方均可种植，例如苹果、梨、桃、杏、李子、西瓜、山楂、柿子、葡萄、草莓、樱桃、红枣等，但由于部分植物的不耐寒性，导致很多南方的热带植物无法在北方正常生长，例如热带的咖啡、可可、油棕、橡胶树、三七、萝芙木、香蕉、火龙果、菠萝、椰子、荔枝、柠檬、杧果、枇杷、槟榔、榴梿、阳桃、甜角、甘蔗等，长江流域以南的佛手柑、橄榄、龙眼、木瓜、柚子、猕猴桃、拐枣等。因此南方在营造可食地景时，可供选择的种类更加丰富。除此之外，基于各地区特殊的土壤条件和水文特性，也会产生一些当地特殊的植物品种，例如沙棘、人参、松茸、酸枣、干枝梅、梭梭树、香青兰、雪里蕻等，这为营造具有地域特色的可食地景景观提供了新的思路和契机。

第三节　营造方法

植物所生活的空间叫作“环境”，任何物质都不能脱离环境而单独存在。植物生长的环境主要包括气候因子（温度、水分、光照、空气）、土壤因子、地形地势因子、生物因子以及人类的活动等。环境中所包含的少数因子对植物没有影响，而绝大多数的因子均对植物有直接或间接的影响，我们称这些因子为生态因子。在生态因子中，有的并不直接影响植物，而是以间接关系来起作用，例如地形地势因子通过高差的变化影响热量、水分、光照、土壤等，最终作用于直接因子，从而影响到植物的生长。其中，气候因子作为直接生态因子，尤其是温度和降水，对于植物的生理活动和生化反应是极其重要的。

地球上除了南北回归线之间的地区以及极圈地区，一年中根据温度的变化，可以分为四季，四季的划分是以每五天（为一“候”）的平均温度为标准。凡是每候的平均温度为 10～22 ℃的属于春、秋两季，在 22 ℃以上的属于夏季，在 10 ℃以下的属于冬季。不同地区的四季长短是有差异的，其差异的大小来源于其他因子，例如地形、海拔、纬度、季风、雨量等的综合影响。各地区的植物由于长期适应于这种季节性的变化，就形成了一定的生长发育节奏，即物候期。因此，在可食地景的营造中，必须对当地的气候变化以及植物的物候期有充分的了解，并采取合理的栽培管理措施，才能发挥不同植物的观赏、生产与实用特性，实现可食地景在城市景观建设中的社会、经济和生态价值。[1]

同时，小区域的微气候环境对农作物生长有直接影响。2011 年，以色列巴依兰大学的科研人员艾塔马尔·莱恩斯基和乌瑞·达杨通过美国国家航空航天局的气候遥感卫星观测数据得出这一结论。为弄清以色列北部地区的气候环境，他们收集了该地区 10 年的卫星观测数据，并根据当地地形，用数学方法将这些数据分解为基于温度差异的面积为 1 km^2 的气候区域，他们称这种微气候环境为“地形气候”。研究发现，微气候环境对农业耕作影响很大。即使在同一地区，如果地势和微气候环境不同，耕作结果也会很不一样。另外，昆虫与哺乳动物不同，它们体内不具备温度调节功能，其命运完全受外部温度支配，温度的微小变化对作物和昆虫也有很大影响。[2]

一、基于气候差异性的营造方法

（一）寒冷地带

1. 运用塑料或玻璃以延长蔬菜的生长季节

寒冷地区中保温良好的温室对保证植物的生长条件尤为重要，但考虑到城市土地的集约化，温室不必独立营造，可依靠现有的房屋，通过精确计算太阳的区段（西南到东南），追随夏天和冬天的太阳角度，以最大限度地捕获阳光，在房屋墙壁和双层玻璃的缓冲区域内，进行能量的保存。整个温室也起到空气过滤器的作用，可改善房屋中的空气质量，对于交通污染严重的城市中心区是极为重要的考虑因素。

2. 寻求让植物免遭霜冻的方法

种植场地的选址对于植物生长的微气候有着潜移默化的影响。如果处于斜坡之上，要保证冷空气能排到下坡去，并且没有像密集的树篱或者墙壁这类的障碍物像坝一样挡住冷空气。首先，可通过改变障碍物的形态，在其上“撕开”一个口子或者通道，以允许冷空气向下坡流去。在霜情温和的区域，可选择抬高植物床并且加入隔热材料，80 cm 的种植床高度既可以使人们作业时不会腰疼，还使植物免遭地面的霜打。其次，可以借助不同材料的保温性能为植物提供温暖的环境，如借助桦树这样的反光树，及早地提供温暖的场所来种植蔬菜；或者将堆在一起的轮胎盖上玻璃作为微型种植床，将轮胎内填满土来帮助其贮存白天的热量，这与中国古代利用倾斜的竹子和桔梗来实现蔬菜早春提前栽植并延长它们的生长期有异曲同工之妙。除此之外，可选择较耐霜的植物，如胡萝卜、韭菜、葱、白萝卜等块根作物或者无头甘蓝等，但到了冬季仍然需要用大量干草来覆盖地面以防止结冰，并且将植物集中种植。

3. 使用适应当地的灌木和乔木作为防风林、覆盖物和动物草料

经过实地观察和反复实践，会寻得许多适合当地气候的有用的树篱、防风林、覆盖物和动物草料物种。如苹果、柑橘、蓝莓、葡萄、柿子、猕猴桃等果树可作为防风林，覆盖物包括核桃、栗子等，动物草料包括皂荚、橡木、秋橄榄等。

---

① 陈有民. 园林树木学[M]. 北京：中国林业出版社，2011.

② 郑晓春. 科学家发现微气候环境影响作物产量[N]. 粮油市场报，2011-07(2).

(二) 热带地区

1. 设计有利于排水的特殊种植床

热带地区往往在夏季面临高温多雨的气候状况，因此种植床应该堆高以便雨水顺利排出，防止渍水造成植物腐烂。当然，种植床可以建成多种形状来适应不同的气候，如干燥的热带地区宜选用下陷床，潮湿的热带地区则应选择抬升床。除此之外，热带地区的土壤稀薄并容易因大雨而流失，种植区内需要间种豆科的青饲料作物，这样可以从各种各样的非豆科树篱和下层植物上进行刈割以作为覆盖物，如柠檬香茅、竹子、玉米、紫草等植物，每年也可在覆盖层上加入干草、树皮、干粪或者木片。

2. 预留植物之间的垄和水洼

0.5 m×1 m 的垄可以增加木薯、白薯、马铃薯等薯类作物的产量，同时覆盖作物和青饲料作物也可以种植在垄间。在潮湿地区，菠萝和姜更喜欢长在垄上。银合欢属的植物可作为覆盖物种在土墩上，而玉米和绿色覆盖物则可以利用高地，垄上的低矮作物如菠萝，允许厚的覆盖物种植在垄间。水洼有助于芋头和香蕉、荸荠的生长，这里的土壤更加容易饱和，厚的覆盖物可以防止其变干。

3. 处理杂草障碍和覆盖物供应

由于热带植物生长较快，杂草往往是棘手的问题。在得到覆盖的一年生植物附近，种植障碍植物带可以有效防止杂草的再次入侵，具体包括以下几种植物。

①深根的阔叶植物，如紫草。

②一些不会落籽或者不会被动物吃掉的菜，如柠檬香茅、香根草等。

③地被植物，如白薯。

④球茎植物，如蕉芋。

在毗邻菜园种植的地方，可种植木质的豆科植物如辣木、田菁、银合欢、朱缨花和太阳麻等，为种植床提供覆盖物。在其后可种植更高的植物，如木薯、香蕉、番木瓜、木豆和银合欢，可以组成树篱或防风林。为了阻挡动物，将棘手或者不可食用的树篱种植在菜园附近，如木薯、仙人掌、竹子、玫瑰茄和多刺菠萝等。

4. 解决虫害问题

热带地区的菜园中虫害较为严重，因此有必要使用由大戟属植物、亚泰棕、竹子一起编织的有刺篱笆。但除此之外，通过运用生态位的原理，增加生物多样性和利用种间关系进行调节，是更为有效、可靠的手段。青蛙、蜘蛛和小型食虫鸟、壁虎和蝙蝠可帮助控制虫疫；鸭子、猪食用废料或下落的果实也起到同样的作用。防治线虫，可以在整个种植床内每隔一两米种植太阳麻和万寿菊，太阳麻可以困住线虫，而万寿菊根的分泌物可以抑制杂草、土壤真菌和线虫。

(三) 干旱地区

1. 解决过度光照和过度蒸发问题

在干旱地区，水是一个重要的限制因素，尤其是对于植物耕作来说，因此保护水资源和废水利用尤为重要。种植床通过滴灌系统进行浇水，最好设在覆盖物或者土壤表面 18 cm 之下。在水含盐量较高时，必须在被整平的土墩或者垄上浇水，而不能让水直接流淌在作物行间的犁沟内。在树冠下，小喷头被用于浇灌树荫下70%或者更大面积的根蔓延区域，这样既节约用水，又可以防止喷洒造成水蒸发后盐残留在作物叶片上而损伤叶片，并引起土壤结块。浇水最好在傍晚、深夜或者黎明进行，因为白天在太阳下水蒸发较快。

2. 制作覆盖腐料以保持潮气

覆盖腐料是保持潮湿和形成腐殖质的关键。制作覆盖腐料的材料有纸板、海草、叶片、腐熟的有机肥料、旧棉衣、羊毛衣、塑料布、旧地毯或者毛毡制品等。在干旱土地上，覆盖腐料的来源其实也有很多，例如在菜园种植紫草、豆科植物；在作物丰收之后收集覆盖腐料或者从野外收集，例如木麻黄、杉木、金合欢等植物的叶片；甚至是雨后小河和水流径流、沟壑、洪水线以下的地区，也能找到厚厚的叶片和树杈堆积。

3. 选择需水量少、根系深、耐热的植物

葫芦、豆、一些谷物、番茄和胡椒都是适合家庭种植的沙漠植物，适应沙漠种植的树还有海枣、石榴、橄榄、桃和杏等植物。[①]

二、基于地域差异性的营造方法

（一）东北大部和西北北部、华北北部

本区因纬度较高，冬季严寒，故以春栽为好，成活率较高，可免防寒之劳。春栽的时间当以土地刚化冻时为宜，尽早栽植为佳，即4月上旬至4月下旬（清明至谷雨）。在一年中，当植物的种植任务量较大或者对景观要求较高时，亦可在秋季栽植，在树木落叶后至土壤未封冻前进行，时间在9月下旬至10月底。因其成活率较春栽低，又需防寒，费工费料，故不是非常经济。另外对当地耐寒力极强的高大树种，可在冬季利用“冻土球移植法”栽植，可节省包装和利用冰冻河道、雪地滑行运输。

（二）华北大部与西北南部

本区冬季时间较长，有2～3个月的土壤封冻期，且少雪多风。春季尤其多风，空气较为干燥。由于夏、秋季节雨水集中，土壤为壤土且多深厚，贮水较多，故春季土壤水分状况仍较好。该区的大部分地区和多数植物仍以春栽为主，有些植物也可雨季栽植和秋栽。春栽是在土壤化冻返浆至植物发芽前进行，时间在3月中旬至4月下旬。多数植物以土壤化冻后尽早栽植为好，早栽容易成活，扎根深。在该地区凡是易受冻害和易干梢的边缘树种，如桃树、梨树、杏树、李树、石榴、樱桃、山楂、月季以及竹类植物等适宜春栽。少数萌芽展叶较晚的树种，如柿子、花椒、枣树、无花果树、核桃树等在晚春栽植较易成活，即在其芽开始萌动将要展叶时期。本区夏秋气温高，降雨集中，也可进行栽植，但仅限于常绿针叶树种。注意掌握时机，在当地雨季第一次下透雨开始或在春梢停止生长而秋梢尚未开始生长的间隙栽植，并应缩短移植过程的时间，要随挖、随运、

① 莫利森．永续农业概论[M]．李晓明，李萍萍，译．江苏：江苏大学出版社，2013.

随栽，最好选在阴天或是降雨前进行。在本区的秋冬时节，雨季过后土壤水分状况较好，气温下降。原产本区的耐寒落叶树，如槐、香椿以及须根少、来年春季生长且开花旺盛的牡丹等以秋栽为宜，时间以这些树种大部分落叶至土壤封冻前，即 10 月下旬至 12 月中上旬为宜。华北南部冬季气温较暖，适合秋栽的树种则更多。

（三）华中、华东长江流域地区

本区冬季不长，土壤基本不冻结，除了夏季酷暑干旱，其他季节雨量不多，梅雨季节时，空气湿度很大。除了干热的夏季，其他季节均可以栽植。按不同植物种类可分别进行春栽、梅雨季栽、秋栽、冬栽。春栽可在寒冬腊月之后，树木萌芽前进行，主要集中在 2 月上旬至 3 月中下旬。多数落叶树适宜早春栽，至少应在萌芽前半个月栽植，如木瓜、油桃、猕猴桃等。晚春栽植因天气已较为温暖，应配合掘前灌足水，随掘、随运、随栽等措施，才容易成活。部分常绿阔叶树，如柑橘、柚子、枇杷等也适合晚春栽植，有时还可推迟到 4—5 月开始展新叶时栽，只要栽后养护管理得当，仍可保证植物的成活率。在此地区，落叶树也可以在晚秋栽植，时间在 10 月中旬至 11 月中下旬，有时可以延迟到 12 月上旬。此时气候凉爽，类似春天，故有“小阳春”之说，同时树木地上部分多停止生长，并逐渐进入休眠，水分蒸腾量较小，而地面温度尚高，有利于栽后恢复生长。且冬季不寒冷也不干旱，有利于根系和地上部分的生长，故该地区晚秋栽植效果最佳。萌芽早的植物例如葡萄、月季、玫瑰等适宜秋季栽植。

（四）西南地区

此区主要受印度洋季风影响，有明显的干、湿两季，冬、春为旱季，夏、秋为雨季。由于冬、春干旱，土壤水分不足，气候温暖而蒸发量较大，春栽往往成活率不高。其中落叶树可以春栽，但适合尽早种植，并应有良好的灌水条件。夏、秋季节为雨季，且时间较长，由于该地区海拔不高，不炎热，栽植成活率较高，常绿树尤以雨季栽植为宜。

（五）华南地区

本区冬季虽受西伯利亚冷空气南下影响，但为时甚短。南部地区（如广州）没有气候学上的冬季，仅个别年份绝对最低温度可达 0 ℃。年降雨量丰富，主要集中在春、夏两季，而秋、冬季较少，故秋、冬两季干旱较为明显。因此春栽应该相应提早，2 月份即全面开展种植工作。雨季来得早，春季即为雨季，植物成活率较高。由于有秋旱，故秋栽应该晚栽。由于冬季土壤不冻结，可冬栽，从 1 月份就可以开始栽植深根性的常绿树种并与春栽时间相连接。

三、基于场地微气候的营造要点

种植区域内本身形成的微气候也会影响某些植物的生长，例如光照充足的地方往往土壤更为干燥，进而影响种植肥料的吸收等。基于这一点，在种植之前要根据场地不同的条件划分区域，分别种植相应的作物。随着时间的推移进而发现，往往为不同的可食植物选择好合适的位置后，植物生长更为旺盛，对病虫害的抵抗力也更强。

1. 高热向阳区

场地中朝南和朝西的地方一般具有良好的光照条件，很多水果和结果的蔬菜都依赖于光照来提高果实的含糖量，而且高含糖量的作物一般生长期较长，这类热能聚集、朝向阳光的区域更加适合此类作物的生长。

2. 明亮凉爽区

在这类有阳光照射且通风良好的区域，土壤和种植肥会风干得更快，这对不同的作物会产生不同的影响。例如，盆栽果树暴露在阳光下而结出的果实硕大而甜美，但是在春天育果的关键期，如果没有充足的水分，就会结出较小的果实。因此，为了保证植物的生长，要把这类果树置于阳光充足的地方，同时还要保证其根部有充足的水分。相反，盆栽无花果和地中海香菜一样，它们的根部喜欢暴露在烈日之下。

3. 阴凉潮湿区

场地中朝北或者朝东的地方虽然获得的阳光较少，但在场地中也形成独具一格的微气候条件。它为多种多叶的植物提供较为凉爽的生长环境，例如卷心菜、羽衣甘蓝和菠菜等。较阴凉的地方最主要的优势在于能够保持根系的冷度，使植株能平稳地生长，以防早熟开花（这也称为“抽薹”）。此类环境中，土壤的水分流失较慢，因此生长在此的蔬菜不需要经常浇灌。然而，如果发现土壤湿度对植物来说过大，那么就需要往土壤中加入一些有机物，比如杂树皮，以提高排水量，或者种植在不用排水和施肥的苗床上。

4. 背风雨影区

一般建筑墙面的背后属于背风雨影区，这些地方受到雨影区的影响而得不到雨水的滋润。如果在这样的地方种植作物，在春、夏两季要经常浇水，尤其是水果类的植物，它们对极短的干旱期也极为敏感。

5. 寒冷迎风区

很多种植场地都会承受很久的冰霜天气，斜坡和低谷特别容易吸收和聚集冷空气，尤其是斜坡上的墙面等。在此类区域，应选择种植一些耐寒、强壮的蔬菜，水果类的植物要选择开花较晚的品种，以免受到冷空气侵害，或者在冰霜期用绒织物将植株包裹起来。土壤在干燥状态下的很容易被破坏，所以需要在土地里添加有机质来保护作物过冬。

有些场地比较容易受到大风的侵害，例如商业建筑的屋顶，大风也容易对植物造成影响。风一般主要带来两种危害，一是危害作物的叶子，二是使植物变干。然而地中海香菜却非常喜欢这样的生长环境，但多叶的菠菜和瑞士甜菜在这种环境下很快就会被扯碎。解决方法主要是使用屏障来改变风向和减小风力，种植根系强壮的植物或者种在体积大、器壁厚的容器里来降低危害的影响。[①]

---

① 赫舍尔. 自给自足的乐活时蔬[M]. 王群，等，译. 北京：电子工业出版社，2014.

第五章　可食地景的未来

可食地景作为城市绿地的一种特色类型，其发展正如“星星之火，可以燎原”。可食地景从以社区花园、屋顶花园为代表的“点”，到以城市道路为载体的隔离带和行道树形式的“线”，再渗透到以城市公园、城市农园为代表的“面”，从零星的可食地景继而发展成片状的可食森林，或又可形成如小镇般的可食城市。物质空间的可持续发展，最终可成为精神共享的空间，共享劳动成果，共享正能量情感，共享人与自然的和谐，实现城市与乡村的共荣。

第一节　可食森林

可食森林是在可食地景基础上产生的景观空间自然复合系统，是可食地景规划、设计、营造、运营、管理中对景观空间整体性生态系统的探索。从景观的整体性发展角度出发，通过系统分析景观内部各要素的特性及其潜在联系，协调其内部各要素之间的平衡，实现各要素之间的自生性发展，在这一过程中，人作为景观系统构成元素之一，并没有任何的优越性。在城市景观中，“以树、藤、灌、草、水构建起模仿大自然的立体生态系统，形成遮阴、净化、气候、固碳、循环的生态功能；形成食品、用品、休闲的生活功能；形成观察、探索、体验、学习、创造、写作的人文功能；形成一次种植、自然生成为主，人工种植为辅，永续自然产出的可食森林”①。

可食森林的内涵主要体现在生态的整体性和系统性。可食森林是可食地景发展的高级层次，以多年生植物的培育作为基础，通过系统内部各元素的相互配置、搭配形成生态体系的综合设计系统，具有整体性的特征。可食森林的系统性不仅仅是景观环境的生态功能体现，亦是景观内部各要素的生态性融合，是一个完整的自给自足的生态系统。在节能降耗方面，可食森林的产生在景观营造、运营过程中降低了景观能量的损耗，在能量消耗前进行收集和储存，使其处于可以持续使用的状态，从可食森林景观细微之处入手，掌握景观的整体性特征，模仿自然生态系统的运作模式，妥善配置景观资源，凸显景观优势，修复景观系统的缺陷，实现景观系统的自然生长，形成可食森林景观可持续发展的循环自治系统。在人与自然的关系方面，可食森林和朴门永续具有相同的内涵，都“充分体现了人与自然和谐共处的人文精神，遵从生态系统发展的客观规律，通过生物多样性达到系统的稳定性，并通过生物措施加快系统的演替，形成生产力和稳定性更高的顶级群落，提高人类劳作效率，减少不必要的时间付出，达到环境和人的永续共生”②。在人与自然的关系中，顺应不断变换的外部环境，充分利用自然的力量，降低人为因素的干预。

① 资料来源：http://mp.weixin.qq.com/s/d0JJCcS9nB5ILqyI6zpIPg。

② 杨丛余.基于朴门永续设计理念的城市农业公园规划设计研究[D].重庆：西南大学，2016.

第二节　可食城市

现代化是现代社会的总体特征，主导着未来城市的发展方向，也影响着城市景观设计模式的调整趋势。现代化与城市化、城市化与可食地景的功能之间通过交互耦合机制形成相互影响、相互促进的发展系统。随着现代化、城市化的发展，可食地景景观设计模式在城市空间中的影响日益深刻，打造出适合人类生活的宜居城市空间。宜居的城市一方面吸引更多人聚集城市。另一方面，城市空间面临新的压力：人口的急剧增长，城市空间的高速异化。长距离的食品运输和城郊农业生产不能解决因城市规模扩大引发的城市多样化需求、食品安全、生态环境等问题，驱动可食地景类型及其服务功能不断地提升和变化。城市景观空间的设计亟须利用先进的科学技术成果和可持续化设计理念，对城市空间进行充分的拓展，不仅仅是二维的城市居住区、办公园区、公园、公共建筑、道路两旁的空间利用，更是对三维立体空间的延伸。同时，在城市生态环境建设、居民社会交往、建设和谐城市空间基础之上，推动景观功能的微更新，突出城市景观空间的经济产出性，由此，衍生出新的景观设计理念——可食城市。可食城市是在城市化高度发展过程中，科学技术与城市景观设计高度融合下产生的，是一种与城市经济和文化、科学技术、生态理念等密切相关的景观设计形式，是都市经济和科学技术发展到较高水平时，农村与城市、农业与非农业、人工与自然、美观与食用融合过程中形成的新型城市景观设计模式，是现代化和城市化高度发展后人类对新时代景观设计理念的一种探索，是伴随科学技术的迅速发展，可食地景在城市空间应用的必然产物。

可食城市的特质主要体现在以下方面。

①依托高新技术，构建可食城市的高度智能化。可食城市是高端、高质、智能型的景观设计形式，是景观设计、科学技术与城市的交融，在高新技术设施以及一定数量和质量掌握高新技术的高智能人才资本支撑的基础上产生的绿色设计理念，联通生命科学技术、计算机技术以及信息技术获取城市景观空间现状，实现精准的景观设计和定向改造，利用自动化技术实现景观空间的营造、管理和运营，形成“高科技、高品质、高附加值”[①]的可食城市空间体系，实现可食城市的高度智能化发展。

②打破空间壁垒，构建可食城市的高度开放化。可食城市突破原有可食用景观设计中不同社区、可食地景规划组织、城市区域的边界，充分利用网络信息技术，实现创新性的景观设计理念共享、精确性的区域特征互通、广泛性的资金-设备合作以及高效的可食城市营造-运营-管理中问题的交流，突破信息交流障碍，实现可食城市真正的全方位开放。

③挖掘城市空间，构建可食城市的高度集约产业化。可食城市是在人口高度集中、城市规模扩大引发城市多样性需求背景下衍生的，是对城市立体空间的挖掘和城市景观主要功能的优化。基于城市景观空间整体效益最大化的原则，为解决城市当前问题以及践行城市景观空间可持续发展战略，具有经济性的产出成为可食城市在新时代背景下的突出功能，是生产性景观与城市的

---

① 丁圣彦，尚富德. 都市农业研究进展[J]. 生态经济，2003(10)：159-163.

完美契合。利用立体空间培植、屋顶农场等技术，充分利用城市的三维空间，实现可食城市的区域化布局、生态化营造、有机化生产、集体性经营和社会化服务，为城市提供新鲜、有机、营养、安全、多样的食品。

城市景观规划模式转变的关键就是要将可食地景看作城市环保设施、城市健康的主要组成部分。利用可食地景发展策略，未来的城市食品体系就能拥有众多市内粮仓。

第三节　共享城市

"预先为明日的大都市进行准备，意味着对更多可能性的探索，对不可触及、不断演化的元素进行设计，并且积极地使设计的不同参与者之间建立良好的合作、共生、共享的关系"①。伴随城市化的不断发展、可食地景在城市空间的广泛应用、可食城市的践行，建立在"人文关怀""共建共享""生态理念"基础上的共享城市理念，将成为未来引领城市发展的新范式。共享城市是城市公共空间的共享，是以"'人人参与''人人尽力''人人享有'为主要内涵"②，是"创新、协调、绿色、开放、共享"发展理念的体现，也是以人为本、生态可持续、和谐共生的城市景观设计理念的体现，既是协调人与自然的关系，实现人与自然"和谐共赢"的城市景观设计模式，也是协调人与人、人与社会关系，促进社会交往的重要举措，有着重大的时代创新价值和深远的实践意义。

从景观设计学的角度来说，共享城市不仅应通过不同区位和尺度的景观营造，满足人们亲近自然、社会交往和环境美化的需求，还应强调共建共享城市，充分利用居住区、办公园区、公园、道路两旁等城市空间，"在有限的生态阈值内，让更多的人通过近似零边际成本共同享有"③健康、包容、和谐、生态的城市空间，从而提高城市整体空间利用效率，让更多的居民拥有自由、闲适的健康生活。

共享城市的特质主要体现在三个方面。

①共享城市是城市居民共建共享的城市生态景观的载体，是在有关部门指导下以居民共建共享占主导地位的可持续发展城市。众所周知，人类社会的发展过程实际上就是一部以城市为主的城市化发展演变史，人类为了生活创造城市，为了更美好的生活而定居城市。因此，未来城市景观遵循城市居民共同建设并共同享有劳动成果的发展模式。城市居民在一定设计原则的指导下，直接参与城市景观的营造、运营、管理，这从根本上为应对城市环境变化条件下的城市空间美化以及实现居民之间的社会交往、提供健康食物等方面的问题提供了一种可能性和思路。

②共享城市是都市的发展与生活的高度融合，是更具包容性、交互性和生态性的宜居城市。近年来，面对城市化进程中生态恶化、居住和交往空间的压缩、食品安全等问题，都市社会正式提出创新、协调、绿色、开放、共享等发展理念，让所有城市居民共同建设城市、共同享有城市发展成果，是落实健康、包容、生态、可持续发展的核心战略。从这个意义上讲，在可食地景、可食森林、可食城市基础上发展起来的共享城市，能够让更多的城市居民充分参与共享公共服务以及城市

---

① 法国亦西文化. 共享城市[M]. 广西：广西师范大学出版社，2015.

② 邓玲，王芳. 共享发展理念下城市人居环境发展质量评价研究——以南京市为例[J]. 生态经济，2017，33(10)：205-209.

③ 陶希东. 共享城市建设的国际经验与中国方略[J]. 中国国情国力，2017(1)：65-67.

基础设施，获得更多接近自然以及进行社会交往的机会，提高生活质量，最终促进整个城市的健康、包容、生态、可持续发展，让城市变成更适合人类居住的理想场所。

③共享城市是人类精神文明的神圣之所。“人类的需求是一个层级化的组织，其基础部分应该有更强的生物或生理动机，而顶部层级部分具有更为复杂的心理需求。”根据马斯洛的需要层次理论，人类在满足生理、安全需要之后，会寻求更高层次的归属感、爱的需要和自我实现的需要的满足，“较为基本的需求必须在更高级的需求成为主要推动力之前得到相对的满足”。[①] 在可食地景基础上发展起来的共享城市本身就是人类回归田园生活的需求的产物，满足了城市居民接触并感知自然以及实现社会交往等的需求，城市居民共同参与城市景观的建设、管理、运营，成为城市共享的黏合剂。由此可知，共享城市能够满足人类更高层次的心理需求，满足人类知晓和理解自然、追求美学、实现社会交往等的需求，成为人类精神文明的神圣之所。

可食地景不仅仅为人们提供新鲜安全的蔬菜，还丰富了城市绿地的种类，是传统农耕文明的传承，更成为城市生物多样性的样本。我们可以和邻居一起在具有社区属性的公园种菜养花，孩子从小就能懂得“粒粒皆辛苦”的意义……一点一点改变，一点一点渗透，总有一天，高密度的“城市”不再是钢筋水泥的丛林，而是诗情画意的田园，真正属于每一个人的田园。

我们深信，以可食地景—可食森林—可食城市—共享城市的趋势发展下去，共享城市不再是乌托邦式的理想，而是一种可及的实践和未来。

---

① 摩特洛克．景观设计导论[M]．于矛，译．天津：天津大学出版社，2016．

第六章　设计探索

第一节　武东医院项目

一、场地介绍

武汉市武东医院(武汉市第二精神病医院)是武汉市的一所综合性医院,位于武汉市青山区武东街安康巷46号(图6-1)。

图6-1　武东医院位置卫星图

(图片来源:作者自绘)

武东医院场地大致呈矩形,占地面积为208 m^2,除北侧为医生办公室外,东侧、西侧、南侧均为患者病房,且北侧办公室外有楼梯连接二楼,下方灰空间利用率低。场地内原有植物5棵,主要铺装为混凝土,设有洗手台和晾衣竿,可供病人在用餐时间用餐和休憩,并没有进行充分利用(图6-2)。

长年累月的药物治疗及没有较多的活动空间,容易使患者出现肢端肥大症、抑郁、握力不足等健康问题。该医院医护人员前几年自发尝试开发医院内空地作为疗愈花园并植入可食地景的元素。尽管没有相关的专业知识,国内也没有过多该方面的尝试与经验,但是武东医院此次尝试取得了良好的效果,不仅改善了患者的健康状况,还缓解了医护人员的压力,同时得到了患者家属的一致好评。我国也提出了疗愈景观和健康中国的概念,基于此契机,武东医院委托华中科技大学建筑与城市规划学院设计改造了医院内另外一处活动空间,作为疗愈花园的试点。

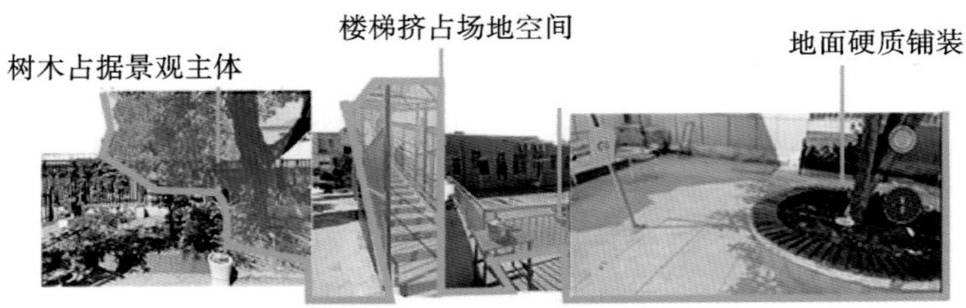

图 6-2　场地的现状问题

（图片来源：作者自绘）

二、方案一

（一）设计说明

我们依据环境行为学、场地现状、针对人群和参与方式等进行改造设计，提出了模块化的微更新概念，拟打造一处具有治愈性、医患共享性、模块化拼接性的模范疗愈景观（图 6-3）。设计后绿化面积为 51.8 m^2，绿化率为 24.9%。

整个场地中的家具小品都采用可移动模块化的方式设计，原因有二：一是模块化的家具更为实惠，加之其可移动的特性，可以根据不同场景实现不同的功能；二是由于该项目要求改造施工的时间尽可能短，对原有场地的破坏程度小，而模块化的家具很好地回应了这个需求。在模块化设计方面，我们将花箱、座椅、桌子和晾衣竿等进行了模块化设计（图 6-4），减少成本，加快施工速度，同时后期维修方便。

在建筑方面，我们充分考虑病房、医生办公室、遮阳棚和楼梯空间的视线及组合方式等，对场地改造进行考量。在功能方面，我们融合音乐、交流、运动、训练、康复、休闲、欣赏等功能，并进行置入。同时我们将患者情绪分为消极、中性、积极情绪，并通过植物、设施或是铺装的置入引导患者转换为积极情绪，有利身心健康。

在设计时，我们充分考虑了患者的日常生活需求以及医护人员的工作需求，在场地设计时涵盖了晾晒、休憩、餐食等功能，受限于场地面积，功能与功能之间没有明确的区域划分，但也达到了将景观融入功能，将功能嵌入景观的期望。

考虑到场地的南侧光照更为丰富，所以场地的南侧主要承担了晾晒以及休憩的功能。我们

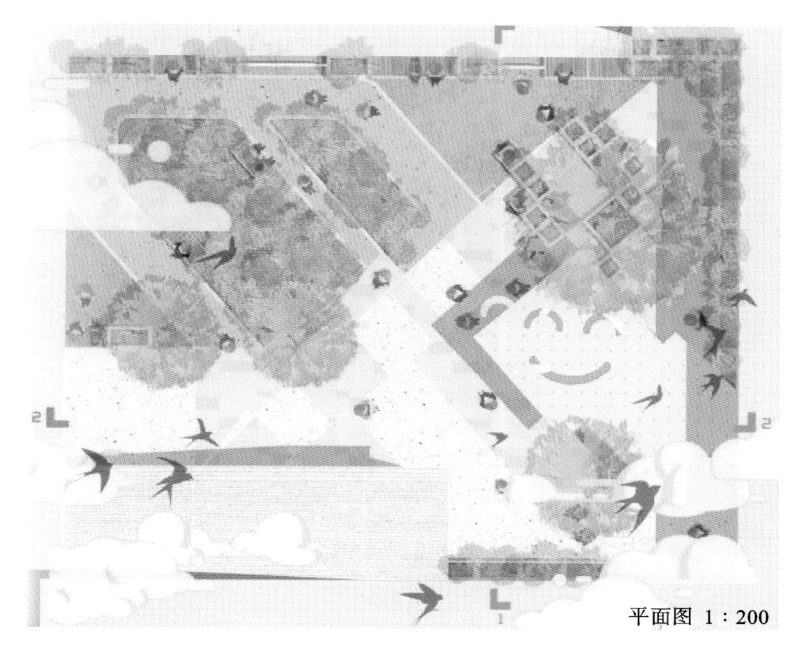

图 6-3　场地平面图

（图片来源：作者自绘）

(a) 模块化花箱 (b) 模块化花箱＋模块化座椅 (c) 叠加模块化花箱 丰富层次感 (d) 模块化花箱景观＋晾衣架

图 6-4　模块化设计

（图片来源：作者自绘）

将晾衣竿设置成 1 m、1.2 m、1.5 m 三种高度，以满足不同人群的晾晒需求。同时，考虑到南侧病房窗户与中心场地之间的视线关系，我们在南侧会采用低于窗沿高度的晾衣竿，保证在病房内的患者也能有良好的视觉体验。我们又将晾衣竿和花箱进行了融合，晾衣竿、花箱、座椅相互镶嵌，也丰富了景观的视觉层次。

中央的疗愈花境，我们预设种植一些触感植物、香草植物和可食植物等，这些植物可以在视觉、嗅觉、味觉上给人一种舒缓心理、疗愈身体的作用（图 6-5）。

场地中的树池区域是患者聚集晒太阳的地方，我们保留了树池中的大树，对树池进行了改造，同样采用了花箱加座椅相结合的方式将功能和景观进行了融合，周围空间做了适当的留白，减少整个场地的拥挤感，也增加了给患者开发的多功能空间（图 6-6）。

我们还在病房与中央场地的出入口处设置了一对高低不一的棚子，为患者户外餐食提供了一个可以遮风避雨的场地。我们对棚子进行了镂空处理，使其在不同季节阳光的照射下，在院子不同角度的地上和墙上形成不同的笑脸阴影，在视觉上带给人一种愉悦的体验（图 6-7）。

图 6-5　中央花境设计

（图片来源：作者自绘）

图 6-6　树池设计

（图片来源：作者自绘）

图 6-7　雨棚设计

（图片来源：作者自绘）

（二）植物搭配

在空间边界的处理上，基于适地适树原则，增植一棵香樟。香樟四季常青，树叶、枝和果实都能发出似樟脑气味的清香，这种清香会永久保持，具有驱虫、防虫、杀菌的功能。在停留空间中种植银杏与玉兰，二者皆为落叶阔木。玉兰花期在每年的 2 月到 3 月，白色且有香味；银杏秋季叶色变黄，满树金黄，观赏性极佳。在树下空间的配置中，种植有牡丹、丁香、栀子、蜡梅，有香味，花色丰富，可以让人群在此活动时有良好的体验。

在中央的疗愈花境和周围花箱中，我们种植了一些有代表性的植物：①触感植物如碰碰香、绵毛水苏、芒草、含羞草、鼠尾草、银叶菊、金鱼草、天竺葵等；②香草植物如栀子、茉莉、瑞香、薰衣草、桂花、百合、玉簪等；③可食植物中，叶菜类植物有生菜、芹菜、菠菜、油菜、荠菜等，瓜茄类植物有冬瓜、丝瓜、黄瓜、苦瓜、茄子、番茄、南瓜、葫芦瓜、辣椒等，根茎类植物有土豆、山药、甘薯、芋头、胡萝卜、莴笋等，鲜豆类有毛豆、扁豆、蚕豆、四季豆、绿豆、豌豆等。

（三）场地效益

1. 社会价值

对医护人员来说，可以为他们提供良好、舒适、怡人的工作环境，减缓长期的工作带来的身体与心理上的压力，能够让他们释放压力，减少压抑的情绪，有利于身心健康。对于病人来说，在提供良好的活动环境的同时，在视觉、听觉、触觉、嗅觉甚至味觉等方面进行全方位的疗愈。我们更期望有动手能力的患者能参与其中，通过园艺疗法来锻炼他们的手部肌肉，让他们在更加贴近自然的同时减少药物带来的副作用。

2. 生态价值

植物可以吸收有害气体，净化土壤，起到美化环境、改善生态环境的作用，还可以在驱除蚊虫、调节局部小气候的同时，为医院内病人与医护人员提供良好的生活环境。

3. 观赏价值

充分利用植物的形态、色彩、气味、触感等要素，结合景观装置打造出具有丰富层次和季相变化的植物景观，达到赏心悦目、改善景观体验的作用。

三、方案二

(一) 设计说明

我们从“在地性”与“快速更新”理念出发，依据当前场地中存在的问题、针对人群与人群需求进行空间的微更新改造，拟通过设计美化庭院环境、解决场所痛点、满足医患沟通需求，为医生与患者提供休憩与锻炼的场所(图 6-8)。

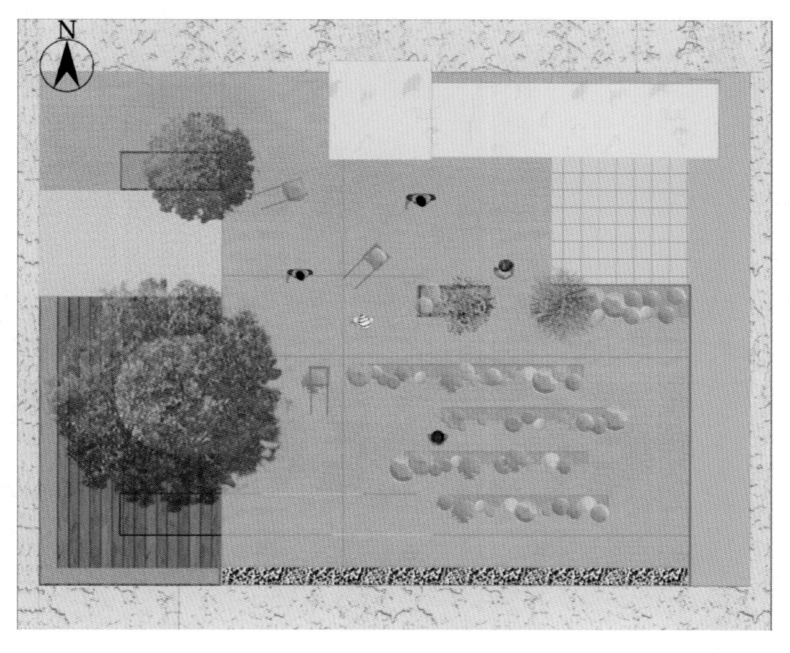

图 6-8　设计平面图

(图片来源:作者自绘)

场地的主要使用人群是精神病患者等特殊病人，对空间的敏感度较高，因此设计最先考虑的是如何最大程度减少场地更新的施工时间，以高效、低难度的方式完成场地的蜕变。

针对场地中现有晾衣架简陋、安全性较低、遮挡视线等问题，我们首先利用彩绘增加了晾衣架的观赏性，新增地面轨道将其改造成为移动式设施，可根据具体需求展示和隐藏，提升了使用的灵活性，同时对晾衣架的尖角进行圆润化处理，提升了安全性（图 6-9）。

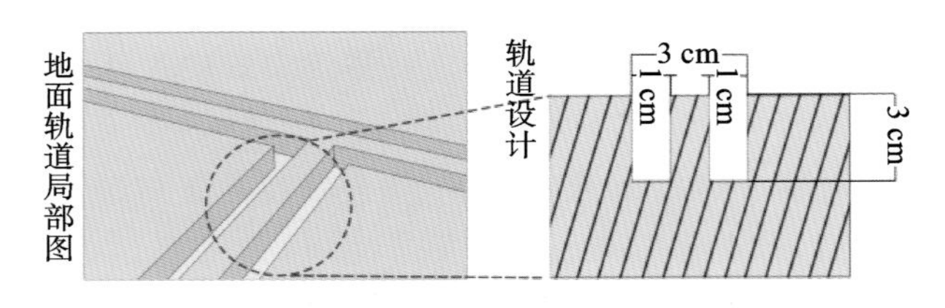

图 6-9　地面轨道

（图片来源：作者自绘）

为保留场所记忆，本设计将原有的树下空间改造成为预制的木平台，承担休憩功能。木平台顺应原有树池的形状，以圆形吸纳聚拢使用者。考虑到病患户外用餐需求较大，我们在木平台上置入了可折叠桌板，以满足使用需求（图 6-10）。

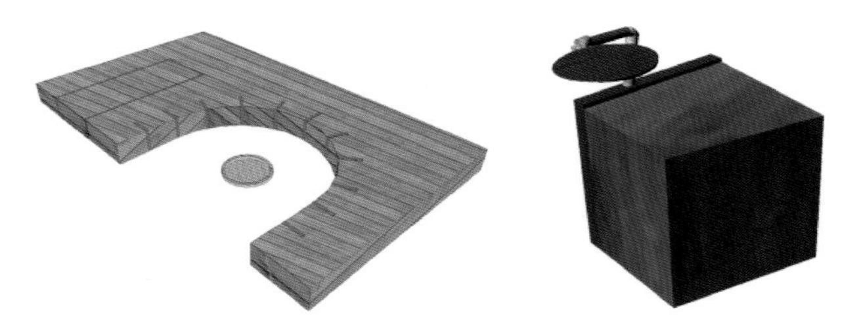

图 6-10　预制木平台与座椅

（图片来源：作者自绘）

医院的患者因长期服用药物，手部肌肉灵活度低，且有浮肿现象。针对此情况，我们设置了植物手推车，让患者在“溜植物”中得到手部锻炼。且移动式的花箱自由度较高，可以随着不同的需求排布，创造多彩的空间。我们在观察中发现，患者内不乏乘坐轮椅之人，因为轮椅的高度限制，他们在原有空间中体验感较差。针对此问题，我们利用楼梯间原有钢柱撑起操作平台，使轮椅使用者能近距离接触花草，活化场地空间（图 6-11）。

我们在观察中发现，原有的庭院铺装为硬质的水泥地面，水泥在长期使用后容易因沉降、气候等原因出现裂缝。我们利用这一特点，扩大水泥地面上现有的裂缝，形成低成本且效益高的裂缝花池，以此形成疗愈花园，为患者提供了全新的景观空间，让他们可以在其中观察自然、接触自然并与自然互动（图 6-12）。

本设计在满足优化场地环境、增加疗愈花园的基本需求上，充分考虑了场地原有的特征，以在地性强、成本低、施工时间短的方式更新了场地。

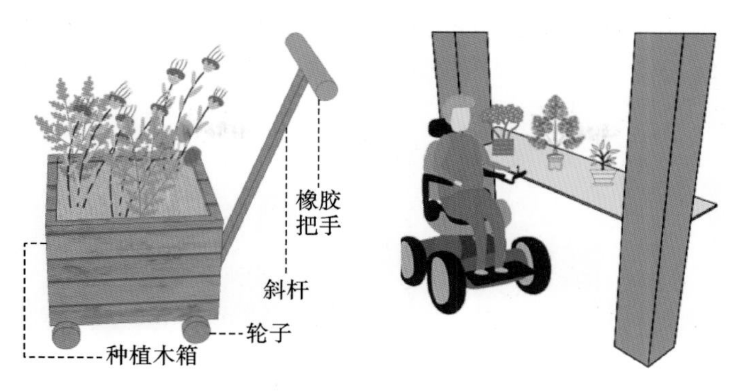

图 6-11　植物手推车与楼梯间花架

（图片来源：作者自绘）

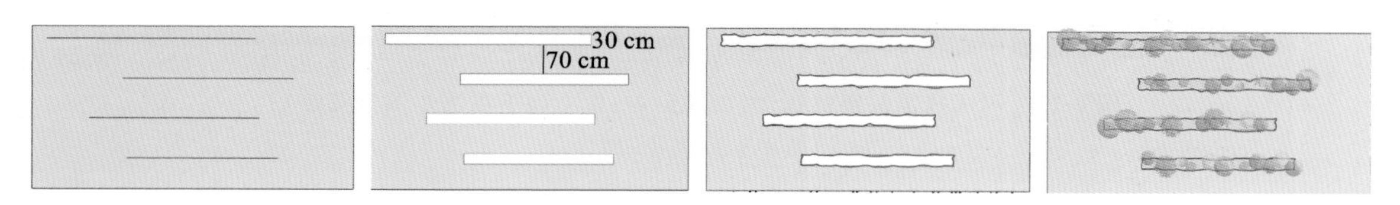

图 6-12　裂缝花池生成图

（图片来源：作者自绘）

（二）植物搭配

当前场地建筑密度较高，以硬质铺装为主，且植物安排不够合理，整体活动空间单一，患者与自然交流互动的机会少。为了改善庭院的绿化环境并为患者提供疗愈的空间，在进行裂缝花园的植景营造设计时，我们采用了以下几种方法。

1. 立面塑造

植物设计结合中国山水画里的景深、层次递进及起伏变化，通过营造植物立面的起伏去模仿山水画里山的走势，山与绿色植物结合，刚柔并济，使植物立面起伏变化缓急结合，加之植物颜色的深浅变化，用以强化裂缝花园中的观赏重点，使得整个裂缝花园浑然一体且带有地域韵味。

2. 空间营造

第一条花带靠近建筑物，最接近患者视线，阴影较多。我们在塑造花带时，结合微气候环境与观赏需求，选用了兰花等带有象征性的植物，营造清雅幽静的氛围，为患者提供思考、观察的空间。

第二条花带选取跳舞草等可互动的植物，拉近植物与患者之间的距离。患者触碰植物后会得到植物的回应，独特的体验产生的趣味性与互动性可有效疏解患者的情绪。

第三条花带选取菠菜、黄花菜等兼具观赏效果的可食植物，患者能够参与植物的日常耕耘与收获，体验亲身劳动后收获的满足感，同时在日常维护中锻炼身体。

第四条花带靠近园区的大门，选取颜色较为丰富的植物，增添裂缝花池的丰富度，同时种植些许有清淡花香的植物，提供良好的感官享受。

整个花园植物高低起伏，形成了丰富的层次感，花园内植物的色彩虽然多样，但饱和度都较低，整体清新淡雅(图 6-13)。

图 6-13　不同视觉效果的花带(由左到右，由上到下依次是四条花带)

(图片来源：作者自绘)

(三)场地效益

1. 社会价值

设计通过微改造营造了体验丰富、活动多样的疗愈空间。手推植物车、可移动晾衣架工作台、参与式地景空间等的设计，创造了人与空间的多元互动关系。患者在空间中或静或动，产生各种自发性、社会性的活动。开放的景观鼓励人进入空间并参与活动，有利于患者身心健康的保持和恢复。多样的景观空间，给患者提供接触自然、感受自然、与自然互动的机会，丰富患者的日常活动，有利于患者的身心愉悦。同时参与式的可食地景为患者提供了劳动机会，患者在种植与收获中感受到自身价值，获得精神满足。本设计也为患者与患者、患者与医生之间的交流提供了便利条件，有利于患者的恢复。

2. 观赏价值

植景设计中，方案充分利用植物的形体、色彩与气味等元素，使农业也拥有景观艺术的美感。特殊设计过的植物空间不仅具有优美的视觉效果，还让患者见证植物的生长、成熟、收获，丰富了植物空间的功能。

3. 经济价值

设计在地性强，利用水泥裂缝、楼梯间等已有要素展开设计，施工成本低。患者参与植物的养护，避免了额外的维护成本，同时植物成熟后可以直接作为食物原料，具有明显的经济价值。

4. 生态价值

植物空间的营造丰富了场地空间，增加了场地绿化率，改善了空间小气候。

第二节　共同缔造项目

一、场地介绍

本项目场地位于武昌区积玉桥城开玉桥新都小区西南角，西邻和平大道。场地整体呈狭长状，南面是地下车库入口，北面是建筑界面，西面与小区广场相接，但被铁门与茂密的植物阻挡，东面临近儿童之家入口，场地环境较为复杂(图 6-14)。场地下垫面为裸露土壤，植物多为灌木，以珊瑚木、槐树、紫荆、黑桑、紫茉莉为主，在场地南北两侧呈行列布置，在西部尽端呈团簇式分布。当前场地中，由于南侧靠近车棚区域，植物高度较矮，车篷棱角外露；东南侧与儿童游乐空间的过渡区缺少管理，空间逼仄、杂草丛生，由儿童之家往外看时视线被植物严重阻挡，且部分小区老人将此处作为废品的堆放点。场地整体环境质量低，少有人进入，且安全隐患较大，但其地理位置较为特殊，周围有大量儿童活动，改造愿望迫切。

图 6-14　设计场地区位

(图片来源：作者自绘)

在武汉市共同缔造、儿童友好社区建设背景下，新都小区希望在可食地景、社区花园等理念的帮助下建设一块全民参与使用的景观空间，通过共同养护植物、共享自家植物等方式促进居民自发改善居住环境，为人们提供一个安全、幸福、可靠的活动场地，让人们能够在日常生活中接触自然、享受自然环境所带来的乐趣。同时，通过更新改造解决现有场地中的一些问题。

二、方案一

（一）设计说明

该项目设计定位于社区的后花园，在充分地分析场地周边环境的基础上，尊重场地现状，保留优质的现状绿化，对部分区域进行绿化景观提升设计。

设计主要使用折线来进行场地内以不同人群为导向的功能场地划分，解决儿童、老年人等社区居民游乐休憩空间不足、原场地功能混乱不清等问题。我们在场地的北侧增加了一个社区花园的设计，利用可食地景以及一些花卉的布置，打造一个属于玉桥新都的社区后花园。

设计着意营造轻松、温馨的氛围，力求将形式美融入功能的需求，为社区居民创造自然优美、多元丰富、舒适的室外休憩空间，并满足其休闲、娱乐的功能需求（图 6-15）。

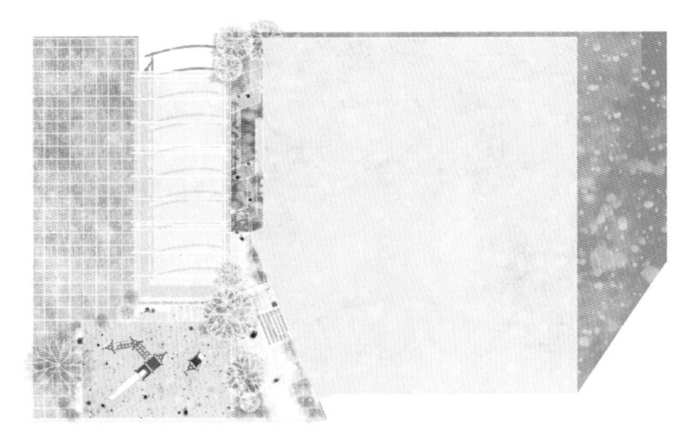

图 6-15　方案一场地平面图

（图片来源：作者自绘）

（二）植物搭配

社区花园的建设初衷是为社区居民提供一块可以接近自然的地方，因此，场地内的植物分成了三个不同主题的园区（图 6-16），东侧入口处为触觉花园，北侧的社区花园区域中又分别划分了香草花园和可食地景园。触觉花园和香草花园为社区居民提供了放松解压的环境，同时也存在一定的科普教育功能，可食地景园的设置也增加了社区儿童农忙劳作、收获果蔬的体验感。

根据湖北省武汉市的气候条件及场地的限制，我们在社区花园内配置了不同种类的植物（图 6-17）：①触觉花园有细叶芒、绵毛水苏、碰碰香、千叶兰、红花酢浆草、玛格丽特等（图 6-18）；②香

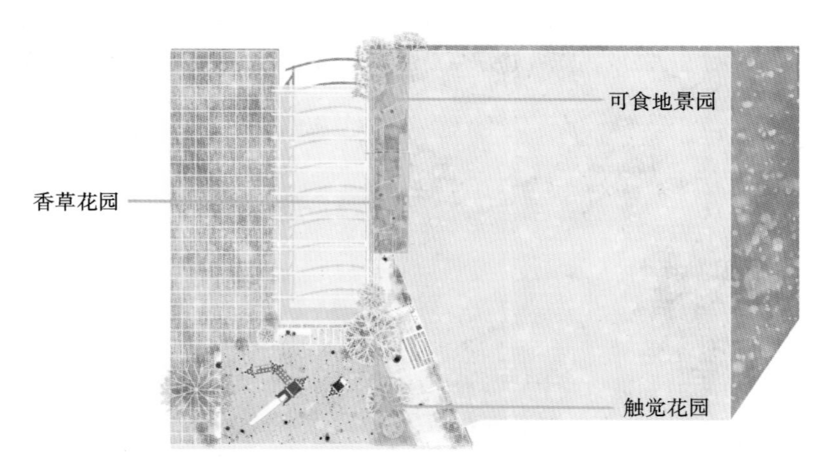

图 6-16　方案一场地植物园区划分

（图片来源：作者自绘）

图 6-17　社区花园鸟瞰图

（图片来源：作者自绘）

图 6-18　触觉花园

（图片来源：作者自绘）

草花园有橙花、茉莉、瑞香、香花草、迷迭香、薰衣草、薄荷、罗勒等;③可食地景园中的蔬果植物有石榴、橘子、生菜、卷心菜、番茄、辣椒、茄子、胡萝卜、土豆、番薯、西兰花等,花境植物有向日葵(6-19)。

图 6-19 香草花园和可食地景园

(图片来源:作者自绘)

植物的选择充分考虑了每种植物在一个生命周期内的季相变化,让花园一年四季都有花可观、有果可赏,展现出良好的可食地景品质。

(三)场地效益

1. *社会效益*

社区花园的建造让社区中多了一处可供居民体验自然气息的花园,营造了更加宜居的生活环境,提升了社区空间的品质。社区的每一位居民都能参与社区花园的营建、管理等各个环节,社区儿童也可通过绘画的形式参与整个花园的建设过程。在无形中,社区花园空间为居民提供了一个交流场所,在这里,居民可以自由地交流,彼此分享各自的想法和经验,为大家提供了一个互相学习、互相帮助、互相支持的平台。在社区花园中,大家可以围绕一个共同的目标来进行协作和交流,形成一个共同创造、共享美好生活的共同体。

2. *生态效益*

社区花园的建设增加了社区中的绿地面积、净化了空气、美化了社区的环境,乔木、灌木、花卉、果蔬的配置,将社区装点成一个多层次、有自然野趣的立体绿化环境,使社区绿地更加具有艺术感、活力和人性化设计。

三、方案二

(一)设计说明

我们从“快速更新”与“共同参与”的理念出发,依据现有场地中野草丛生、垃圾堆放等问题,针对服务对象的游憩需求和共同缔造理念,拟通过预加工花池摆放的方式,快速营造美化场地环境的共建共享社区花园。

为了与周边场地相呼应,本设计根据周边建筑与已有游憩空间形状特点,提炼出方形设计要素，以方格为设计的原点，不断叠加交错，形成错落有致的花池，并在花池中根据植物的观赏性、花期、互动性等特点展开设计。

本次更新改造的预算较低，因此在选择铺装材料时，采用了成本较低的自流平水泥地，选取花池材料时，选择耐候性强、性价比高的耐候钢板，选择植物时，尽可能选用日常生活中可见的蔬果植物与花境植物。

场地的主要服务对象为社区儿童，儿童在与场地植物的互动中存在较多不确定因素，在选取植物时，利用生菜、番茄、土豆等常见可食用作物，增加植景空间的安全性与互动性。

场地位于居民日常通行的重要节点，长时间的施工不仅影响社区的交通，还会增加维护管理的成本，产生过多噪声打扰居民休息，因此我们通过自流平水泥地快速平整地面、提升场地整洁度，再在预先定制的花箱中种植植物后置入场地，快速打造社区花境（图 6-20）。

图 6-20　入口花境（左）、共享盆景区（中）、蔬果花境（右）

（图片来源：作者自绘）

（二）植物搭配

项目场地是建筑外立面的附属场地，环境较为复杂，植物生长条件较差。本方案以快速营造效果与搭建可食地景为主要目的，因此在营造植景时，除了选择具有良好视觉效果的花境植物与可食用的蔬果植物，还保留了场地中如珊瑚木等与场地相处协调的原生植物（图 6-21）。

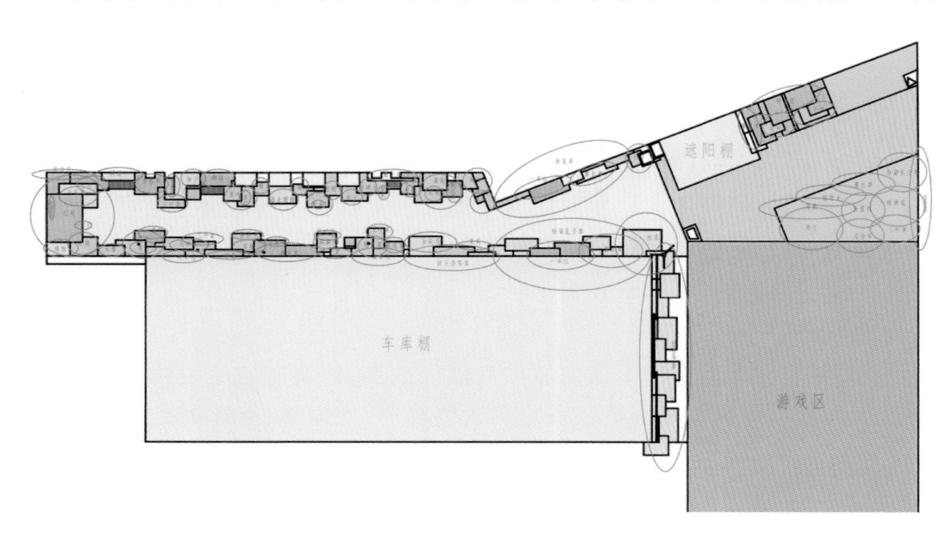

图 6-21　植物配置平面图

（图片来源：作者自绘）

1. 花境植物

为了达到良好的视觉审美效果，本设计选取了皮球柏、茉莉、薰衣草、景天、一串红、芒草等花境植物，快速打造出足够吸引人的花境。同时在入口处以金银花、桂花、沿阶草、红花酢浆草、肾蕨等打造具有标志性的入口花境(图 6-22)。

图 6-22　花境植物效果图

(图片来源：作者自绘)

2. 蔬果植物

蔬果植物花境除了具有良好的视觉效果，还因其可食性具有较强的互动感。在蔬果植物的选取方面既选择了体型较大，具有一定荫蔽空间的石榴、柚子，还选取了覆盆子、西红柿等蔬果盆栽，同时还划定一定区域专门种植香菜、白菜、黄瓜、蒜苗、生菜等常见的蔬菜。社区儿童在花境中游憩时就能了解到日常餐桌上蔬菜的生长状况及生长过程，在游玩中也能学有所得。

(三) 场地效益

1. 社会效益

本设计将社区中的闲置空间改造成为花香四溢、风景优美、体验丰富的花境空间，将灰色空间再利用，避免了土地资源的浪费。花境空间以其独特的景观视觉特点提升了社区整体的观赏性，同时拓宽了社区居民的活动范围，增加了休闲娱乐的新去处。人们行走在花境中，被各式各样的植物包围，花香环绕，带走了人们的坏心情，有利于人们的身心健康。在进行共同缔造活动时，多彩的花境植物与互动性强的蔬果植物帮助参与其中的社区儿童与家长了解植物的生长特性，在照料植物中培养自身能力，增长知识。

2. 生态效益

本设计中多样的植物类型有利于该区域微气候的改变，能增加空气中的湿度，吸收部分有害气体，净化空气。同时丰富的植物形成了良好的生物群落，为蝴蝶、蜜蜂等昆虫提供了栖息地。

附录A　可食地景的学术探索

平疫新常态背景下健康景观研究评述与展望

贺　慧　张馨月　游丽霞　黄浩哲　苏　畅

伴随我国城镇化进程转入下半场,城镇扩张发展引发的系列人居环境问题开始对城镇居民的身心健康产生直接影响。近年来城镇居民工作、通勤等生活模式变革加剧了各类急慢性病症的发生频率[①]。2016年10月,《"健康中国2030"规划纲要》正式发布,"健康中国"上升为国家战略;2019年,《健康中国行动(2019—2030年)》从加强早期干预、关注重点人群和防治重大疾病三大板块对健康提出了要求[②]。

2020年初,新型冠状病毒肺炎的全球蔓延引起了人们对城市公共卫生安全的审视,相关疾控部门迅速采取行动,当前我国大部分地区已顺利由抗疫阶段转至防疫、平疫的新常态。而在平疫新常态下如何引导、利用、规划、设计城市开放空间,提升城镇居民健康状态与标准,已成为多学科视角的焦点问题。同时,在平疫新常态与健康人居理念的背景下,如何顺应城镇发展需求,保证城镇居民健康生活,成为城市规划建设与研究者的共同责任。作为人居环境学科的重要研究领域,营造健康、舒适、卫生的人居环境是健康景观的核心目标之一。本研究通过系统梳理,把握研究发展历史、进展与前沿,结合知识图谱分析识别研究热点,归纳研究重点领域与前沿趋势,为相关规划设计人员及研究学者提供参考。

1　健康景观的研究历程

健康景观并非是一个全新概念,人们在很早之前就已经意识到健康与景观之间的密切关系,并试图通过营造良好的景观环境来恢复或保持人的身心健康。随着社会发展,健康景观的设计手段、活动策划日益丰富,已成为缓解城市病导致的公共健康问题的重要手段[③]。

---

① 仇保兴.建设绿色基础设施,迈向生态文明时代——走有中国特色的健康城镇化之路[J].中国园林,2010,26(7):1-9.

② 彭慧蕴,谭少华.城市公园绿地健康影响机制的概念框架建构[C]//中国城市规划学会,杭州市人民政府.共享与品质——2018中国城市规划年会论文集.北京:中国建筑工业出版社,2018:368-378.

③ 李雄,张云路,木皓可,等.初心与使命——响应公共健康的风景园林[J].风景园林,2020,27(4):91-94.

1.1 从“神”的居所开始——国外健康景观发展

国外健康景观概念萌芽最早体现在建筑选址与绿色空间环境相关关系中，古希腊先民最早将绿色空间与健康进行因果关联。公元 476 年，社会生产力发展缓慢，古希腊居民通过对天神居所的想象，通常把神庙类建筑建设于对人的身心健康有利的自然山谷环境中[①]，并认为优良的居住环境是与自然紧密结合的，环境影响健康的思想在此时初见端倪。进入中世纪后，自然因素被认为是影响健康和疾病的过程因素。这一时期，医疗结合园林形成了具有当代意义的健康景观，修道院模式的实用性园林发展具有典型代表性[②]。人们由被动转为主动，开始使用一些简单的手段设计景观，使之作用于疾病的治疗。然而在 14—15 世纪，大规模流行性、传染性疾病在西方暴发，使人们更加重视疾病本身而忽略了自然环境与人的健康的相互影响关系，修道院等康复花园又被单一的医疗功能性空间所取代，健康景观的发展在这一时期停滞不前。

15 世纪之后，随着西方启蒙运动、浪漫主义运动及城市公园运动等的兴起，景观对人体健康状况的作用逐渐受到重视。19 世纪末，欧洲城市的公园建设已经被普遍认为是一种改善健康、社会福利和公民道德的手段，该阶段更强调健康景观对身体的益处。20 世纪，景观对健康的积极作用已经得到了普遍认可，相关研究深入景观对人的心理和精神的积极作用上[③④⑤]。Kaplan 夫妇讨论了“定向注意力疲劳”以及如何通过自然环境来缓解这种疲劳[⑥]。21 世纪，由于肥胖和精神疾病的增加，西方国家面临严重的健康危机，人们开始研究自然景观在预防疾病方面的重要作用。Pretty 等人的研究表明接触绿色空间和自然会影响健康[⑦]，Mitchell 和 Popham 证明了相关疾病的发病率和高水平的绿地之间存在显著关联[⑧]。

西方健康景观的发展经历了漫长的起伏过程，从意识到自然景观对健康的效应开始采用简单手段进行设计，到发展受阻，再到普遍认可，并通过科学计量方法进行实验设计探索疾病与健康景观之间的关系，其发展经历了从被动走向主动，从基于经验的设计转向定量科学研究的过程。

---

① GESLER W M. The Rapeutic Landscapes: The Ory and a Case Study of Epidauros, Greece[J]. Environment & Planning Society & Space, 1993, 11(2): 171-189.

② MONTFORD A. Health, Sickness, Medicine and the Friarsin the Thirteenth and Fourteenth Centuries[J]. Medical History, 2002, 50(2): 274-275.

③ 侯韫婧，赵晓龙，朱逊. 从健康导向的视角观察西方风景园林的嬗变[J]. 中国园林，2015，31(4)：101-105.

④ THOMPSON C W. Linking Landscape and Health: The Recurring Theme[J]. Landscape and Urban Planning, 2011, 99(3): 187-195.

⑤ JIANG S. The Rapeutic Landscapes and Healing Gardens: A Review of Chinese Literature in Relation to the Studies in Western Countries[J]. Frontiers of Architectural Research, 2014.

⑥ KAPLAN R, KAPLAN S. The Experience of Nature: A Psychological Perspective[M]. Cambridge: Cambridge University Press, 1989.

⑦ PRETTY J, GRIFFIN M, PEACOCK J, et al. A Countryside for Health and Well being: the Physical and Mental Health Benefits of Green Exercise[M]. Network: Countryside Recreation Network, Sheffield Hallum University, 2005.

⑧ MITCHELL R, POPHAM F. Greenspace, Urbanity and Health: Relationships in England[J]. Journal of Epidemiology & Community Health, 2007(61): 681-683.

1.2 天人合德——国内健康景观发展

中国健康景观的起源与国外存在相似之处，都是起步于意识到了良好自然景观对健康的影响作用。我国健康景观概念最早出现于战国时期，老庄道家思想主张“崇尚自然，顺应自然”，强调人与自然的紧密联系。宋代程朱理学“天人合德，天人相应”的说法盛行，表现出对自然界的崇拜和敬畏，并认为环境与健康之间存在紧密联系，优美寂静的山水环境被认为有利于疗养、恢复身体，因此人们将宗教建筑设置在清幽的山林中。自唐代开始，直至清代，随着生产力水平与城市规模扩大，“城市山林”的城市营建思想占据主流，城市人居环境与传统疗养设施采取用绿化围合庭院的形式来营造舒适的环境，通过山石、水体、植物等元素的配置刺激观赏者的五感，以达到调剂身心健康的目的①。

2000 年，李树华首次阐述了园艺疗法的概念、发展历程及作用，并提出了在中国实施园艺疗法的思路②③。此后，郭毓仁完整系统地论述了园艺疗法的概念④，同期卓东升提出医院景观环境与人们身心健康的治疗、恢复有着直接联系⑤。随着医疗结合景观的理论逐渐成熟以及城市快速扩张导致的一系列“亚健康”问题，研究的关注点逐渐转向更广泛的公共景观环境与健康的研究⑥。2015 年，我国正式提出“健康城市”的理念，公共环境健康问题开始受到关注，健康景观概念正式进入研究者的视野，借鉴国外的理论成果结合中国国情，国内学者进行了一系列的实践和探讨(图 1)。

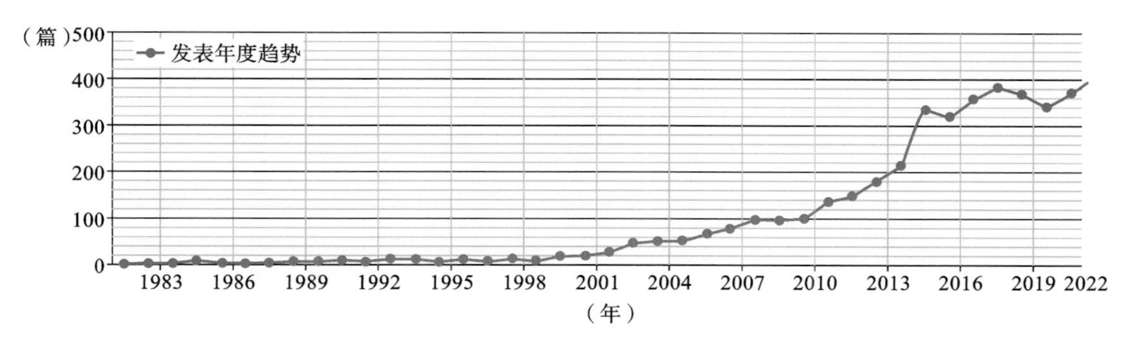

图 1　健康景观研究论文发文量时间分布(1980—2022 年)

---

① 张学玲，李雪飞. 中国古典园林中的健康思想研究——以清代皇家园林为例[J]. 中国园林，2019，35(6)：28-33.

② 李树华. 尽早建立具有中国特色的园艺疗法学科体系(上)[J]. 中国园林，2000(3)：15-17.

③ 李树华. 尽早建立具有中国特色的园艺疗法学科体系(下)[J]. 中国园林，2000(4)：32.

④ 郭毓仁. 治疗景观与园艺疗法[M]. 台北：詹氏书局，2008.

⑤ 卓东升. 医院环境园林绿化与肿瘤病人康复治疗关系初探[J]. 福建医药杂志，2005(4)：151-153.

⑥ 李树华，康宁，史舒琳，等. “绿康城市”论[J]. 中国园林，2020，36(7)：14-19.

1.3 再度关注——全球卫生危机下的新思考

2020 年新型冠状病毒肺炎的全球蔓延，使得健康景观在全球再次成为一个热点话题。为了应对疫情，全球各地普遍采取了社会隔离措施，这意味着公众的活动轨迹和场所发生了极大的变化，同时疫情的冲击对人们的身心健康产生了巨大的影响。国内外学者针对社会隔离政策下城市绿地健康景观对人们行为活动的影响进行了深入的调查和研究，普遍认为新型冠状病毒肺炎的发生强调了城市健康景观作为城市可持续发展生活要素的重要性。Kleinschroth 和 Kowarik 通过 Google Trends 发现疫情后人们到达户外空间的需求增加，但人们对短途散步兴趣的高涨与可以散步的公园的供应并不相匹配①；Johnson 等人研究发现，在高密度的城市化地区，利用公园进行活动可以降低新型冠状病毒肺炎病例率，同时在正常非疫情条件下，还可能产生额外的效用②；殷利华等人通过对武汉住区绿地健康景观的调研，提出住区绿地健康景观应"关注住区弱势群体"需求等发展建议③。

2 健康景观研究综述分析与评述

2.1 数据提取与研究方法

针对健康景观相关研究进展进行评述以及对其前沿进行展望，本研究以中国学术期刊全文数据库(以下简称 CNKI)为数据来源，限定工程科技Ⅱ辑—建筑科学与工程—区域规划、城乡规划作为核心来源，检索风景园林学专业领域的直接性文献。所遴选文章需同时涵盖"健康""景观设计"及相关关键词，因此采用"按主题词搜索"，通过 4 种组合方式确定检索关键词或词组④。遴选文献主要包含核心及核心以上的学术期刊、重点大学的硕士和博士论文及重要国际会议的会议论文。经过剔除和筛选后，得到 1980 年 1 月至 2021 年 7 月的 4349 篇健康景观领域的直接相关文献作为分析研究对象。将从 CNKI 平台上检索整理的文献数据导入 CiteSpace 软件，通过设

---

① KLEINSCHROTH F, KOWARIK I. COVID-19 Crisis Demonstrates the Urgent Need for Urban Greenspaces[J]. Frontiers in Ecology and the Environment, 2020, 18(6): 318.

② JOHNSON T F, HORDLEY L A, GREENWELL M P, et al. Effect of Park Use and Landscape Structure on COVID-19 Transmission Rates[J]. Science of The Total Environment, 2021(1504): 148123.

③ 殷利华，张雨，杨鑫，等. 后疫情时代武汉住区绿地健康景观调研及建设思考[J]. 中国园林，2021，37(3)：14-19.

④ 检索组合方式分为三种：①直接关键词，检索式为 SU＝健康景观＋健康景观设计；②"健康"和"景观"特征词，检索式为 SU＝健康×(城市景观＋公园设计＋绿地景观＋都市景观＋环境设计＋公共空间环境＋生态环境＋景观设计＋景观优化＋景观空间布局＋景观配置＋景观评估＋景观设计导则)；③"健康"和"景观"＋布局＋设计和规划设计要素或环境要素，检索式为 SU＝健康×(景观＋设计)×(公园空间＋绿地空间＋公共空间＋开敞空间＋开放空间＋建成环境＋体育设施＋体力活动)。

定相关参数对其研究主题、关键词、作者、研究机构等方面进行可视化分析研究，以期能更直观、清晰地展现健康景观领域的发展现状及动态过程。

2.2 健康景观领域研究概况

从时间分布上看，健康景观领域的发文量整体呈现快速增长的趋势，大致分为萌芽期、快速发展期和稳定发展期三个时期。萌芽期为 1980—2000 年，该阶段健康景观的概念较模糊，学术界的关注度较低，发文量少；快速发展期为 2001—2014 年，该阶段健康景观的理论体系逐渐形成，发文量呈现快速增长趋势，不少学者通过实验论证了健康景观的积极作用①②；稳定发展期为 2015—2019 年，该阶段学术界对健康景观的研究不断深入与拓展，打破科技壁垒，与大数据、互联网等技术融合，发文量维持在较高水平；2019 年后，由于新型冠状病毒肺炎的爆发，加剧了社会对公众健康的重视，使得学界对健康景观的关注度也加强了。

对发文作者以及研究机构的分析有利于了解健康景观研究领域中核心作者和机构间的合作现状，从而获得隐性知识“载体”的信息。从发文作者来看，发文量最大的为清华大学建筑学院的李树华教授，其次为同济大学建筑与城市规划学院的王兰教授和重庆大学建筑城规学院的谭少华教授。同时，国内研究健康景观的学术团队尚未达成稳定的合作，未形成跨地域、跨机构、跨领域的合作网络关系，发文作者之间也缺乏关联性。通过分析突变词，发现健康景观研究的核心团队逐渐从鲁黎明、杨芳绒团队的公园康养景观研究转向李树华团队的园艺疗法研究（图 2）。

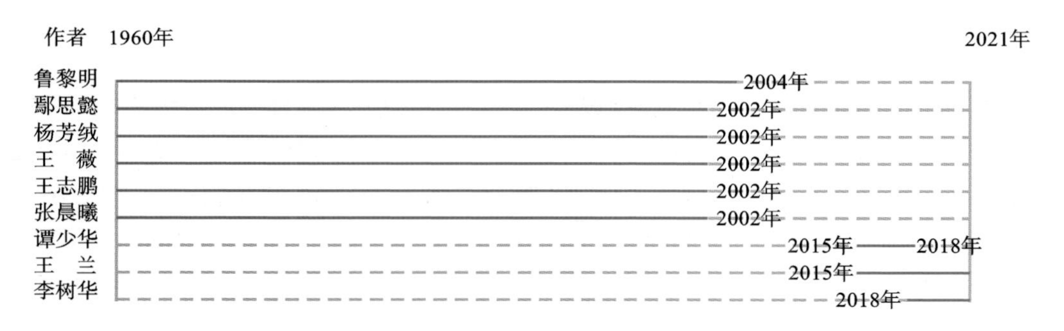

图 2　健康景观发文作者突发分析

从研究机构来看，我国风景园林学健康研究领域发文量较多的研究机构有同济大学、清华大学、重庆大学、哈尔滨工业大学等，除 Department of Geography、中国城市建设研究院、中国林业科学研究院外，几乎全部为高校，说明高校是健康景观研究领域的中坚力量。但研究机构间的合作较弱，联系有待加强。

---

① 赵晓龙，王敏聪，赵巍，等. 公共健康和福祉视角下英国城市公园发展研究[J]. 国际城市规划，2021，36(1)：47-57.

② 张文英，巫盈盈，肖大威. 设计结合医疗——医疗花园和康复景观[J]. 中国园林，2009，25(8)：7-11.

3 研究热点分析

3.1 关键词词频分析

为了探究健康景观领域的研究热点，笔者采用词频分析法进行分析。根据关键词的频数和中介中心性可知，“城市公园”“风景园林”“景观设计”等词是健康景观研究领域的热点词汇，从其首现年份可知，“城市公园”“层次分析法”等概念引入较早，而“园艺疗法”“康复景观”等词汇出现较晚，为新兴词汇，但其受关注度较高(表 1)。

表 1 健康景观领域关键词词频信息

关键词	频数	中介中心性	首现年份	关键词	频数	中介中心性	首现年份
城市公园	145	0.05	1960 年	园艺疗法	41	0.03	2012 年
风景园林	130	0.10	2005 年	健康城市	40	0.05	2008 年
景观设计	59	0.03	2008 年	公共健康	38	0.09	2006 年
层次分析法	57	0.03	1960 年	Green space	32	0.06	2008 年
康复景观	42	0.04	2009 年	Physical activity	13	0.07	2007 年

国内于 20 世纪中期开始关注城市公园对公共健康的促进作用，并将这种景观的健康效益应用到特定的场所中，如在医院环境中探究疾病治疗与康复花园之间存在的联系机制，发现部分植物围合的空间对于高血压、循环系统疾病及易焦躁、头痛的患者有一定康复疗效[①]。目前，中国面临着严重的健康危机，城市居民深受健康问题的困扰，因此，对健康城市、公众健康、园艺疗法等领域的研究将会不断深入。

3.2 关键词共现网络分析

统计分析发现，“风景园林”的度中心性[②]最高，此外“城市公园”“景观设计”“健康城市”等也在其研究领域中占据了重要地位。从相互关联性看，图中连线数量多，但分布相对分散，说明健康景观领域的相关研究之间有一定关联，但其关联程度并不紧密(图 3)。

风景园林学为健康景观的研究奠定了基础，不同领域之间应加强协作关系，构建健康景观网络，共同致力于健康景观的营造，促进公共健康。

---

① 温特巴顿，刘娟娟. 自然与康复：为何我们需要绿色疗法[J]. 中国园林，2018，34(9)：26-32.

② 重点文献的筛选方式为：以 CiteSpace 识别中介中心性为基础，结合被引频次较高、发表时间较新的重点文献的分析研读，综合考虑文献与相关聚类的关联度、被引频次、发表时间等因素进行筛选。

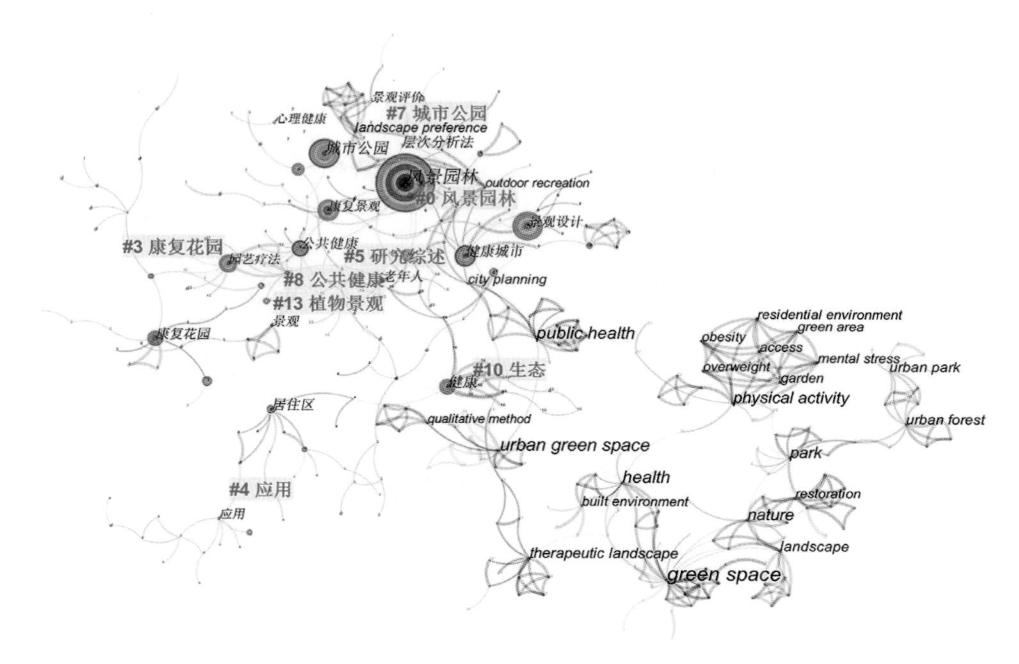

图 3　健康景观领域关键词共现网络图谱

3.3　关键词聚类分析

本研究对从 CNKI 数据库上检索的 3139 篇文献的关键词进行了关键词聚类，将 537 个主题词分为了 8 大类，其中聚类模块值为 Q 值，Q 值大于 0.3 意味着聚类结构显著，聚类平均轮廓值为 S 值，S 值大于 0.7 意味着聚类是令人信服的。在本研究中，Q 值为 0.91，S 值为 0.94，结果表明该聚类的结构显著，且其聚类结果是令人信服的。同时，8 个聚类中的聚类平均轮廓值都在 0.7 以上，说明其聚类的紧密程度比较良好，聚类的可信度较高。其中＃0 康复花园和＃3 绿色空间的聚类平均轮廓值达到了 1，意味着其聚类效果是最好的(表 2)。

表 2　健康景观领域关键词聚类信息

聚类名称	文献数量	平均轮廓值	聚类形成时间	聚类名称	文献数量	平均轮廓值	聚类形成时间
＃0 康复花园	102	1.000	2012 年	＃城市公园	32	0.991	1989 年
＃3 绿色空间	94	1.000	2013 年	＃公共健康	70	0.925	2014 年
＃4 风景园林	154	0.971	2012 年	＃社区绿化	32	0.929	2014 年
＃5 研究综述	35	0.925	2017 年	＃园艺疗法	87	0.986	2016 年

通过聚类分析发现当前健康景观领域研究的热点与方向，更注重以研究综述的形式，整理归纳健康景观的发展趋势，“园艺疗法”和“社区绿化”则是践行健康景观领域研究的重要手段。

4　健康景观领域重要文献分析及前沿趋势

4.1　重要文献分析

在 CiteSpace 共被引分析中，被引文献可以反映该领域研究的知识基础和发展前沿①。本研究根据中心性、关联性、突现性对聚类进行分析，并结合对重点文献的深入研读，归纳总结风景园林学健康景观领域的 4 大研究重点，即康复花园与医疗的有机结合、城市公园对健康的作用机制、绿色空间对体力活动的影响、设计有益于公共健康的开放空间。同时结合 CiteSpace 对中介中心性的识别，筛选出对健康景观的 4 大研究重点起重要作用的文献②，并梳理其知识基础和结构。

4.1.1　康复花园与医疗的有机结合

康复花园的聚类形成于 2012 年，但其在西方已有较长的发展历史，起源于中世纪修道院模式的收容所和诊所。康复花园被引入中国后，受到学者的普遍关注，对健康景观的发展起到重要的促进作用。对康复花园的研究多为学科交叉的研究，特别是与医学关联密切，其对人体生理、心理、社会需求等方面的积极作用已经得到了广泛认可与应用，大量的医学研究实证为其提供了坚实基础③④⑤。

在 21 世纪初，Stigsdotter 和 Grahn 就已经界定了康复花园的定义：①可以作为一个整体来体验，与周围的环境区分开来；②作为生命表现形式的花园，是用富有生命的材料建设的；③是一种特殊的应用艺术形式，能够为游客提供丰富多彩的体验。同时，还总结了康复花园治愈作用的相关理论及其设计原则，提出一个康复花园必须能够以一种支持和积极的方式与游客交流⑥。

我国由于城市建设速度过快导致后续用地局促，医疗环境建设情况不佳，康复花园式的景观环境实践应用较少。但相关文献资料较为丰富，如王晓博应用国外医疗外部环境建设的理论，结合中国实际探讨如何建设医院外部环境、临终关怀花园及康复性景观⑦，张高超等人设计微型芳香康复花园，通过对 35 名志愿者的皮质醇测试，发现康复花园对于调节人的身心健康有积极的

---

① 刘博新，李树华. 基于神经科学研究的康复景观设计探析[J]. 中国园林，2012，28(11)：47-51.

② 重点文献的筛选方式为：以 CiteSpace 识别中介中心性为基础，结合被引频次较高、发表时间较新的重点文献的分析研读，综合考虑文献与相关聚类的关联度、被引频次、发表时间等因素进行筛选。

③ 康宁，李树华，李法红. 园林景观对人体心理影响的研究[J]. 中国园林，2008(7)：69-72.

④ 高阳，韩娜，张亚菲，等. 乌鲁木齐市医院户外环境植物景观分析[J]. 西北林学院学报，2012，27(6)：201-206.

⑤ CHEN C，SONG M. Visualizing a Field of Research：A Methodology of Systematic Scientmetric Reviews[J]. Public Library of Science，2019，14(10)：e0223994.

⑥ STIGSDOTTER U，GRAHN P. What Makes a Garden a Healing Garden[J]. Journal of The Rapeutic Horticulture，2002，13(2)：60-69.

⑦ 王晓博. 以医疗机构外部环境为重点的康复性景观研究[D]. 北京：北京林业大学，2012.

作用，有助于改善人的亚健康状态[①]。

4.1.2 城市公园对健康的作用机制

城市公园是最早形成的聚类，形成时间为1989年，关注度较低，但随着近年来公园城市理念的提出与持续推进，其再度成为风景园林领域的关注热点，接触绿色的环境与身心健康息息相关。

Venter等人通过Strava跟踪调查奥斯陆居民活动发现，疫情防控的封锁措施导致了城市绿色基础设施的使用及居民在城市公园的休闲活动时间增加，特别是青少年和老年群体增加趋势明显[②]。对于城市公园与健康的关系，Blanck等人指出，公园在造福公众健康和预防肥胖及慢性疾病等方面发挥了积极作用[③]，Bringslimark和Hartig等学者也通过实验证明了在公园跑步比在城市环境中跑步更能促进心理恢复，在自然环境中散步也被证明比在城市环境中散步更能减轻精神疲劳的症状[④]。

国内学者通过构建模型等方式验证了城市公园环境对居民身心健康的效益。彭慧蕴等人在量表设计和问卷调查基础上，通过构建模型发现居民行为模式在公园环境恢复性效应的影响机制中具有中介作用，为公园规划设计中提升环境恢复性效应提供了理论依据[⑤]。陈春等人研究在城镇化快速推进背景下，建成环境公共空间缺失，通过干预人的步行活动和设施环境进而影响其身体质量指数[⑥]。城市公园以人为本的规划建设有效地弥补了建成环境的不足，通过健全的公共服务设施与优美的自然景观有效缓解疲劳和压力，促进人的身心健康发展。

4.1.3 绿色空间对体力活动的影响

绿色空间的研究最早起步于美国，中国对其研究较晚，但关注度高，其研究发展与国内积极提倡的健康城市建设密切相关。

已有研究显示，慢性病的患病率与发病率与缺乏体育锻炼有关[⑦⑧⑨]。Maas等人在2006年就对绿色空间与城市化、居民健康之间的关系进行了探讨，发现居民居住环境中绿地比例与居民

---

① 张高超，孙睦泓，吴亚妮．具有改善人体亚健康状态功效的微型芳香康复花园设计建造及功效研究[J]．中国园林，2016，32(6)：94-99.

② VENTER Z S, BARTON D N, GUNDERSEN V, et al. Back to Nature: Norwegians Sustain Increased Recreational Use of Urban Green Space Months after the COVID-19 Outbreak[J]. Landscape and Urban Planning, 2021, 214: 104175.

③ BLANCK H M, ALLEN D, BASHIR Z, et al. Let's Go to the Park Today: The Role of Parks in Obesity Prevention and Improving the Public's Health[J]. Childhood Obesity, 2012, 8(5): 423-428.

④ BRINGSLIMARK T, HARTIG T, PATIL G G. The Psychological Benefits of Indoor Plants: A Critical Review of the Experimental Literature[J]. Journal of Environmental Psychology, 2009, 29(4): 422-433.

⑤ 彭慧蕴，谭少华．城市公园环境的恢复性效应影响机制研究——以重庆为例[J]．中国园林，2018，34(9)：5-9.

⑥ 陈春，陈勇，于立，等．为健康城市而规划：建成环境与老年人身体质量指数关系研究[J]．城市发展研究，2017，24(4)：7-13.

⑦ MITCHELL R, POPHAM F. Effect of Exposure to Natural Environment on Health Inequalities: An Observational Population Study[J]. Lancet, 2008(9650): 1655-1660.

⑧ TOFTAGER M, EKHOLM O, SCHIPPERIJN J, et al. Distance to Green Space and Physical Activity: A Danish National Representative Survey[J]. Journal of Physical Activity&Health, 2011, 8(6): 741.

⑨ MYTTON O T, TOWNSEND N, RUTTER H, et al. Green Space and Physical Activity: An Observational Study Using Health Survey for England Data[J]. Health&Place, 2012(5): 1034-1041.

总体健康感知呈正相关关系，并提出在空间规划政策中，绿色空间的发展应被置于更核心的地位①。

新型冠状病毒肺炎的暴发极大地改变了人们的生活方式。贾鹏通过审查“致肥胖环境与儿童肥胖”项目关于致肥胖环境决定因素的报道发现，新冠疫情的封锁防控环境极大地减少了青年的体力活动并改变了他们的饮食习惯，形成“致肥胖”环境，进而影响了青年与环境的互动模式②。同时，与城市的硬质景观相比，绿地景观对人的体育活动的激励作用更大。在绿色景观较多的地方，无论是儿童还是成年人，都会进行更积极的体育活动。绿色植物可以延长人们的运动时间，提高人们的专注力，减轻心理压力。同时，城市绿地可为市民提供多样化的体育锻炼场所，提高公众健康水平。已有的国内文献也在绿色空间对体力活动的影响方面展开了深入的研究。余洋等人在对绿色空间内体力活动与公众健康关系的探究中发现，体力活动是绿色空间发挥健康效用的重要媒介，在抑郁情绪恢复方面具有显著疗愈效果，并对城市建设中绿色空间的设计提出了建议③。张红云等人比较了绿道对低强度、中等强度和高强度体力行为的影响，结果显示，在低强度步行行为中，绿色通道建设对提高居民户外活动的效果明显④。

4.1.4 设计有益于公共健康的开放空间

公共健康的聚类形成较晚，但近年来全球对公众健康的关注度越来越高，特别是新型冠状病毒肺炎在全球范围的蔓延，使得设计有益于公众健康的开放空间成为迫在眉睫的需求。国内外学者尝试通过大量实验探究开放空间中能够对公众健康起作用的要素，从而进行积极应对卫生医疗危机的开放空间设计，并提出相关建议进行有益尝试。

Koohsari 等人通过实验指出在推进公共开放空间和体育活动的研究中，应当尽可能采用纵向和实验性研究设计，在多种环境中探索公共开放空间，关注公共开放空间周围环境的影响，更好地理解公共开放空间属性及如何与体力活动相关联等，以期帮助城市设计师和政策制定者更好地设计有利于公众健康的公共开放空间系统⑤。

不少中国学者对有益于公共健康的开放空间设计进行了积极的探索，特别是在疫情之后，越来越多的学者尝试寻求一种设计策略来抵御快速城市化和居民体力活动缺乏带来的健康威胁，应对突发性公共卫生危机。赵晓龙等人通过对英国城市公园规划设计的经验借鉴，提出建立多维健康认识论，将对个体、社会、城市生态系统健康的城市开放空间考虑详细化，以融入健康公园体系的设计手段。殷利华等人通过对后疫情时代武汉住区健康景观的调研，发现疫情期间公众更加渴望到绿地中舒缓身心，并依据调研结果提出提升健康景观品质的相关建议(表 3)。

---

① MAAS J, VERHEIJ R A, GROENEWEGEN P P, et al. Green Space, Urbanity, and Health: How Strong is the Relation[J]. Journal of Epidemiology and Community Health, 2006, 60(7): 587-592.

② JIA P. A Changed Research Landscape of Youth's Obesogenic Behaviours and Environments in the Post-COVID-19 Era[J]. Obesity Reviews, 2021, 22: e13162.

③ 余洋，王馨笛，陆诗亮. 促进健康的城市景观：绿色空间对体力活动的影响[J]. 中国园林，2019，35(10)：67-71.

④ 张红云，朱战强，邹冬生. 绿道对不同接近度使用者体力活动影响研究——以广州市滨江绿道为例[J]. 城市规划，2019，43(8)：75-80.

⑤ KOOHSARI M J, MAVOA S, VILLIANUEVA K, et al. Public Open Space, Physical Activity, Urban Design and Public Health: Concepts, Methods and Research Agenda[J]. Health&Place, 2015, 33: 75-82.

表 3　健康景观领域重要文献研究概况

聚类名称	第一作者	被引频次	研究内容	研究方法	发文时间
康复花园	Ulrika A Stigsdotter	282	康复花园的疗愈作用及人们如何以及为什么从疗愈花园中受益	文献综述、方法总结	2002 年
	雷艳华	298	国内外康复花园的发展及研究	文献综述	2011 年
	Anna A Adevi	150	花园形式的自然治疗如何作用于压力障碍	访谈调查	2013 年
	王晓博	126	康复景观的分类、发展及以医疗机构外部环境为重点的研究	文献查阅、实地调研、工程实践	2012 年
	刘博新	110	基于循证设计的康复景观在中国老年群体中的应用	文献综合、生理测试、心理测评、访谈、数据分析法	2015 年
城市公园	Kindal A Shores	130	公园环境影响人的体力活动	观察记录、回归模型	2013 年
	Heidi M Blanck	69	公园对预防肥胖和改善公众健康的积极作用	文献综述	2012 年
	彭慧蕴	57	公园环境特征对居民恢复性效应的影响机制	概念模型、调查问卷、结构方程模型	2018 年
	陈春	42	建成环境与老年人的休闲健身活动、身体质量指数的关系	问卷调查、Logistic 回归分析	2017 年
	Zander S Venter	28	疫情后城市公园休闲活动及绿色基础设施使用的情况	文献综述、STRAVA 跟踪调查	2021 年
绿色空间	Maas J	2148	绿色空间、城市化与居民健康之间的关系	调查问卷、多层次 Logistic 回归分析	2006 年
	Diana E Bowler	1652	在自然环境中活动的益处	系统综述、荟萃分析	2013 年
	Richard Mitchell	441	在自然环境中进行体育活动与低心理健康不良风险的关系	问卷调查、Logistic 回归模型	2010 年

续表

聚类名称	第一作者	被引频次	研究内容	研究方法	发文时间
绿色空间	贾鹏	84	新型冠状病毒肺炎对青少年肥胖环境的影响	调查研究	2021年
	姚亚男	56	探究绿色空间与公共健康之间的关系	知识图谱、文献综述	2018年
公共健康	Takemi Sugiyama	382	休闲步行与社区开放空间的吸引力、大小和邻近性的关系	问卷调查、GIS测定、Logistic回归分析	2010年
	Koohsari M J	308	公共开放空间与公众体育活动之间的关系	概念解析、文献综述	2015年
	林雄斌	88	北美都市区建成环境与公共健康关系的研究述评及其启示	案例研究	2015年
	姜斌	84	健康城市：论城市绿色景观对大众健康的影响机制及重要研究问题	文献综述、案例研究	2015年
	金广君	68	设计健康的城市的方法	现状调查、方法总结	2008年

4.2 前沿趋势分析

通过关键词共现分析和突发性检测对健康景观研究前沿进行鉴别。图4为健康景观研究关键词共现的时区图，时区图中每个节点代表关键词，节点大小代表该关键词出现的频率，不同时区文献的集聚程度可以体现不同时期该研究领域的成果状况。由图4可以看出，2008年之前，相关研究成果较少；2008—2014年，对健康景观、居住区、康复景观、城市绿地、公共健康等的研究成果不断增加；2014年之后，在园艺疗法、建成环境、健康效益、适老环境、健康景观设计策略和健康景观设计应用等方面成果显著。

突发性探测能够根据词频变化统计出某一时期突然兴起的研究热点，从更深层面挖掘特定时间段关注热度高的领域，能在一定程度上体现健康景观潜在的发展方向。由图5可知，2008年之后相继出现了green space、康复花园、urban green space、康复景观、景观设计、健康城市等热点关键词，其中green space、景观设计、风景园林、城市绿地4个关键词的突发强度最高，影响力最大。

由此可见，风景园林健康景观的前沿领域将在既往研究的基础上，加强学科交叉的研究。在研究内容上会更加广泛，主要围绕城市建成环境、城市绿地、居民健康、体力活动等热点问题进行探讨；在研究时间上将更加注重细节，研究视角愈加微观深入，研究的专项性凸显；在研究人群上，随着社会对儿童友好和适老性的关注，将会侧重对儿童、老年人、孕妇等弱势群体的研究。

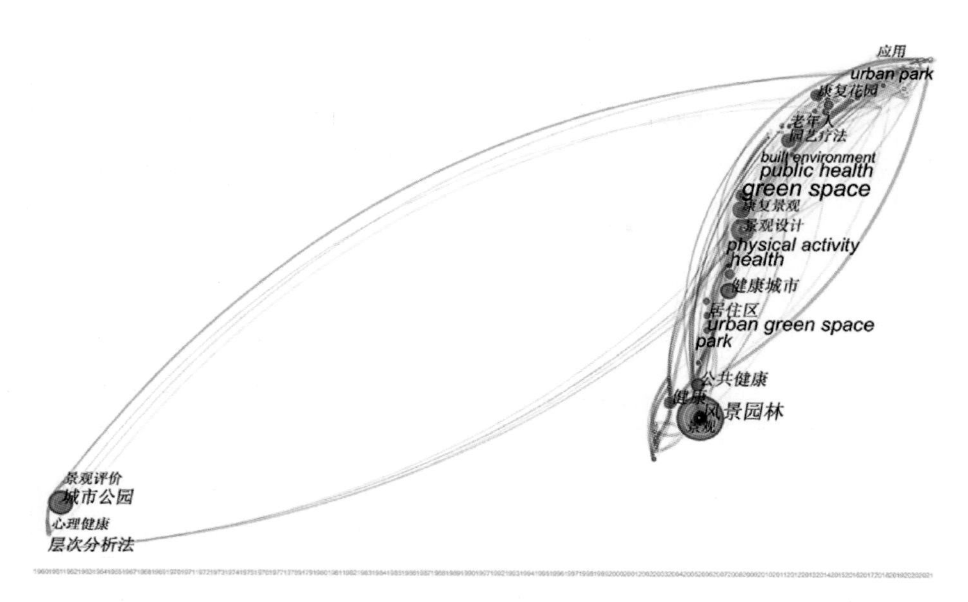

图 4　健康景观领域关键词共现网络图谱

关键词	实力	结束/年	开始/年	1960—2021年
城市公园	27.2	1960	2002	
郑州市	20.02	1960	2002	
绿地特征	19.92	1960	2003	
生理健康	19.43	1960	2003	
康养景观	19.28	1960	2004	
合肥	19.28	1960	2004	
使用方式	18.23	1960	2004	
景观评价	18.23	1960	2004	
人民公园	18.23	1960	2004	
心理健康	17.44	1960	2004	
层次分析法	16.71	1960	2002	
health	6.06	2008	2017	
green space	9.57	2010	2018	
康复花园	4.67	2012	2016	
urban green space	5.48	2013	2017	
康复景观	6.23	2015	2017	
景观设计	8.25	2016	2021	
健康城市	5.8	2016	2021	
风景园林	6.78	2018	2021	
城市绿地	6.28	2018	2021	

图 5　健康景观领域关键词突现图谱

5 结　论

将公众健康与景观环境密切结合是形成可持续友好环境、打造健康城市的重要手段。特别是新型冠状病毒肺炎在全球暴发后,国内外对健康景观领域的关注度不断提升,相关研究成果显著增加。本研究通过梳理国内外健康景观发展历程,定量客观地呈现当前健康景观研究领域的发展脉络,识别研究热点,系统揭示当前研究的重点领域和前沿方向。当前研究呈现以下特点:①研究内容方面因起步较晚,在数量和深度上不及国外水平,且主要借鉴国外已有的研究成果,尚未形成具有中国特色的研究体系,关注热点集聚在城市公园、景观设计、健康城市上,园艺疗法和社区绿化成为健康景观践行的重要手段;②研究未来方向上将围绕绿色空间、景观设计、风景园林、城市绿地等内容展开,关注应对突发性公共卫生危机的健康景观营造,注重以实际应用为导向,重视健康理念在景观设计中的应用;③研究方法趋于多元化,逐渐从早期调研等表象特征分析逐渐向构建模型、知识图谱分析等的定量评价方式转变,更加注重城市环境与健康的定量关联研究和实证研究。同时,学科交叉特征更加明显。针对当前研究呈现的特点,未来健康景观领域可进行拓展应用。

(1)新型冠状病毒肺炎的突然暴发,使人们对健康产生了更深的认知与意识。既有研究表明,疫情后居民增加了更多的绿地锻炼活动,引发了对后疫情时代下户外绿地空间建设的思考。对完善城市各类型的公共绿地配置,进行弹性的绿地空间设计,适应使用者不同时期的使用需求,发挥健康景观促进市民室外体力活动的重要作用等方面提出了更高的要求。同时,学者们可以深入探讨在不同类型的空间中不同构成的健康景观的作用,并结合安全防疫距离探讨健康景观最佳的景观植物配比及对不同类型人群体力活动的促进作用等。

(2)5G时代来临,城市正不断在向智慧型城市转变,不断将科学技术整合到创造性的活动之中。将大数据技术应用于环境研究中,揭示人、空间、景观的联系,一方面有助于掌握场地空间里活动人群的时空行为方式构成、场地景观偏好、满意度评价等,另一方面,基于获取的数据构建网络数据模型,进行场景模拟分析,有利于进行更加精准的健康景观绩效科学实验。同时,未来健康景观的研究有望在智慧城市的引领下进行多技术交织的仿真模拟实验,从而探索健康景观的评价体系与构建健康景观系统,有利于更好地发挥健康景观在提升城市空间品质、促进智慧城市发展中的重要作用。

(3)健康景观对居民生产生活、城市发展的积极作用已在大量实证研究中得到验证,后续研究应进一步打破学科壁垒,促进风景园林学、生态学、临床医学、植物学等多学科融合的研究,并建立更加完善的学科体系。立足风景园林学领域的理论方法,融合多学科的优势,建立健康景观研究体系的构架。在此基础上,逐步探索具有中国特色的健康景观营造方法和理论体系,助力"健康中国"发展目标的实现。

健康中国背景下我国疗愈景观研究进展及未来趋向

方宇星　张　彤　贺　慧

1 背　景

2015 年 2 月，李克强总理在政府工作报告中首次提出“打造健康中国”；2015 年 11 月，党的十八届五中全会进一步提出了“推进健康中国建设”的任务要求，党中央把维护人民健康摆在更加突出的位置；中共中央、国务院于 2016 年 10 月 25 日印发并实施《“健康中国 2030”规划纲要》①；2020 年 9 月，习近平总书记在北京主持召开教育文化卫生体育领域专家代表座谈会，会上提出“研究谋划‘十四五’时期卫生健康发展，要站位全局、着眼长远，聚焦面临的老难题和新挑战，拿出实招硬招，全面推进健康中国建设”②。由此可见，健康已成为国家软实力的重要组成部分，在增量规划走向存量规划的当下，打造高品质城市公共空间也是健康城市建设需重点关注的问题。

多样化的景观设计能够美化公共空间环境，给人良好的感知体验，既有研究表明良好的景观能够调节人的神经系统，有助于治疗生理及心理疾病③。疗愈景观最早由国外学者展开研究，美国在理论研究及实践方面处于领先地位④。Westphal 于 2000 年提出疗愈景观可从生理、心理和精神三个方面或其中的某一个方面来帮助人们提升健康水平⑤；Eckerling 认为，疗愈景观环境以康复为目的，可以缓解压力⑥。本研究认为疗愈景观以自然元素为主要成分，以自然环境为基础，并以室外景观为可利用资源，从而提升人类生理、心理以及精神健康水平。我国相关研究起步较晚，近五年来趋势高涨，研究成果多借鉴西方较为成熟的理论研究，但仍需考虑我国的实际情况，实现两者的有效结合，切实有效地应用到城市建设中。后疫情时代，市民对公共活动空间的依赖性逐渐增强，景观作为公共空间的重要构成要素，应发挥其特殊的功效，促进城市居民主动以健康的方式增强体质，从而实现身心健康。因此，在国家全面推进健康中国建设及全力打造高品质人居环境的背景下，国内学者需持续探索疗愈景观功效的多元化及未来应用领域的拓展。

---

① 郭清．“健康中国 2030”规划纲要的实施路径[J]．健康研究，2016，36(6)：601-604．

② 李滔，王秀峰．健康中国的内涵与实现路径[J]．卫生经济研究，2016(1)：4-10．

③ 高显恩．现代疗养学[M]．北京：人民军医出版社，1989．

④ 王晓博．以医疗机构外部环境为重点的康复性景观研究[D]．北京：北京林业大学，2012．

⑤ WESTPHAL J M. Hyperbole and Health: Therapeutic Site Design[C]//BENSON J F, ROWE M H. Urban Lifestyles: Spaces, Places, People. Rotterdam: A. A. Balkema, 2000.

⑥ 雷艳华，金荷仙，王剑艳．康复花园研究现状及展望[J]．中国园林，2011(4)：31-36．

2 研究概况

2.1 数据来源

本研究数据来源于中国学术期刊全文数据库(以下简称CNKI),以“疗愈景观”为主题词进行检索,检索环境为“高级检索”,文献类型为“学术期刊”,文献检索的截止时间为2022年4月28日。在CNKI数据库中查询到2010—2021年的研究成果总计126篇文章,对文章进行适当的筛选后,最终得到101篇文章,将其导入CiteSpace软件中进行聚类分析。

2.2 总体分析

2.2.1 基于CNKI网页的可视化分析

在CNKI网页中对101篇文献进行可视化分析,可以得到年发文量、学科分布、期刊分布、来源类别、作者分布及机构分布的相关数据及图示。

在总体趋势分析中可以观察到,国内学者对疗愈景观的研究开始于2013年,2013—2017年发文量较少,年均4～5篇,2017—2021年,年发文量呈显著上升趋势,2020—2021年共发表相关文献78篇,达到峰值(图1),可见近5年来国家政策的支持推进了国内学者对疗愈景观的研究。由检索结果可以看出建筑科学与工程、临床医学、园艺、旅游、农业经济这五大学科占比较高,尤其是建筑科学与工程学科研究占总研究比例为79.86%(图2)。《现代园艺》《中国医院建筑与装备》《园林》《中国园林》刊登的文献数量较多(图3),但源自核心期刊、CSSCI、SCI的文献仅有23篇,占比25.74%(图4)。近五年来,同济大学徐磊青团队对疗愈景观相关研究作出了积极的深化和有益的推进(图5、图6)。

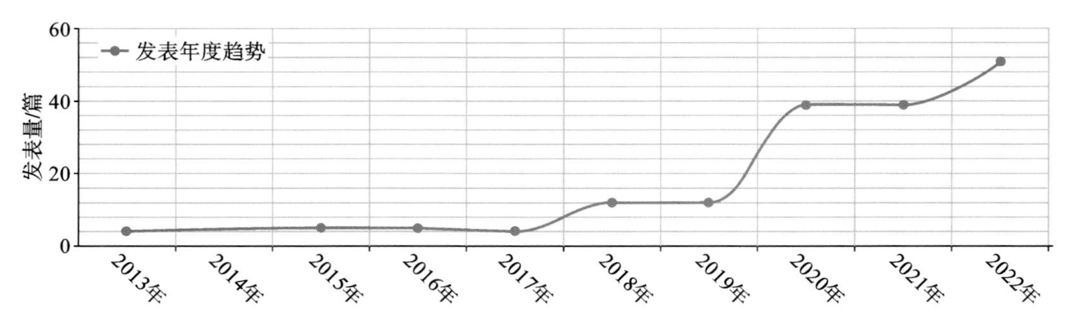

图1 以疗愈景观为主题的论文年发表量

(图片来源:CNKI网页)

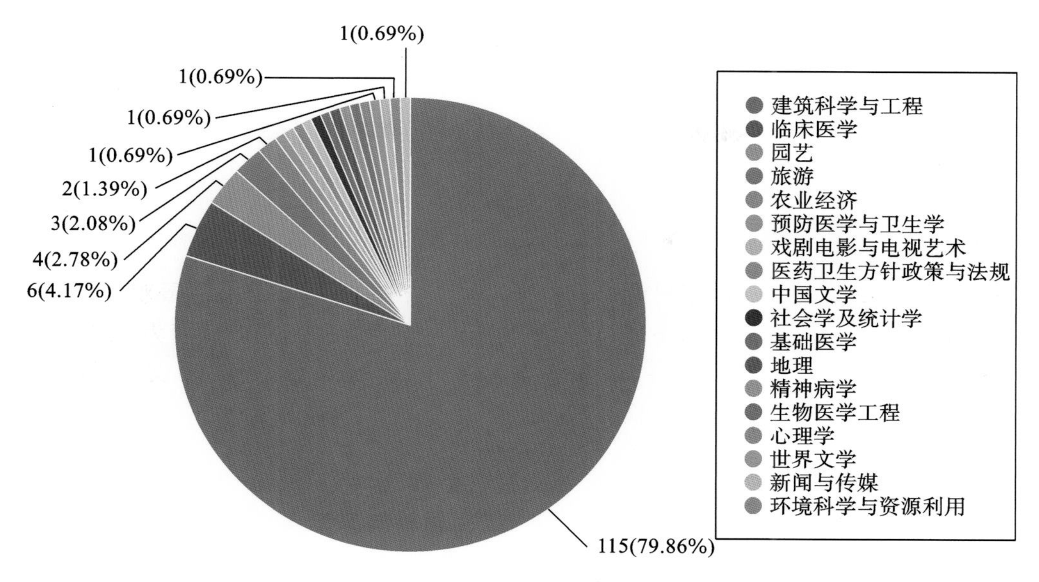

图 2　疗愈景观研究学科分布

(图片来源:CNKI 网页)

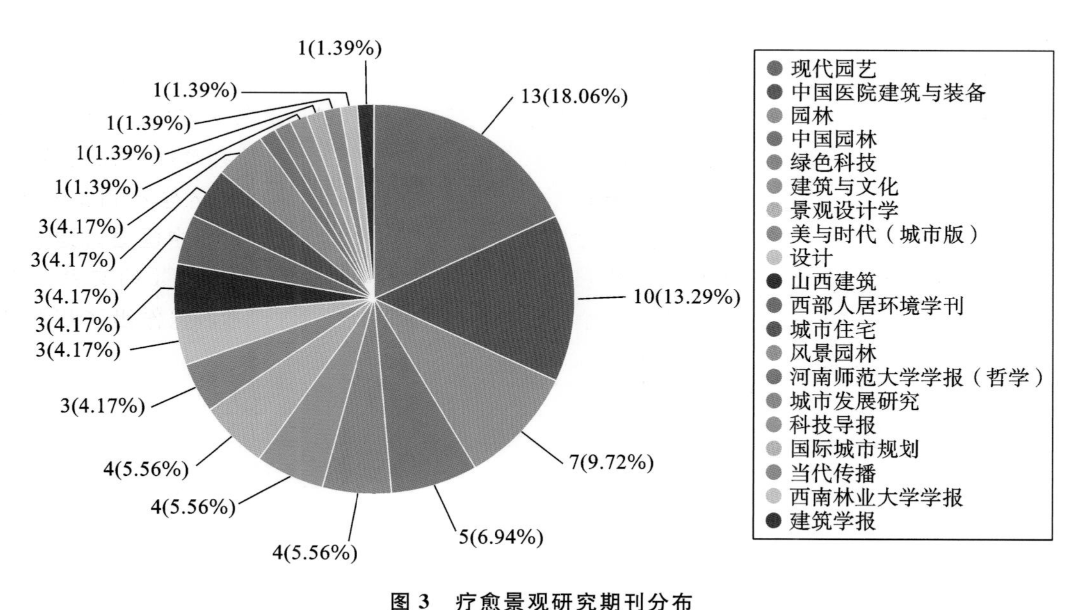

图 3　疗愈景观研究期刊分布

(图片来源:CNKI 网页)

2.2.2　基于 CiteSpace 软件的聚类分析

通过对 2013—2021 年的关键词共线研究可以观察到研究的热点主题,将此作为研究重点把握方向。目前疗愈景观的研究热点词频包括园艺疗法(horticultural therapy)、景观设计

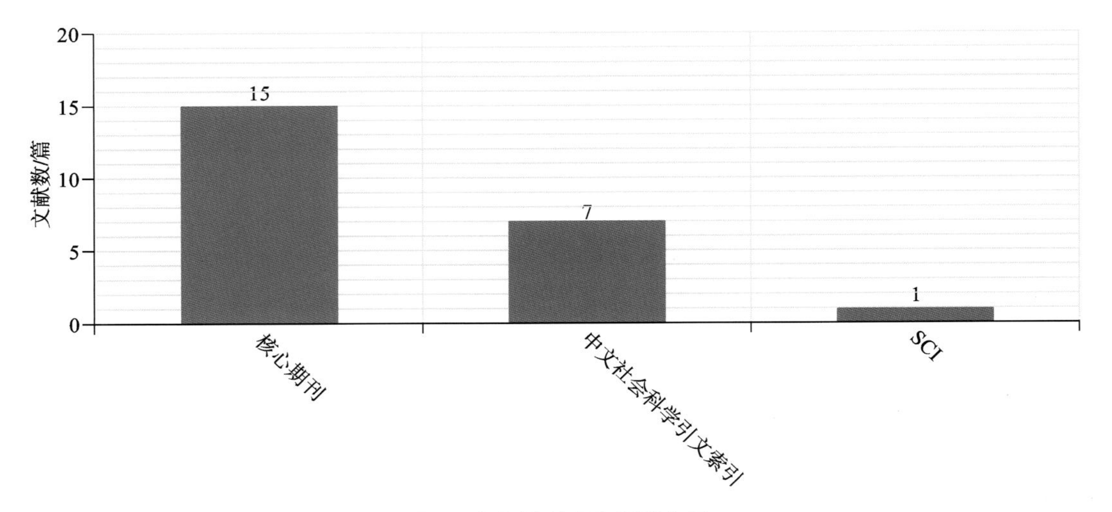

图 4　疗愈景观研究期刊来源

（图片来源：CNKI 网页）

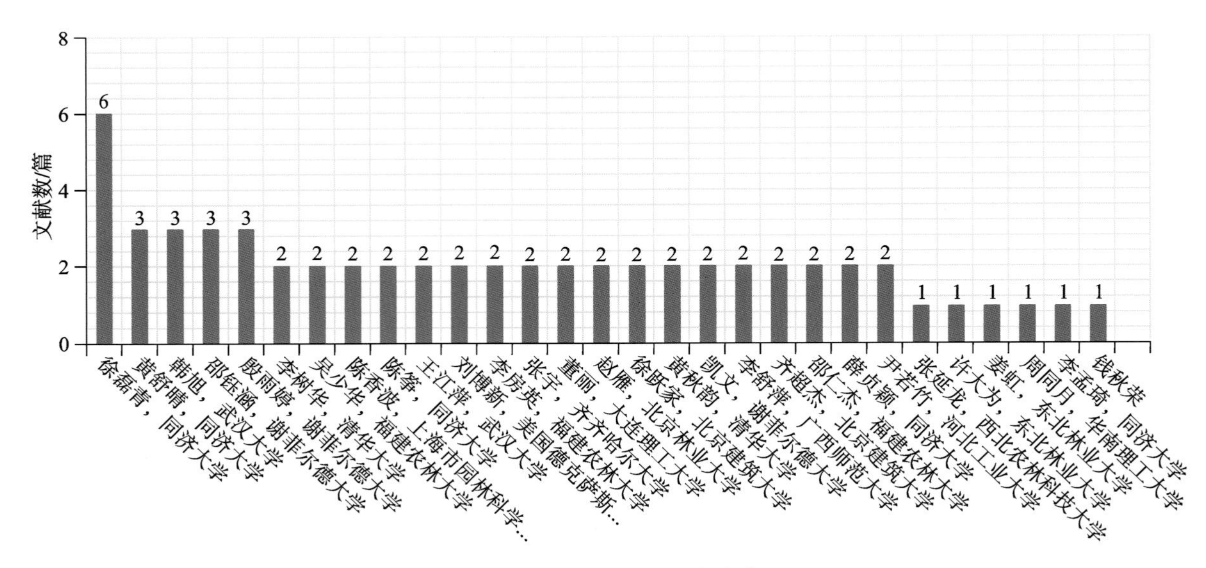

图 5　疗愈景观研究作者分布

（图片来源：CNKI 网页）

（landscape design）、疗愈环境（healing environment）、康复景观（healing landscape）、康复花园（healing garden）、心理健康（mental health）、五感体验（five-senses experience）（图 7），且自 2016 年起国内学者逐渐重视康复景观及园艺疗法的研究，2019 年起针对心理健康的研究成果逐渐增多（图 8、表 1）。

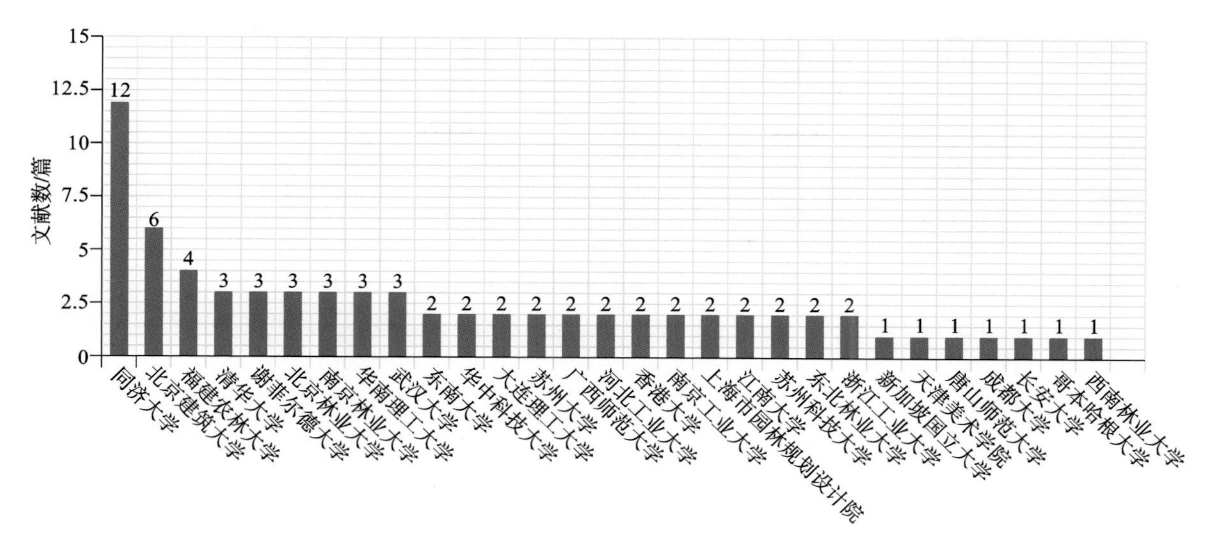

图 6　疗愈景观研究机构分布

（图片来源：CNKI 网页）

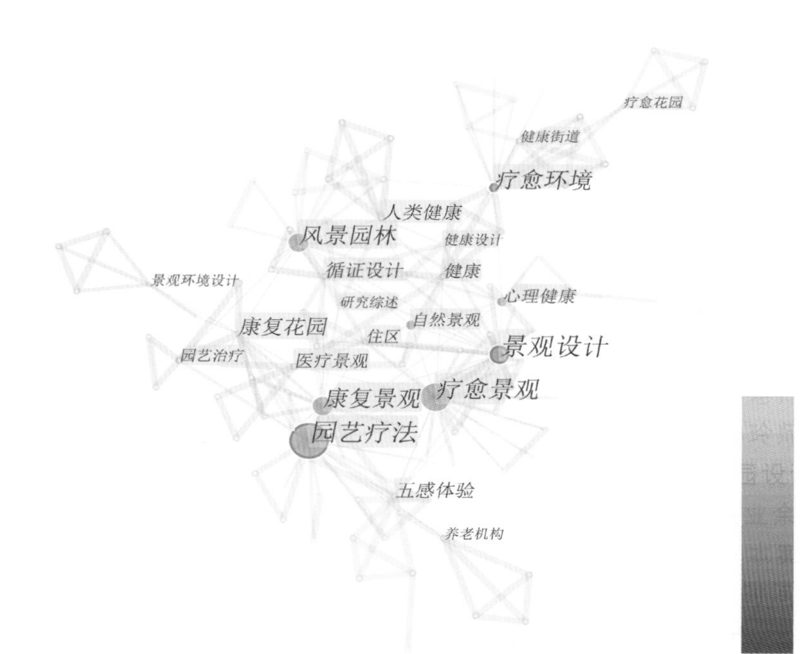

图 7　疗愈景观研究热点

（图片来源：作者自绘）

2013年 2016年 2019年 2021年

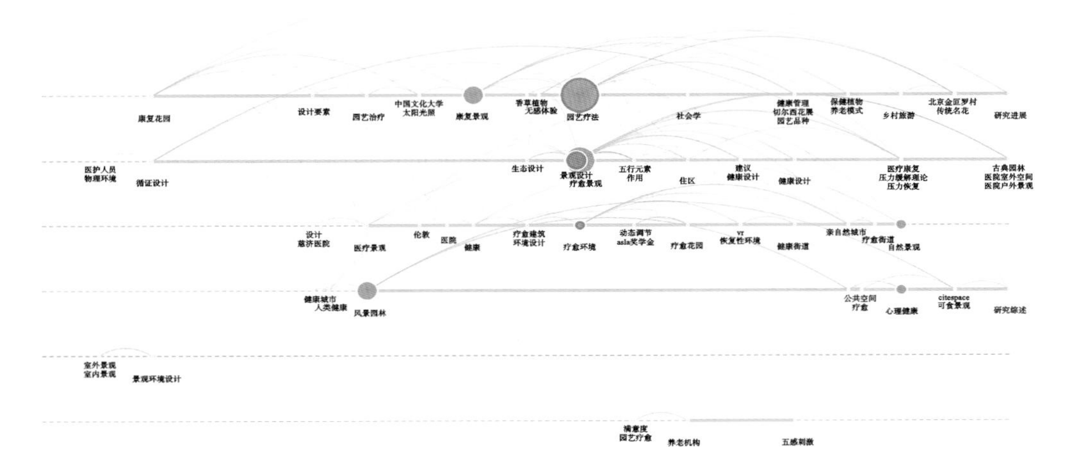

图 8　Time-Line View 视角下疗愈景观研究进程

（图片来源：作者自绘）

表 1　疗愈景观研究热点关键词一览表

序号	数量 /个	中心性	年份	关键词
1	14	0.16	2017 年	园艺疗法
2	14	0.13	2017 年	景观设计
3	11	0.13	2017 年	疗愈环境
4	11	0.04	2016 年	康复景观
5	8	0.09	2015 年	风景园林
6	6	0.08	2013 年	康复花园
7	5	0.09	2020 年	心理健康
8	4	0.04	2017 年	五感体验
9	3	0.01	2020 年	自然景观
10	3	0.01	2016 年	健康

（表格来源：作者自绘）

3　国内疗愈景观研究内容

根据国内学者对疗愈景观研究的聚类分析，结合相关领域专家的建议，本研究将疗愈景观的研究内容分为三个部分：康复景观设计与医院建设、公共空间景观设计及乡村疗愈景观设计。

3.1 康复景观设计与医院建设

3.1.1 园艺疗法研究进程

园艺疗法是体现疗愈景观实践价值的一种治疗手法，通过引导人们观赏景观并参与活动缓解心理、生理压力。清华大学李树华教授在《园艺疗法概论》[①]一书中对园艺疗法的形成、现状、特征、功效等进行了详细解读；韩旭综合台湾经验提出对我国园艺治疗研究发展的建议[②]；邵仁杰、吴少华对疗愈景观要素属性进行了分类，并从人文属性和自然属性两方面剖析了园艺疗愈景观系统要素[③]；徐峰提出园艺疗法新视野，即景观神经学与园艺社会学[④]；陈小丽[⑤]、郭艳[⑥]结合园艺疗法的特点推进了对康复疗愈景观的设计原则和方法的探索。

3.1.2 疗愈景观对人体健康的促进作用

研究表明，疗愈景观对人体健康可产生众多积极效应，其中孙晶晶分析了注重精神感知的疗愈景观环境的设计手法及发展趋势[⑦]；张舒、韩依纹总结了精神类疾病的园艺治疗现状，提出园艺治疗体系的优化途径，为相关领域的研究提供一定基础和参考[⑧]；刘滨谊、梁竞探讨了原野旷奥的健康作用，揭示了原野旷奥感应对于人类健康与疗愈的积极作用和特殊意义[⑨]；姜斌提出城市环境的品质对市民心理健康水平有着显著且持续的影响，自然景观也能够守护和提升市民心理健康[⑩]。

3.1.3 疗愈景观在医院设计中的应用

国内学者经过多年的临床试验印证了疗愈景观对精神疾病能够起到一定缓解作用，医学专家仍尝试在该领域实现新突破，建筑科学与工程学科的学者也积极探索了疗愈景观在医院设计中的有效应用。刘鲁最早对医院疗愈景观设计进行思考[⑪]；格伦提出当前对医疗建筑的关注点已转到疗愈的物理环境和患者感受方面[⑫]；季建乐、张楠等以无锡某医院景观设计为例探求畅达、疗

---

① 李树华. 园艺疗法概论[M]. 北京：中国林业出版社，2011.

② 韩旭. 台湾园艺治疗—— 以文化大学园艺治疗花园为例[J]. 华中建筑，2016，34(3)：103-106.

③ 邵仁杰，吴少华. 园艺疗愈景观系统及要素属性分类研究[J]. 绿色科技，2018(1)：105-107.

④ 徐峰. 园艺疗法新视野——景观神经学与园艺社会学[J]. 园林，2018(12)：16-19.

⑤ 陈小丽. 浅谈园艺疗法与疗愈景观设计[J]. 现代园艺，2019(4)：122-123.

⑥ 郭艳. 浅谈园艺疗法与康复疗愈景观设计探索[J]. 现代园艺，2020，43(12)：52-53.

⑦ 孙晶晶. 注重精神感知的疗愈景观环境设计[J]. 中国医院建筑与装备，2013，14(5)：29-33.

⑧ 张舒，韩依纹. 园艺康复疗法对精神类疾病患者的应用研究进展[J]. 中国城市林业，2021，19(1)：117-122.

⑨ 刘滨谊，梁竞. 原野旷奥感应健康作用机理研究[J]. 中国园林，2020，36(7)：6-13.

⑩ 姜斌. 城市自然景观与市民心理健康：关键议题[J]. 风景园林，2020，27(9)：17-23.

⑪ 刘鲁. 疗愈景观环境设计经验谈[J]. 中国医院建筑与装备，2013，14(5)：48-50.

⑫ 格伦. 中西方疗愈环境概述[J]. 中国医院建筑与装备，2013，14(5)：25-28.

愈、优美的康复体验空间营造[1];王哲、蔡慧指出在医疗环境规划中分阶段引入景观疗愈因子的方法[2];赖文波等发现我国医院景观与医疗建筑的研究关联紧密并探寻现代风景园林语境下医院环境设计与研究的新方向和新视角[3]。

3.2 公共空间景观设计

3.2.1 城市绿地设计

薛菲、刘少瑜关注疗愈感知的感官层面，以伦敦市为例，提出提升城市绿地设计疗愈功效的概念化框架[4];李德心以德国布里隆景观疗愈公园为例，总结出多数疗愈公园的设计要点，以便为疗愈公园的设计提供参考[5];李舒萍从传承与创新的角度，以拙政园为研究对象，结合疗愈空间特性对城市公园疗愈景观设计进行深入思考[6];朱云祥、彭军探究了后疫情时代城市绿地公园建设的具体模式[7];向鹏天等对德国疗养地与疗养公园的形成和发展阶段进行论述，探讨案例中疗愈设施的建设要点，相关经验对于当前国内“康养小镇”的规划设计具有借鉴意义[8]。

3.2.2 疗愈景观在社区建设中的应用

20 世纪 80 年代以来，我国老龄化进程加速，社区愈发关注适老化建设以及提升居民幸福感的生活空间的塑造，疗愈景观在此发挥着至关重要的作用。荣惠、宣炜对疗愈环境的设计方法在老年公寓公共空间的具体应用进行探索[9];舒平、尹若竹探讨了开辟小微活动空间、居民参与绿化种植、多维度提升绿视率等改造策略，以探讨疗愈视角下老旧住区的户外空间更新策略[10];韩林飞、肖春瑶提出打造自然友好的亲生物型养老建筑，以推动积极老龄化建设，提升老年人的生活质量[11];贺慧、张彤等提出构建社区传染性疾病防疫圈和蔬菜供应缓冲链，以期成为“战时”生命花园和“平时”社区花园，使有限的社区公共空间承担更多的健康韧性功能[12]。

---

① 季建乐，张楠，刘悦. 畅达、疗愈、优美的康复体验空间营造——以无锡某医院景观设计为例[J]. 建筑与文化，2016(4):110-111.

② 王哲，蔡慧. 医疗环境中的景观疗愈因子及其规划[J]. 中国医院建筑与装备，2018，19(1):98-102.

③ 赖文波，蒋璐韩，谢超，等. 健康中国视角下我国医院景观研究进展——基于 Citespace 的可视化分析[J]. 城市发展研究，2021，28(4):114-124.

④ 薛菲，刘少瑜. 传承或是生活方式引领者:伦敦当代城市环境中的疗愈空间研究[J]. 景观设计学，2016，4(4):20-41.

⑤ 李德心. 园林景观的疗愈功能—— 以德国布里隆景观疗愈公园为例[J]. 美与时代(城市版)，2019(10):83-85.

⑥ 李舒萍. 园林养生智慧对城市公园疗愈景观的启示[J]. 美与时代(城市版)，2021(1):72-74.

⑦ 朱云祥，彭军. 后疫情时代城市绿地公园的景观设计研究[J]. 现代园艺，2022，45(1):128-131.

⑧ 向鹏天，黄秋韵，李树华. 德国疗养地(Kurort)与疗养公园(Kurpark):形成、发展、空间模式与景观设计特点[J]. 中国园林，2022，38(1):118-123.

⑨ 荣惠，宣炜. 老年公寓公共空间疗愈性设计研究—— 以亲和源老年公寓为例[J]. 设计，2020，33(1):72-75.

⑩ 舒平，尹若竹. 疗愈视角下天津老旧住区户外空间更新策略[J]. 建筑学报，2020(s2):67-72.

⑪ 韩林飞，肖春瑶. 自然友好的亲生物型养老建筑设计研究[J]. 科技导报，2021，39(8):68-76.

⑫ 贺慧，张彤，李婷婷. “平战”结合的社区可食景观营造——基于传染性疾病防控的思考[J]. 中国园林，2021，37(5):56-61.

3.2.3 街道设计

同济大学徐磊青团队最早对疗愈导向的街道设计进行了解读,总结了绿视率和街道界面对街道疗愈的影响,并以城市更新为背景,论述了疗愈性街道的设计策略①;在此基础之上,团队选取上海市五条不同类型的街道作为样本,首次完成了街道疗愈模型的构建和论证,使理论转化实践具备可操作性,为城市设计和更新提供具体的理论依据。殷雨婷、邵钰涵等通过将传统的疗愈性量表问卷与移动式眼动仪相结合,了解使用者在城市街道环境中能够获得的疗愈性体验,并识别出与疗愈性相关的街景元素,用以探究不同元素对人们疗愈性体验的影响程度②。

3.3 乡村疗愈景观设计

针对乡村疗愈景观设计的研究较少,但这是未来研究的重要方向之一,苏毅、祖振旗等提出乡村中的自然环境有疗愈作用,自然疗愈与乡村旅游有着紧密的联系,基于此理论对融合自然疗愈的乡村旅游可行性与必要性进行分析,并提出疗愈、五感、生态的规划理念与普适性方法③。

3.4 研究综述

3.4.1 研究机构

疗愈景观的研究涉及的学科领域较为丰富,以建筑科学与工程和临床医学为主,已实现跨学科合作研究,考虑不同人群差异化的需求,运用景观的疗愈功能进行实际项目的研究设计。近五年来,利用疗愈景观治愈精神病患者的实例不断增加,也为后续跨学科研究奠定了良好基础。

3.4.2 研究视角

当前研究多偏向于微观尺度的设计,例如街道设计、城市绿地景观设计、医院内部及外部景观设计、老年公寓景观设计等。近两年研究尺度逐渐考虑宏观、中观视角的实践,国内学者不仅关注日常生活中疗愈景观发挥的功效,同时探究其在应对公共卫生事件时起到的预防作用。除此之外,疗愈景观的研究与国家政策紧密相连,在“健康中国”“乡村振兴”背景下,研究对象从集中关注城市绿地景观逐渐转向对乡村疗愈景观的重视。

3.4.3 研究方法

研究方法以定性为主,现有研究多与实际案例结合,提取疗愈景观特征、设计原则等对方案进行改造提升或对不同类型疗愈景观设计途径进行探索。未来应当推进从定量分析的角度解读疗愈景观的功能效益,从而科学精准地解决现状问题并打造更适宜的环境。

---

① 徐磊青,胡滢之.疗愈街道 一种健康街道的新模型[J].时代建筑,2020(5):33-41.

② 殷雨婷,邵钰涵,薛贞颖,等.疗愈性街景元素识别与评价研究[J].景观设计学,2020,8(4):76-89.

③ 苏毅,祖振旗,宋子涵,等.融合自然疗愈的乡村旅游建设规划探索——以京郊密云金叵罗村为例[J].小城镇建设,2021,39(5):49-56.

4 研究展望

4.1 实现实验场景设计的全面性

疗愈景观的相关定量研究以医学实体病例研究为主，且已有研究表明疗愈景观对老年人及精神病人的部分疾病有一定的缓解作用，不同类型的植物对疾病的疗愈程度亦存在差异。当前实验群体多以患者为主，较少研究疗愈景观对常态化生活人群的疾病预防作用，或能够在患者病情初期更好地控制病情，防止恶化。未来研究不仅应当聚焦于疗愈景观对患者疾病的缓解作用，也应当关注高压人群或弱势群体（尤其是老年人、儿童、孕妇）在未患病时的疾病预防作用，将疗愈景观的设计融入常态化生活场景中，以实现提升全民健康的环境建设。

4.2 促进疗愈景观设计的系统性

疗愈景观的设计多体现在中微观层面，应用对象多为医院、学校、养老院等弱势群体出现频率较高的场地。研究对象以城市的各层级空间为主，较少涉及乡村，未来研究可以关注城市郊区及农村的疗愈景观设计，以农田、宅基地和居委会的公共空间为媒介，加强景观设计中能够起到疗愈作用的植物配置，提升公共空间的品质，进一步缓解农村空巢老人的孤独感，在此基础之上打造郊野农园，也能够成为城市高压人群身心放松的短暂栖息地。疗愈景观设计应覆盖宏观、中观、微观层面，对各类人群起到身心疗愈作用，未来可以深入探究系统性的疗愈景观设计，将其运用到多尺度的城市设计及乡村设计中。

5 结　语

人们在高强度的工作环境下逐渐重视心理压力的释放、身体素质的强化以提升生活质量，疗愈景观的特殊功能在突发公共卫生事件和日常生活中均能对症下药，优质的疗愈景观设计同样能够提升城市公共空间品质。多尺度疗愈景观设计是未来建筑科学与工程、临床医学等相关学科研究的重点方向，也是健康中国建设背景下需要深入探究的问题，研究方法尤其是定量研究需不断创新，参考国外共创式研究，积极推进研究“公众参与”。健康中国建设背景下，疗愈景观设计应发挥景观对人类生理、心理及精神健康产生的积极作用，通过合理搭配多样化的自然元素，打造健康、安全、舒适的景观空间，并依托该场所丰富全民健康的生活方式，推动健康城市的建设。

可食园艺疗法对慢性精神分裂症患者的康复作用研究
——基于两项可食园艺疗法实验的评述分析

贺　慧　李婷婷　方宇星　戴梦缘　张　彤

精神分裂症是一种在遗传、环境和免疫因素作用下的精神障碍[①]，是临床常见的精神疾病之一，它使患者出现思维、感知与行为等不同方面的障碍，该疾病的复发率、致残率和住院率均较高[②]，给家庭、社会造成极大负担。全世界约1%的人口受精神分裂症影响[③]，在我国，精神分裂症患者高达780万，占各类终身患病精神障碍(不含神经症)的50%左右，是精神疾病中患病率最高的[④]。目前医学领域治疗精神分裂症仍主要停留在改善患者症状层面，主要的方法仍然是依赖传统的"白色治疗"——通过服用药物和物理刺激的方法缓解生理症状[⑤]。临床应用的各类抗精神病药物对精神分裂症急性期的精神症状控制均有较好的疗效，但慢性精神分裂症病情极易迁延，单纯应用抗精神病药物并不能进一步提高疗效[⑥]。与此同时，长期吃药会带来精神抑郁、身体发胖、四肢迟钝等的并发症，严重的还会引发锥体外系症状，表现为帕金森综合征、静坐不能、肌张力障碍和迟发性运动障碍[⑦⑧]，而用于治疗锥体外系症状的药物又会产生新的副反应，例如抗胆碱药或抗帕金森综合征药物作为锥体外系症状的预防性疗法时，过量药物会导致患者心动过速、神志不清及加重迟发性运动障碍的潜在致死风险[⑨⑩]，在此背景下，迫切需要寻找一种非药物的康复辅助疗法，来减少和缓解刺激性精神病药物对患者带来的副作用。在社会、家庭和经济综合因素的影响下，慢性精神分裂症的反复迁延与高复发率使患者不得已接受长期住院治疗[⑪]，而他们在

---

① FALKAI P, WOBROCK T, LIEBERMAN J, et al. Toll Processing & Chemical Process Development for the Separation, Purification, & Reclamation of Heat Sensitive & High Boiling Materials[J]. World Journal of Biological Psychiatry the Official Journal of the World Federation of Societies of Biological Psychiatry, 2005, 6(3): 132-191.

② 诸顺红，陆志德，万恒静，等. 园艺治疗对慢性精神分裂症住院患者代谢的影响[J]. 中国心理卫生杂志，2017，31(6)：447-453.

③ BONNOT O, DUMAS N. Schizophrenic Disorders in Adolescence[J]. Rev Prat, 2014, 64(4): 499-504.

④ 冯霞. 精神分裂症患者复发因素的研究[J]. 保健医学研究与实践，2015，12(1)：29-31.

⑤ HE H, YU Y W, LI J M, et al. Edible Horticultural Therapy for the Rehabilitation of Long-term Hospitalized Female Schizophrenic Patients[J]. HortScience: A Publication of the American Society for Horticultural Science, 2020, 55(5): 1-4.

⑥ 贾海涛，白玉红，袁小平. 综合康复治疗对长期住院慢性精神分裂症患者生活质量及社会功能的影响[J]. 疑难病杂志，2012，11(8)：597-599.

⑦ DAYALU P, CHOU K L. Antipsychotic-Induced Extrapyramidal Symptoms and Their Management[J]. Expert Opinion on Pharmacotherapy, 2008, 9(9): 1451-1462.

⑧ VAN H P, HOEK H R. Acute Dystonia Induced by Drug Treatment[J]. British Medical Journal, 1999, 319(7210): 623-626.

⑨ HOULTRAM, BRIAN, SCANLAN, et al. Extrapyramidal side effects[J]. Nursing Standard, 2004, 18(43): 39-41.

⑩ BURGYONE K, ADURI J, ANANTH S. The Use of Antiparkinsonian Agents in the Management of Drug-Induced Extrapyramidal Symptoms[J]. Current Pharmaceutical Design, 2004, 10(18): 2239-2248.

⑪ 崔洪梅，周燕玲，李冠男，等. 长期住院精神分裂症稳定期患者社会功能及影响因素[J]. 中国神经精神疾病杂志，2018，44(11)：673-677.

长期封闭式的住院治疗模式下极易产生焦虑、自责、自罪心理[①②]，出现心理社交方面的障碍，生活质量明显下降，生活满意度降低[③]，这实质上降低了患者康复并回归社会的可能性[④]。已经有越来越多的医生与学者认为精神分裂症的社会心理功能和生活质量的新疗法比治疗单独的阳性症状[⑤]更有意义[⑥]，治疗目标不应该仅仅停留在药物更好的疗效和耐受性，而且还应致力于改善患者社会功能及生活质量[⑦⑧]。此时一定的药物治疗仅仅只能起到控制病情的作用，还需要其他的辅助措施，才能够帮助他们较好地进行各方面的康复训练，特别是社会功能的恢复以及生活满意度的提高。因此如何做好康复训练以降低抗精神病药物对患者的副作用，改善患者在封闭式住院模式下的生活质量，恢复其社会功能已成为全球精神卫生医学领域关注的热点，学者们不断探索及尝试多样化的治疗护理方法[⑨⑩]。

近年来，一些研究表明采取非药物康复训练有助于改善慢性精神分裂症患者的社会功能和生活质量[⑪⑫]，园艺疗法作为非药物康复训练的重要方式之一，逐渐被医生和学者所重视。园艺疗法是指在园艺疗法师的指导下，患者通过与以植物为主体的自然要素进行相关活动，在生理、心理、精神、社会等方面达到恢复与维持健康状态的一种辅助疗法，对于疾病预防、康复治疗，特别是慢性病、老年性疾病具有现代医学不易达到的功效[⑬]。李树华研究团队基于绿地健康功效与机理的研究，提出了以园艺疗法、芳香疗法及食物疗法等绿色植物疗愈为主体的绿色医学，对慢性病、精神性疾病与障碍等具有疗愈功效，可将其作为现代医学与中医的辅助医疗手段[⑭]。园艺疗法作为用于精神分裂症的辅助康复疗法之一，已被证明可以减轻精神分裂症患者的心理病理症

---

① 吴启姣，肖爱祥，黎丽燕，等.综合性康复治疗对精神分裂症长期住院患者生存质量及社会功能的影响[J].白求恩医学杂志，2016，14(4)：422-424.

② 刘艳.精神分裂症患者病耻感与焦虑、抑郁的相关性研究[J].中华现代护理杂志，2013，19(30)：3716-3719.

③ 蔡广超，李朝晖.农娱治疗对长期住院慢性精神分裂症患者生活质量的影响[J].中国健康心理学杂志，2011，19(8)：939-941.

④ 翁永振，马胜民，卢苓，等.慢性精神分裂症患者的院内职业康复[J].中国康复，2000(2)：125-126

⑤ 精神分裂症的症状表现多种多样，其中一类是阳性症状，指的是精神分裂症的幻觉、妄想、兴奋打闹、怪异行为，以及明显的思维联想异常、思维逻辑倒错等症状。精神分裂症的阳性症状多出现于疾病早期和症状充分发展期。

⑥ KURTZ M M，GOPAL S，JOHN S，et al. Objective Psychosocial Function vs. Subjective Quality-of-life in Schizophrenia Within 5-Years after Diagnosis：A Study from Southern India[J]. Psychiatry Research，2018，272：419-424.

⑦ BURNS T，PATRICK D. Social Functioning as an Outcome Measure in Schizophrenia Studies[J]. Acta Psychiatrica Scandinavica，2010，116(6)：403-418.

⑧ GASZNER P. Complex Therapy of Schizophrenia[J]. Neuropsychopharmacol Hung，2009，11(1)：41-45.

⑨ 邹金周，陈惠萍.工娱疗法对长期住院慢性精神分裂症患者社会功能及生活质量的影响[J].中外医学研究，2018，16(23)：169-170.

⑩ 闫宏锋，姜珺，甄文凤，等.团体沙盘游戏疗法对长期住院的老年慢性精神分裂症患者生活质量的影响和阴性症状改善的研究[J].山西医药杂志，2018，47(9)：975-979.

⑪ 汤景文，何东东，刘建明，等.园农康复治疗对长期住院慢性精神分裂症患者生活质量的影响分析[J].中国民康医学，2010，22(2)：96，181.

⑫ 徐文炜，张紫娟，李达，等.社会技能训练对慢性精神分裂症患者社会功能的影响[J].中华精神科杂志，2007，40(3)：192-192.

⑬ 李树华.绿色康养[J].西北大学学报(自然科学版)，2020，50(6)：851.

⑭ 李树华，姚亚男，刘畅，等.绿地之于人体健康的功效与机理——绿色医学的提案[J].中国园林，2019，35(6)：5-11.

状[①]，改善精神分裂症患者的认知功能[②]，减轻焦虑和抑郁[③]，但对社会功能恢复，尤其是生活满意度的量化印证较为薄弱，更鲜有涉及园艺疗法对药物副反应缓解作用的实证研究。

精神分裂症患者极易被周围环境所刺激，从而产生幻觉、妄想和言行的紊乱等不可控的行为，选用可食植物进行疗愈，不仅能够避免疗愈过程中误食而导致的二次伤害风险，而且能够一定程度上缓解患者对陌生事物的恐惧感和紧张感。通过临床观察与笔者研究团队的实验，显示选用可食用植物作为材料比普通花卉盆景植物等更易被精神分裂症患者接受。因此可食园艺疗法对我国长期住院的精神分裂症患者来说是更加合适的疗法[④]。可食园艺疗法是指强调园艺疗法中选择植物的可食性，如蔬菜、瓜果等可食植物，具有安全性、实用性的优点。可食园艺疗法是园艺疗法中的一种类型，通过看、触、闻、听、味五感，刺激神经系统的调节，调节人的神经、免疫以及内分泌系统，继而反映在人们的记忆、睡眠和情绪等生理活动上，达到恢复健康的目的。当患者参与到可食景观培育的园艺活动当中，可以在身体力行的劳动、齐心协力的团结合作中实现社会、教育、心理以及身体诸方面的调整更新，促进身体新陈代谢、赋予身心活力、恢复身体自我感觉[⑤]，实现自我价值，体验收获的乐趣与成就感。可食园艺疗法除了满足以上愈疗功能，还能够生产出蕴藏着药用价值的可食植物，例如培育生命力极强的薄荷，具有食用与医用的双重功能，可以疏散风热、解毒透疹、清利咽喉；香蜂花可当做菜品或甜点食用，具有去除头痛、腹痛、牙痛的功效[⑥]。

本研究基于笔者团队做过的两项可食园艺疗法实验，对两次实验进行横向与竖向的评述分析，探讨其在提高慢性精神分裂症患者的生活质量和缓解药物副反应方面的效果，梳理总结可食园艺疗法对慢性精神分裂症患者的康复作用。研究为可食园艺疗法在慢性精神分裂症的应用方面提供理论依据与实践方法，试图改善慢性精神分裂症患者在长期封闭式住院期间的社会功能退化，缓解精神药物引起的副反应症状，提供一种可操作性强的绿色辅助疗法，提高慢性精神分裂症患者的生活质量及生活满意度。

1 资料与方法

1.1 研究对象

两次实验对象的选择均遵循相应选择标准，同时根据排除标准对符合选择标准的患者进行

---

① OH Y A, PARK S A, AHN B E. Assessment of the Psychopathological Effects of a Horticultural Therapy Program in Patients with Schizophrenia[J]. Complementary Therapies in Medicine, 2017, 36: 54.

② EUN-YOUNG E, HEE-SOOK K. Effects of a Horticultural Therapy Program on Self-efficacy, Stress Response, and Psychiatric Symptoms in Patients with Schizophrenia[J]. Journal of Korean Academy of Psychiatric & Mental Health Nursing, 2016, 25(1): 48-57.

③ KAM M, SIU A. Evaluation of a Horticultural Activity Programme for Persons With Psychiatric Illness[J]. Hong Kong Journal of Occupational Therapy, 2010, 20(2): 80-86.

④ 贺慧. 可食地景[M]. 武汉：华中科技大学出版社，2019.

⑤ 徐峰. 园艺疗法新视野——景观神经学与园艺社会学[J]. 园林，2018(12): 16-19.

⑥ 刘星月，王葡萄，韩德鹏，等. 香草类蔬菜功能成分及综合利用研究进展[J]. 中国蔬菜，2019(3): 15-20.

筛选，从而确定最终参与实验的患者。

选择标准：①符合《国际疾病分类》第10版(ICD-10)修订版诊断标准的精神分裂症患者；②病程大于1年，入院时间大于1年的精神分裂症患者；③具有口头表达和沟通能力的精神分裂症患者；④具有一定程度运动能力的精神分裂症患者；⑤长期使用抗精神病药物的患者。

排除标准：①对花粉或植物过敏的患者；②存在攻击、自杀和自残行为的患者；③沟通困难的患者；④存在严重身体疾病的患者。

两次实验分别邀请60名、40名符合条件的患者参与此项研究，并采用随机数字表法将参与研究的患者分为对照组和实验组。即Ⅰ实验的60名患者分为对照组30名和园艺治疗组30名，但因对照组中有一名患者中途被监护人接回家中，故对照组数据脱落1人，对照组变为29人；Ⅱ实验的40名患者分为对照组20名和园艺治疗组20名。实验开始之前，所有参与者及其家人(监护人)自愿参加研究并签署了书面知情同意书。

1.2 评估指标

两次实验的侧重点不同，以至于评估指标不完全相同。

如表1所示，在Ⅰ实验中使用简明精神病评定量表(BPRS)、住院精神病人社会功能评定量表(SSPFI)和生活满意度指数A(life satisfaction index A，LSIA)三种量表来评估患者康复水平，包括精神病理症状、社会功能恢复程度和生活满意度。BPRS量表是由精神科专业医师填写的18项评定量表，每个项目的评级从0(未测)到7(极重)，分数越高表明精神分裂症症状越严重。SSPFI量表是周朝当在郭贵云编制的《住院慢性精神分裂症社会功能评定量表(SSSI)》基础上编制的①，共12个条目，量表采用0～4五级评分，得分越高，表明社会功能恢复越良好，得分越低，社会功能缺陷越严重。生活满意度量表包括3个独立的分量表，分别是生活满意度评定量表(LSR)、生活满意度指数A(LSIA)和生活满意度指数B(LSIB)，其中LSR量表为检查者进行评定的量表，另外2个分量表是自评量表。考虑到自评量表能更真实反映出患者园艺治疗前后内心对生活态度的变化，同时LSIA量表回答简单，更适合认知功能有缺陷的精神分裂症患者进行答题，故在Ⅰ实验中选用LSIA量表，以提高量表的准确性(在预研究中，经过临床测试之后，三个子量表中也只有LSIA量表的患者的完成度最高)。

在Ⅱ实验中使用PANSS量表、锥体外系副反应量表(ESRS)和生活满意度指数A(LSIA)三种量表来评定患者的病症情况、评估锥体外系副反应严重程度和生活满意度。PANSS主要用于评定精神症状的有无及各项症状的严重程度，相较于BPRS量表，其兼顾了精神分裂症的阳性症状、阴性症状及一般精神病理症状，较全面地反映了精神病理全貌。该表由7项阳性量表、7项阴性量表和16项一般精神病理量表，共30项，以及3个评定攻击危险性的补充项目组成，得分越高表示心理病理症状越严重。ESRS量表主要用于评定门诊或住院患者抗精神病药物治疗中所引起的锥体外系统副反应，该量表共分为10个项目，采用0～4分五级评分法，总分越低，锥体外系副反应越轻，反之越高。

① 周朝当，贾淑春，普建国．自编住院精神病人《社会功能评定量表》：信度、效度的初步检验[J]．四川精神卫生，2004(3)：144-146.

表1 Ⅰ实验与Ⅱ实验指标选取表

实验名称	量表选取	测量指标	条目数量	评分要求	释义
Ⅰ实验	BPRS量表	精神病理症状	18	各条目的评级从0(未测)到7(极重),各条目分数之和为该量表总分	分值越高,表明精神分裂症症状越严重,反之越轻微
	SSPFI量表	社会功能恢复程度	12	各条目采用0～4五级评分,各条目分数之和为该量表总分,大于38分表示社会功能正常,29～38分表示轻度社会功能缺陷,19～28分表示中度社会功能缺陷,9～18分表示重度社会功能缺陷,小于等于8分表示极重度社会功能缺陷	分值越高,社会功能恢复越好,反之越差
	LSIA量表	生活满意度	20	20条条目中12条为正向,8条为负向,均采用3分法评分。正向量表中,同意得2分,不同意得0分,不容易说出来得1分;负向量表中,同意得0分,不同意得2分,不容易说出来得1分。各条目分数之和为该量表总分	分值越高,表示生活满意度越高,反之越低
Ⅱ实验	PANSS量表	精神病理症状	18	各条目的评分为"1"(未测)至"7"(极重),总分为30个条目之和,3个补充项目一般不计入总分;阳性量表、阴性量表、一般精神病理量表三个分量表得分为各分量表条目得分之和	分值越高,表明精神分裂症症状越严重,反之越轻微
	ESRS量表	评估锥体外系副反应严重程度	12	采用0～4分五级评分法,各条目分数之和为该量表总分	分值越高,表明副反应程度越严重,反之越轻微
	LSIA量表	生活满意度	20	20条条目中12条为正向,8条为负向,均采用3分法评分。正向量表中,同意得2分,不同意得0分,不容易说出来得1分;负向量表中,同意得0分,不同意得2分,不容易说出来得1分。各条目分数之和为该量表总分	分值越高,表示生活满意度越高,反之越低

1.3　方法与实验设计

1．方法

两次实验均采用可食园艺疗法，通过各种可食植物栽培活动对病人五感的刺激来进行辅助治疗，两次实验开展时间分别为2018年10月21日至2018年12月1日、2020年5月16日2020年6月20日，地点均在湖北省武汉市武东医院花园及康复治疗室，分别进行户外和室内的对应活动。实验组每周参加一次可食园艺项目，平均每次60分钟，而对照组无须参加，实验组和对照组的唯一区别仅在于是否参与可食园艺活动，其他一切照常。研究期间均不改变患者的用药方案，对照组和实验组的患者均在医生处方下服用精神分裂症患者常用的药物。

2．实验设计

可食园艺疗法设计由具有合格资质的园艺治疗师、心理治疗师和精神科医生共同制定，并通过伦理审查。在实验之前对所有患者进行量表前侧，并在每次疗程前进行生理指标如血压和心率测量，以检测患者是否是生理放松状态，以判断患者能否继续参与实验。按照精心设计安排的课程（表2），可食园艺疗法组患者在60分钟内进行相关活动并表达心得体会。在每个疗程中，均有园艺治疗师及志愿者进行指导和示范，帮助参与者了解并参与这些可食园艺活动。全部课程结束后所有参与患者再进行量表的测量，评定员由经过训练的精神科专业人员担任，并且未知晓患者分组情况，对所有参与者进行盲测。其中，Ⅰ实验中的BPRS量表及SSPFI量表和Ⅱ实验中PANSS及ESRS量表均由专业医师进行评价填写，对每个患者的评估时间大概为30分钟，LSIA量表为自评量表，由患者自行填写，填写时间大概为30分钟。

表2　Ⅰ实验与Ⅱ实验的课程设计表

实验名称	课程	主题	核心能力介绍	活动内容	可食用的植物
Ⅰ实验	1	美好的开始	触觉，视觉，体力活动，沟通交流能力	①体验种植生菜和命名蔬菜	生菜
				②互相交流分享	
	2	舌尖上的刺激	触觉，味觉，视觉，肢体活动，沟通交流能力	①小组成员表达对生菜施肥和浇水的一周理解	葡萄干、山楂、葡萄柚
				②品尝葡萄干、山楂和葡萄柚来表达你的感受	
				③互相交流分享	
	3	嗅觉的享受	嗅觉，视觉，触觉，肢体活动	①热身手指操	碰碰香、柠檬、薄荷
				②嗅不同植物并表达感想	
				③种植薄荷小盆栽	
	4	植物拓印	视觉，触觉，嗅觉，表达及创造力	①采摘果叶	柚子树叶、橘子树叶、石榴树叶
				②创造性的拓印	
				③互相分享和交流	

续表

实验名称	课程	主题	核心能力介绍	活动内容	可食用的植物
Ⅰ实验	5	蔬菜组合盆栽综合栽培	触觉，视觉，团队合作，表达能力和创造力	①热身活动	生菜、香菜、洋葱、芹菜
				②制作蔬菜盆栽	
				③互相交流分享	
	6	收获与感谢	味觉，体力活动，表达能力和团队合作能力	①采摘第一次活动种植的生菜	生菜、西红柿、紫甘蓝、玉米粒
				②制作并品尝沙拉	
				③分享活动感受	
Ⅱ实验	1	美好的开始	触觉，视觉，体力活动，沟通交流能力	①体验在育苗盆中种植黄瓜幼苗和给蔬菜命名	黄瓜
				②写下植物观察日记，互相交流分享	
	2	种植黄瓜苗	触觉，视觉，体力活动，沟通交流能力	①定植黄瓜苗	
				②给黄瓜苗施肥浇水	
				③写下植物观察日记	
	3	黄瓜苗搭架	视觉，触觉，体力活动，沟通交流能力，团队合作	①搬运种植盆	
				②给黄瓜苗搭架	
				③植物观察日记	
	4	描绘藤蔓	视觉，体力活动，沟通交流能力，表达及创造力	①打扫卫生	
				②黄瓜藤蔓写生	
				③写下植物观察日记	
	5	追肥与藤蔓维护	触觉，视觉，肢体活动，团队合作	①热身活动	
				②数花苞和小黄瓜	
				③学习并进行藤蔓维护	
	6	收获与总结	味觉，触觉，视觉，嗅觉，体力活动，表达能力	①采摘黄瓜	
				②清洁并品尝黄瓜	
				③分享活动感受	

1.4 数据处理

采用 SPSS 24.0 软件进行数据分析。两次实验均选用 SPSS 24.0 软件的配对 t 检验来分析可食园艺治疗前后组内的差异，以独立样本 t 检验来分析两组间的数据。

2 结果与分析

2.1 精神病理症状

Ⅰ实验采用 BPRS 量表评估评定精神症状的有无及各项症状的严重程度，而Ⅱ实验中采用的 PANSS 量表是在 BPRS 量表的基础上更加优化的量表，能够进一步评定精神分裂症的阳性症状、阴性症状及一般精神病理症状的严重程度。Ⅰ实验在治疗开始前，实验组与对照组的 BPRS 量表评分无统计学显著性意义（$p=0.100$），在 6 次疗程后，可食园艺组精神分裂症患者前后 BPRS 量表得分出现了极显著差异（$p<0.01$），对照组有显著性差异（$0.01<p<0.05$）。实验组与对照组实验后 BPRS 量表出现显著性差异（$p=0.000$）。在治疗开始前，Ⅱ实验两组之间的 PANSS 预值无明显差异，但在 6 次可食园艺疗程后，阳性症状、阴性症状及一般精神病理症状方面均有显著改善（表 3），而对照组中 PANSS 的阳性症状、阴性症状及一般精神病理症状没有改变。两次实验可食园艺疗法前后的量表得分均出现显著性差异，都验证了可食园艺疗法对精神分裂症患者的康复有促进作用，可缓解精神病患者的临床症状。两次实验中对照组出现了不同的结果，Ⅰ实验中对照组有显著性差异，表明单独使用药物治疗也可缓解患者的临床症状，但结合可食园艺疗法对病情的治疗效果会更好，而Ⅱ实验中对照组中无显著性差异，表明单独使用药物治疗并未出现较好的缓解效果，只是发挥了防止病情进一步恶化的维稳作用，药物治疗效果受到患者生理因素、病理状态等因素的干扰颇多，需要进一步探讨与论证，但值得肯定的是，无论药物发挥缓解或维稳的作用，可食园艺疗法均可以对精神分裂症患者的康复起到显著的促进作用。

表 3 可食园艺治疗对患者临床症状的精神病理学影响

实验序号	变量	项目	实验组	对照组	显著性检验
			标准差均值	标准差均值	
Ⅰ实验	BPRS	Pre-test	35.50(6.268)	37.86(4.381)	0.100^{NS}
		Post-test	31.83(4.698)	37.38(4.617)	0.000***
		D-value	−3.67	−0.48	—
		显著性检验	0.000 ***	0.020 *	—
Ⅱ实验	Positive	Pre-test	20.95 (3.203)	19.20 (3.578)	0.111^{NS}
		Post-test	15.55 (3.734)	18.75 (3.323)	0.007***
		D-value	−5.4	−0.45	—
		显著性检验	0.000***	0.154^{NS}	—

续表

实验序号	变量	项目	实验组	对照组	显著性检验
			标准差均值	标准差均值	
Ⅱ实验	Negative	Pre-test	21.35 (3.660)	19.05 (4.310)	0.077^NS
		Post-test	15.60 (4.728)	18.40 (3.705)	0.007***
		D-value	−5.75	−1.01	—
		显著性检验	0.000***	0.164^NS	—
	General	Pre-test	43.75 (4.767)	42.15 (3.897)	0.252^NS
		Post-test	32.85 (6.588)	41.35 (4.614)	0.000***
		D-value	−10.8	−0.8	—
		显著性检验	0.000***	0.339^NS	—
	Total	Pre-test	86.05 (9.417)	80.40 (8.929)	0.059^NS
		Post-test	64.00 (14.275)	78.50 (8.605)	0.000***
		D-value	−22.05	−1.9	—
		显著性检验	0.000***	0.127^NS	—

2.2 社会功能恢复程度

Ⅰ实验采用SSPFI量表对社会功能恢复程度进行评估(表4)。在6次可食园艺治疗前,实验组和对照组的SSPFI量表评分无统计学显著性意义($p=0.168$)。经过可食园艺治疗后,实验组的SSPFI评分有极显著性增加($p=0.000$),对照组实验前后评分无统计学差异($p=0.541$)。实验组与对照组实验后SSPFI评分有显著性差异($p=0.000$)。数据表明实验组社会功能的显著改善,而对照组无明显改善,可以证明可食园艺疗法对精神分裂症患者的社会功能回归有显著性恢复效果。

表4 可食园艺疗法对患者社会功能的影响

实验序号	变量	项目	实验组	对照组	显著性检验
			标准差均值	标准差均值	
Ⅰ	SSPFI	Pre-test	28.37(6.536)	26.17(5.471)	0.168 ^NS
		Post-test	34.87(5.970)	26.07(5.230)	0.000 ***
		D-value	6.5	−0.1	—
		显著性检验	0.000 ***	0.541 ^NS	—

2.3 生活满意度

Ⅰ实验、Ⅱ实验均采用 LSIA 量表对参与患者在可食园艺治疗前后的生活满意度进行评估。Ⅰ实验中实验组与对照组均出现了 2 份无效问卷，故剔除掉无效问卷。在经过 6 次可食园艺治疗后，实验组的患者生活满意度平均值有所提高(由 22.07 到 23.29)，但无显著变化($p=0.273$)，而对照组的生活满意度有显著性的下降($p=0.000$)(表 5)。实验组和对照组 LSIA 得分有显著差异($p=0.000$)。Ⅱ实验在经过 6 次可食园艺治疗后，实验组的患者生活满意度平均值显著提高(由 20.70 到 25.60)，存在较为显著的变化($p=0.009$)。Ⅰ实验的实验组患者生活满意度在数据对比上无统计学意义上的提升，但对照组患者生活满意度却有显著性的下降，可以表明可食园艺疗法对患者起到了维持生活满意度的作用，而Ⅱ实验生活满意度平均值显著提高，由此可知可食园艺对维持和提高患者生活满意度具有不同程度的作用。对照组的生活满意度有显著性的下降，印证了临床医生反映的长期住院精神分裂症患者生活满意度的下降趋势，与临床经验相符的，也进一步显示出改善精神分裂症患者生活满意度的潜在诉求。

表 5　可食园艺疗法对患者生活满意度的影响

实验序号	变量	项目	实验组	对照组	显著性检验
			标准差均值	标准差均值	
Ⅰ	LSIA	Pre-test	22.07(7.393)	19.56(7.002)	0.201^{NS}
		Post-test	23.29(7.586)	16.22(5.774)	0.000 ***
		显著性检验	0.273^{NS}	0.000 ***	—
Ⅱ	LSIA	Pre-test	20.70 (8.664)	—	—
		Post-test	25.60 (6.378)	—	—
		显著性检验	0.009**	—	—

2.4 锥体外系副反应

Ⅱ实验采用 ESRS 量表对锥体外系统副反应的严重程度进行评估。在 6 次可食园艺治疗前，实验组和对照组的 ESRS 量表评分在两组之间无统计学显著性意义($p=0.976$)。经过 6 次可食园艺治疗后，实验组的 ESRS 评分显著性增加($p=0.000$)，对照组实验前后评分无统计学差异($p=0.567$)，实验组与对照组实验后 SSPFI 评分有显著性差异($p=0.000$)。由此表明精神分裂症患者的锥体外系副反应明显改善(表 6)，而对照组患者无明显改善，证明可食园艺疗法对精神分裂症患者的锥体外系副反应有显著性缓解作用。

表 6　可食园艺疗法对患者锥体外系副反应的影响

实验序号	项目	实验组(n=30)	对照组(n=29)	显著性检验
		标准差均值	标准差均值	
Ⅱ	Pre-test	21.60 (5.744)	21.55 (4.796)	0.976[NS]
	Post-test	12.25 (4.518)	21.65 (4.716)	0.000***
	D-value	−9.35	0.1	—
	显著性检验	0.000***	0.567 [NS]	—

3　可食园艺疗法对精神分裂症患者的康复作用

3.1　可食园艺疗法对精神分裂症患者的精神病理症状具有显著改善作用

可食园艺疗法可以对精神分裂症患者的康复起到显著的促进作用，这一结果也与 Zhu[①] 的研究结果相一致。在园艺活动过程中，患者置身于与以往枯燥生活环境不同的丰富多彩的园艺活动环境中，减轻了患者对病态体验的关注，分散和转移对自身病情和不良情绪的注意力。通过园艺种植活动，使患者集中注意力，易受到一定程度的良性刺激，从而有效地减少与控制幻觉、妄想等症状出现的强度、频率和持续时间[②]。园艺疗法同时作为一种休息活动，可建立良性刺激，起到镇静作用，以恢复大脑功能，调动精神分裂症病人存在的潜在精神活动能力与社会劳动技能，能唤起患者生活的兴趣，培养患者对生活的热情与动手能力。活动通过对患者视、触、嗅、味、听觉五感的刺激，即观赏植物、触摸植物、闻嗅植物、品尝植物和聆听自然生长的植物声音等，增强患者的感官敏感性，体验自然的疗愈力。参加园艺活动需要患者付出适量的脑力及体力劳动，使其心情愉悦，压力得到释放；浇水、除草等可以活动肢体、锻炼身体各个部位，促进患者身体功能恢复，增强身体素质，促进新陈代谢并排解负面心理情绪。

3.2　可食园艺疗法对精神分裂症患者社会功能具有显著恢复作用

Ⅰ实验结果证明，实验组患者的社会功能得到了显著改善，这是传统的药物治疗达不到的效果，这与孔素丽[③]提出的园艺疗法对促进社区精神分裂症患者社会功能恢复有相似之处。长期住

① ZHU S, WAN H, LU Z, et al. Treatment Effect of Antipsychotics in Combination with Horticultural Therapy on the Inpatients with Schizophrenia: a Randomized, Case-Controlled Study[J]. Shanghai Archives of Psychiatry, 2016, 28(4): 195-203.

② 班瑞益. 园艺疗法对慢性精神分裂症的康复效果分析[J]. 实用护理杂志，2002，18(2)：50-51.

③ 孔素丽，赵姣文，张燕华，等. 园艺疗法对社区慢性精神分裂症患者认知功能的影响研究[J]. 中国预防医学杂志，2019，20(4)：342-346.

院的精神病患者自由相对被限制，与外界接触较少，由于长期住院带来的被动、丧失自我意愿，会使患者的社会功能显著下降。在可食园艺疗法过程中，患者在园艺训练师和志愿者的引领下参与户外园艺活动，能够在一定范围内自由活动，增加与自然接触的机会，同时医护人员的参与也能够改变部分患者对医护人员可能有的敌视态度①。患者参加集体活动，能够有效改善精神分裂症患者的认知功能，降低了精神分裂症患者的焦虑和抑郁情绪，促进患者生活技能和社交技能的提高，使患者自我价值感及回归社会的能力得到提升，促进其社会功能的恢复。同时园艺活动也能丰富精神分裂症患者枯燥的封闭式住院生活。这也对应了后期在对患者监护人及医生的访谈中，他们所提到的患者与家属的沟通及感情互动较未参加以前明显增多。

3.3　可食园艺疗法对药物引起的锥体外系副反应具有缓解和改善的作用

Ⅱ实验结果表明，精神分裂症患者在参加了可食园艺疗法后，锥体外系副反应也明显改善。尽管已经使用药物治疗来稳定锥体外系症状，但药物治疗锥体外系副反应可能会带来更多新的副反应，可食园艺疗法是绿色无伤害的，因此药物治疗和非药物治疗的组合对于治疗锥体外系症状会更加有效。锥体外系症状所包含的四种不同症状都涉及四肢的异常不自主运动，例如肌张力障碍是一种头部、颈部、躯干和四肢的不随意肌肉收缩。在从事园艺活动时，通过栽培、种植、养护等活动，要求患者做一些需要体力活动的园艺工作，如举、提、推、拉、挖掘等手部动作和爬台阶、搬运等肢体动作，这些活动都能有效锻炼四肢功能，增加对眼、手、足的充分锻炼，以提高动作的协调性、灵活性和敏捷性，改善活动能力与适应能力。

3.4　可食园艺疗法对精神分裂症患者生活满意度具有不同程度的维持和提升作用

精神分裂症患者因社会活动与生活质量受到不同程度的限制，会表现为社会认知功能衰退、兴趣点减弱等，从而造成生活满意度下降②，实验证明可食园艺疗法对维持和提高患者生活满意度具有不同程度的维持和提升作用。在参加可食园艺疗法过程中，患者通过劳作体验到播种、采摘、收获的过程，亲眼见证可食景观从播种、生长再到收获的发展过程，感受植物顽强生命力和蓬勃生机，使患者体会到成长的艰辛与生命的意义，让患者在用心照顾后产生责任感和成就感，减轻其自责自卑感，进而达到自我肯定与认同③。活动的最后，患者亲自采摘并分享劳动成果，从收获与分享中体验成功的满足感与快乐，鼓励患者树立信心，激发机体的抗挫折能力，促进人际交往和精神康复，从而提高患者的生活满意度。此外家庭成员间的共同劳作，能有效地进行互动，拉近心灵距离，便于进行无间隔的有效沟通，促进家庭和睦。

---

① 吴进纯，肖明朝，赵庆华，等. 园艺疗法对抑郁症患者生活质量及社会功能的影响[J]. 中国护理管理，2018，18(1)：48-51.

② LEE S H，KIM G，CE K，et al. Physical Activity of Patients with Chronic Schizophrenia and Related Clinical Factors[J]. Psychiatry Investigation，2018，15(8).

③ 麦兰花. 综合干预治疗对长期住院慢性精神分裂症患者生活质量和社会功能的影响[J]. 中国医学创新，2019，16(25)：165-168.

4 讨　论

本研究基于两次阶段性研究成果，进一步证实了园艺疗法作为一种绿色辅助疗法对患者有积极帮助，更确切地证实了可食园艺疗法对长期住院精神分裂症患者的靶向疗愈性。但这两次实验仍存在着一定的局限性：两次实验样本数量不够充足，可能会影响活动质量，后期应进一步增加样本数量；课程周期较短，下一步可能需要考虑设置更长时间的课程，以评估可食园艺疗法作为精神分裂症患者长期辅助治疗的潜力。Ⅰ实验从精神病理症状、社会功能恢复程度以及生活满意度三方面的指标测度证实了可食园艺疗法对精神病分裂症患者的疗愈康复作用；Ⅱ实验在此基础上进一步探究了可食园艺疗法对精神分裂症患者常见的锥体外系副反应的康复作用，实验结果进一步论证了可食园艺疗法的康复作用。可食园艺疗法对长期住院的精神类患者的疗愈研究有持续开展的必要，未来会探讨对不同治疗时长、参与不同可食植物课程的患者进行比对研究，在研究中不断优化课程设置，达到更优的疗愈效果。

可食园艺疗法不仅能够成为对慢性病、精神性疾病等健康疾病具有康复功效的绿色辅助疗法，同样也能够在城市公共空间发挥防病于未然的疗愈功能，营造绿色健康的城市社区花园，降低城市居民抑郁、焦虑等精神类疾病的发病率，在人与有限绿色环境的疏离隔阂、快节奏城市生活的压力与焦虑的快速城市化进程中，为人们提供一片与自然接触的方寸之地、愈疗之地。

“平战”结合的社区可食景观营造
——基于传染性疾病防控的思考

贺 慧 张 彤 李婷婷

新型冠状病毒肺炎的暴发使人类社会遭受了无情攻击，给城市的生产、生活带来了较大影响，疫情期间所暴露的城市公共空间尤其是社区公共空间的健康性问题，引发了笔者对如何应对传染性疫情防控的深度思考：传染性疾病会对疫中及疫后居民的行为需求造成哪些影响？行为需求的改变对城市公共空间，尤其是对社区公共空间的健康性又会产生哪些需求？为了应对未来各类传染性疾病等公共卫生事件的突发，城市景观作为城市公共空间的有机组成部分，如何实现“平时”与“战时”的共荣，从而可持续地改善和提升公共健康水平？

1 社区景观的重要性

随着社会进步与时代变迁，人们对健康的认识不断提升，由最初的既有疾病被动治疗到当今的身心疾病主动防控。世界卫生组织将健康定义为“体格、精神与社会的完全健康”，不仅包含个人身心的健康与平衡，也包含社会的繁荣与和谐。健康是人们的价值理念和生活向往，是实现国家富强、民族振兴的重要标志，是实现人类社会全面发展的必然要求。在城市化带来发展的同时，出现了人与有限绿色环境的疏离隔阂、日益泛滥的城市噪声及空气污染、快节奏城市生活的压力与焦虑，以及层出不穷的环境污染、传染性疾病等“城市病”，严重地威胁到个人乃至国家的健康，受到了国家及社会各界的关注与重视。2016 年国家编制《“健康中国 2030”规划纲要》，2017 年党的十九大报告提出实施“健康中国”战略，2019 年国家出台《健康中国行动（2019—2030年）》等相关文件，健康逐步上升到了国家战略的高度。“共建共享、全民健康”是健康中国战略的主题，基层健康是健康中国战略工作的重点。社区作为城市社会最基本的基层单位，是满足居民日常生活需求的领域，也是健康城市发展的基础，以社区为重点开展健康促进工作，是实现“健康中国 2030”发展目标的重要手段。

社区是城乡空间治理的基础单元，是居民日常生活的主要空间，良好的社区公共空间及功能配置是建设健康城乡的基础。在传染性疾病的防控战中，社区是疫情跟踪及控制的基本单元，在对疑似患者进行居家隔离的基础上，一般以社区为基本单位，实施阶段性的封闭式管理，并以社区为自组织、自服务单元为疑似患者家庭提供生活所需。在传染性疾病突发时期，社区防控工作的严格与否，直接关乎人民群众的生命安全和身体健康，事关疫情防控战的成败。2020 年 2 月 10 日，习近平总书记在北京调研指导疫情防控工作时强调，社区是疫情联防联控的第一线，也是外防输入、内防扩散最有效的防线。只有牢牢守住社区这道防线，才能够有效地切断疫情传播、扩散的渠道。就公共空间隔离范围而言，社区是最小隔离单元，如果说社区是组成社会的有机细胞单元，那么社区外的公共空间是“养分”，社区内公共空间是“细胞质”，家庭半户外空间是“细胞核”，只有3个层级的公共空间协同营造才能构筑完整的防灾防疫圈，阻断传染性疾病的传播。

绿色空间是城市公共空间中具有生态、游憩和景观功能的主要空间载体①，而景观是城市绿色空间最重要的组成部分，是城市公共空间设计的核心，不仅具有改善城市环境、缓解热岛效应、降低噪声污染及改善空气质量等生态价值，还具有提供休闲娱乐空间、日常交流空间及美化环境的社会效益，在保障城市生态环境质量和提升宜居品质等方面发挥着重要作用；同时景观对提升城市居民的身心健康水平具有积极影响，各种植物及色彩营造出的景观可以通过视觉、嗅觉等五感的刺激，有效地缓解压力、焦虑等负向情绪，赋予身心活力②。社区景观是城市居民最直接接触的外部环境，承担着居民日常娱乐休闲、体育运动及社交沟通的环境需求③，还包括维持生物多样性、净化环境、调节城市微气候、缓解城市热岛效应、循环利用废物等一系列环境产出。在传染性疾病防控的特殊情境下，社区景观与“平时”之日相比，成为城市居民目前唯一能与自然接触的方寸之地、疗愈之地。

2 传染性疾病防控下的社区景观需求

2.1 疗愈性

在面对突然暴发的新型传染性疾病时，隔离是阻断疫情传播最重要的手段。回顾新型冠状病毒肺炎传播初期，正值春节人口大量流动之时，致使疫情传播速度加剧，全国医疗系统承受着极大的压力和挑战，部分疫情严重地区一度出现医疗资源严重紧缺的供需矛盾，在此情况下，各地对高风险感染者主要采取医学隔离观察措施，而疑似病例或轻症病例暂时采用居家隔离措施，因此居家隔离管理成为社区防控的重中之重，成为控制疫情的有效方式。然而当出行受到一定限制、人际交往和户外锻炼频率降低时，居民会逐渐出现孤独、担心、无助等消极情绪。研究发现，隔离人员的精神健康状况明显下降，特别是自主隔离人员的抑郁、压力水平较高④。另外，重大的突发性公共卫生事件会导致儿童及青少年情绪不稳定、注意力涣散、学习效率低、人格发展受到影响⑤。因此在疫情防控期间，社区景观除去满足传统意义上的绿量指标之外，还担负起疗愈的重任，如梅花释放的乙酸苯甲酯与α-蒎烯、β-蒎烯、3-蒈烯等香气成分会对人的记忆力、想象

---

① 刘滨谊，魏冬雪，LIU，等．城市绿色空间热舒适评述与展望[J]．规划师，2017，33(3)：102-107.

② 刘博新，李树华．基于神经科学研究的康复景观设计探析[J]．中国园林，2012，28(11)：47-51.

③ HE H，LIN X W，YANG Y Y，et al. Association of Street Greenery and Physical Activity in Older Adults：A Novel Study Using Pedestrian-Centered Photographs[J]. Urban Forestry & Urban Greening，2020，55：126789.

④ 马楷轩，张燚德，侯田雅，等．新型冠状病毒肺炎疫情期间隔离人员生理心理状况调查[J]．中国临床医学，2020，27(1)：36-40.

⑤ 李少闻，王悦，杨媛媛，等．新型冠状病毒肺炎流行期间居家隔离儿童青少年焦虑性情绪障碍的影响因素分析[J]．中国儿童保健杂志，2020，28(4)：407-410.

力和注意力有一定程度的促进作用[①]，迷迭香[②]、柠檬草的香味具有理气解郁的功效，柠檬草是一种常用于汤类、肉类食品的调味香草，据实验证明，柠檬草挥发的β-月桂烯、橙花醛、香叶醛、香叶醇等香气成分可以对抗机体的失望行为，具有显著的抗抑郁及杀菌功效，同时该植物在医药应用上，具有健胃、利尿、防止贫血及滋润皮肤的作用[③]。

2.2 实用性

武汉市受新型冠状病毒肺炎突发重大公共卫生事件的影响，于2020年1月23日封控管理，突如其来的疫情和管制，给武汉市蔬菜供应带来严峻挑战，尤其是在管制最初的一周时间里，城市居民面临蔬菜物资紧缺、采购不便等生活问题，导致基本生活需求缺乏保障，成为疫情期间社区居民普遍面临的基础问题，尤其对生活在疫情严重区的居民带来巨大的影响。后期，政府通过社区网格化管理，以社区为单位与蔬菜供应基地构建居民网上下单、小区门口送货的蔬菜供应链，初步缓解了蔬菜供应的难题。可食景观与传统的观赏类景观相比，能够使城市绿地具有一定的生产性，兼具景观观赏性、互动交往性、自然教育性等多重功能，能最大限度地满足人们的物质精神需求[④]，为传染性疾病突发期间的生活物资调配赢得缓冲的余地。

2.3 安全性

科技进步使手机、电脑等科技产品已经成为日常生活中必不可少的工具，与此同时，与屏幕相关的坐式生活方式使居民户外运动时间普遍降低，成为引发肥胖、糖尿病、心脏病及各种心理疾病的诱因。而自由自在的户外活动能够带来缓解压力、放松身心等诸多益处，能够提升儿童的自信心及注意力，有助于减轻注意力缺失症的症状，使儿童更加聪明健康，富有协作精神，并且有证据显示，亲近自然元素是人类的一种需求。无论是在平时还是“战时”，社区都是人们日常活动的单元，人们亲近自然的需求通常在社区景观中获得满足。随着人们生活品质的提高，社区户外景观的艺术性被广泛关注，但景观安全性问题却时常被忽视。剑麻以适应能力强、经济价值高等特点，被广泛用于社区景观绿化，但对于儿童而言却是潜在的危险；夹竹桃是一种常见的园林绿化植物，花朵大而艳丽，成活率极高，但其分泌汁液中含有毒物质[⑤]，因此需要有选择性地布置在不易直接被人碰触的种植区域，或采用植物围栏来进行柔性过度。垂柳是最常见的公共空间美化植物，其产生的柳絮却容易引起一些易感人群的过敏反应，可通过人工摘除柳树雌株、选用无性柳树品种或适当采伐雌株的方式来减少柳絮的飘散，优化树种结构，以增强其在社区配置中的普适性。社区景观是社区户外空间极其重要的组成元素，而其安全性是居民健康生活的必要前提，是亲近自然的重要保障。

---

① 金荷仙．梅、桂花文化与花香之物质基础及其对人体健康的影响[D]．北京：北京林业大学，2003．

② 汪镇朝，张海燕，邓锦松，等．迷迭香的化学成分及其药理作用研究进展[J]．中国实验方剂学杂志，2019，25(24)：211-218．

③ 佟棽棽，姚雷．迷迭香和柠檬草的精油以及活体香气的抗抑郁作用的研究[J]．上海交通大学学报(农业科学版)，2009，27(1)：82-85．

④ 刘宁京，郭恒．回归田园：城市绿地规划视角下的可食地景[J]．风景园林，2017，24(9)：23-28．

⑤ 陈平平．易引起儿童中毒的观赏植物[J]．生物学通报，1989(4)：9-10，29．

3 社区可食景观营造的适配作用

中国古典园林起源于房前屋后的古木疏铺,"囿"是我国最早有文字记载的园林形式,《说文解字》中也说道:"园,树果;圃,树菜也;囿,养禽兽也。"由此可知,在早期,园林就具有种植果蔬的功能。唐朝已出现可供食用的公共园林,如长安城中曲江边上以栽植杏而闻名于京城的杏花园①。可食景观是利用可供人类食用的植物、果蔬、药材、香草,通过园林美学设计手法构建的景观,兼具景观美学和生产功能,是景观与自然、城市与乡郊、美观与食用的融合,是集景观观赏性、可食生产性、活动参与性及生态多样性为一体的城市景观类型,不仅能够满足城市居民审美、食用等需求,亦可为城市居民提供交往空间。可食景观作为一种新兴概念,并不为大众所熟知,但在如今日常生活中却处处能见到可食景观的影子,例如被称赞为传播中国美食与传统文化的网络美食博主李子柒,通过展示自己种植瓜果蔬菜、烧火做饭的田园生活而被大众所知,从景观的角度分析,她便是通过植物与美食相结合的可食景观,展现了中国隐士式的田园牧歌②。

3.1 "战时"生命花园

社区的可食景观营造,一方面可以通过视觉、嗅觉等感官缓解居民心理压力,增强各项身体免疫力,成为社区居民压力释放的窗口;另一方面还能够缓解在突发公共卫生事件时期食物供不应求的紧张局面,不仅能够满足城市居民对于食品安全的要求,还能为居民在物资紧缺时期提供一种自给自助的健康选择,成为"战时"蔬菜供给的缓冲。

3.1.1 压力释放的窗口

在疫情防控期间,因长时间处于室内空间致使的绿视量不足、过度关注网络新闻报道及共情心理等原因极易引起抑郁类疾病的产生,可食景观通过看、触、闻、听、味五感,刺激神经系统的调节,缓解心理压力,消除疲劳与紧张感,达到恢复健康的目的③。可食景观通过蒸腾作用能够改变空气的湿度,创造舒适宜人的微环境,刺激人体的生理调节,促进情绪的转换和疾病的恢复。此外,据研究表明,一些可食景观植物能够在空气中释放多种挥发性气体,这些气体通过嗅觉感官作用于人体的中枢神经,调节人的神经、免疫及内分泌系统,继而反映在人们的记忆、睡眠和情绪等生理活动上④,例如,抑郁症患者嗅闻柑橘的挥发性气体可以在减少服药剂量的情况下,达到同等疗效⑤;柠檬、银杏等可食植物还可通过释放挥发性气体抑制大气中微生物的生长,起到杀菌、

① 贺慧. 可食地景[M]. 武汉:华中科技大学出版社,2019.

② 引自景观专辑微信公众号:理论 · 可食景观. 李子柒-景观与美食原来可以兼得[EB/OL]. [2020-01-24]. https://mp.weixin.qq.com/s/Bsu4x3RzJZBQs45l353PNw.

③ 李树华. 园艺疗法概论[M]. 北京:中国林业出版社,2011:51-75.

④ 郑俊鸣,黄艳真,江登辉,等. 园林植物挥发性气体对人体健康的影响[J]. 世界林业研究,2019,32(5):22-27.

⑤ KOMORI T, FUJIWARA R, TANIDA M, et al. Effects of Citrus Fragrance on Immune Function and Depressive States[J]. Neuroimmunomodulation, 1995, 2(3):174-180.

抑菌的作用，对人体某些特定疾病的减缓或控制具有重要意义[①]；柠檬烯是柠檬的主要挥发性气体，该物质能够对肿瘤细胞表现出显著的抑制作用，被公认为具有预防多种癌症的化学活性物质[②]；银杏挥发物中具有抑菌作用的成分主要为癸醛、天然壬醛、水杨酸甲酯，对细菌、真菌起到了明显的杀菌作用[③]。可食景观除了满足以上观赏和疗愈功能，部分植物还蕴藏着药用价值，对人体的健康起到积极作用，例如可室内培育的薄荷具有食用与医用的双重功能，可以疏散风热、解毒透疹、清利咽喉[④]；香蜂花不但可以净化室内空气，也可以当作菜品或甜点食用，具有去除头痛、腹痛、牙痛的功效。当人们参与可食景观培育的园艺活动时，可以在身体力行的劳动、齐心协力的团结合作中实现社会、教育、心理及身体诸方面的调整更新，促进身体新陈代谢、赋予身心活力、恢复身体自我感觉[⑤]。

3.1.2 蔬菜供给的缓冲

蔬菜为人体提供必需的多种维生素和矿物质等营养成分，是保证人们日常饮食与身体健康的必需品。在突如其来的传染性疾病及其他重大公共卫生事件暴发期间，城市交通运输受阻，粮食供应链断裂，蔬菜供应紧张问题突出，可食景观的食用功能为缓解食物供应紧张发挥了重要作用。居民通过自种蔬果的方式，即食即摘，在满足对食品安全需要的同时，实现足不出户便能够获取健康绿色的食物，使公共绿地也能承担人们生存所需的一定食物来源，为平衡很多家庭食物供求的关系提供了一种自给自足的健康选择。同时由家庭半户外空间—社区内公共空间—社区外公共空间组成的可食景观蔬菜供应缓冲链发挥作用，保障社区居民的基本食物需求，为相关部门制定防疫期间城市蔬菜有效供应对策争取了宝贵的反应时间。在常规时期，可食景观提供的蔬果不仅可以提供给住户，也可以通过社区超市、菜市场等场所为社区居民长期提供新鲜健康的食材，一定程度上减少居民日常生活的开支。此外，可食景观的培育能够降低食物里程、降低农作物的运输和仓储成本，满足城市居民直接从土地收获健康食品的安全需求。

3.2 “平时”社区花园

社区民众以共建、共享的方式在社区花园进行园艺活动，充分调动了居民的参与积极性和主观能动性，不仅促进了社区花园的营造，成为社区交往的核心、自然教育的载体，而且使社区花园成为社区空间活力之源与和谐社会治理的重要支点[⑥]，在交往、教育、经济和文化等方面发挥着重要作用。

---

① 贾梅，金荷仙，王声菲．园林植物挥发物及其在康复景观中对人体健康影响的研究进展[J]．中国园林，2016，32(12)：26-31.

② MANASSERO C A，GIROTTI J R，MIJAILOVSKY S，et al. Invitro Comparative Analysis of Antiproliferative Activity of Essential Oil from Mandarin Peel and its Principal Component Limonene[J]. Natural Product Research，2013，27(16)：1475-1478.

③ 贾晓轩．北京地区银杏、红松纯林挥发性有机物释放研究[D]．北京：中国林业科学研究院，2016.

④ 刘星月，王葡萄，韩德鹏，等．香草类蔬菜功能成分及综合利用研究进展[J]．中国蔬菜，2019(3)：15-20.

⑤ 徐峰．园艺疗法新视野：景观神经学与园艺社会学[J]．园林，2018(12)：16-19.

⑥ 刘悦来，尹科娈，葛佳佳．公众参与 协同共享 日臻完善：上海社区花园系列空间微更新实验[J]．西部人居环境学刊，2018，33(4)：8-12.

3.2.1 社区交往的核心

可食景观型社区花园强调以人为核心，社区居民由以往的旁观者转变为参与管理者，从蔬菜的选种播种到中间的施肥浇水，再到采摘收获，每一个环节都真正深入地参与其中，甚至还扮演着出资方、设计师、建设者、管理者等多重角色①，增强了居民的自治意识和能力，满足了人们参与规划与决策的诉求。可食景观的“自治”模式②为社区居民提供了交流互动的契机，通过居民在劳作过程中的协作、互动和分享成果，加强社区邻里之间的相互了解和联系，打破了城市社区交往的壁垒，增加对居住地的归属感，营造和谐融洽的社区氛围。此外，家庭成员间的共同劳作，能有效地进行亲子互动，拉近心灵距离，便于无间隔的有效沟通，增进家庭和睦，例如上海创智农园的“睦邻门”(图 1、图 2)，连通了新旧两个小区居民的心，通过共建共享创智农园来激活城市空间，以深入的社区参与使人与人回到相互熟悉信任的邻里关系，促进了从可食景观到活力社区的营造。

图 1 上海创智农园

图 2 上海创智农园“睦邻门”

3.2.2 自然教育的载体

可食景观为社区居民尤其是孩子们创造了一个自然教育的就近机会。在可食景观型的社区花园中，居民可以通过劳作体验到播种、采摘、收获的过程，亲眼见证可食景观从播种、生长再到收获的发展过程，感受日月交替、四季轮回的自然变化规律，与自然亲密接触，缓解工作生活压力，并且体验一分耕耘一分收获的田园乐趣，其身心体验远远超过一成不变的观赏植物。社区孩子可以通过阳光下的体力劳动，结合果蔬标识牌、种子图书馆等领会“粒粒皆辛苦”的深意，了解生命循环和环境生态系统，提高孩子对自然和科学的喜爱。此外，可食景观还可以充分利用可回收资源，如用废弃的轮胎、木桶作为蔬菜种植池，废弃的瓦片和木桩作为道路枕石等，实现废弃物的循环利用，培养社区居民的低碳环保意识。例如，笔者研究团队为武汉万科四季花城设计的社

---

① KOU H Y, ZHANG S C, LIU Y L. Community Engaged Research for the Promotion of Healthyrban Environments: A Case Study of Community Garden Initiative in Shanghai, China[J]. Public Health, 2019, 16(21): 41-45.

② 刘悦来，寇怀云. 上海社区花园参与式空间微更新微治理策略探索[J]. 中国园林，2019，35(12)：5-11.

区可食园，以“一米花园”为模式，利用场地划分后的 24 个方格，分别种植二十四节气的不同植物，通过合理的作物种类轮值规划和植物配置(图 3)，在不同季节、不同节气，实现时时可赏、适时收获的景观效果，营造儿童自然教育的可食景观社区花园。

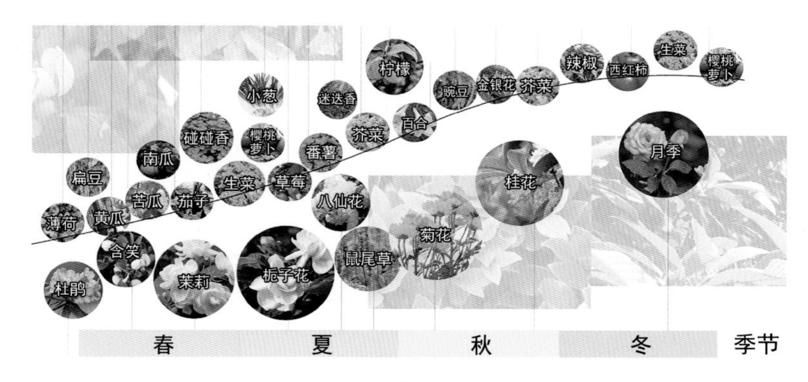

图 3　可食植物配置

4　社区可食景观的营造

4.1　社区外公共空间——共生共荣性

社区是组成社会的有机细胞单元，社区外的公共空间则是供给社区的“养分”，在传染性疾病暴发期间，当社区内的可食景观无法满足社区居民的生活食物所需时，就需要社区外公共空间的及时补充，保证社区可食景观应急供应链的正常运作，实现社区与社区外公共空间的共生共荣。社区外公共空间的可食景观营造可以是以公园、广场等城市空间为载体的中型可食景观区，如城市片区级公园，也可以是以农业生产为主要功能的大型可食景观区，如城郊农园。

4.1.1　城市片区级公园

据相关研究显示，片区级公园是城市居民尤其是老年人和儿童使用最为频繁的公园，片区级公园可以结合公园既有的原始地形、地貌，选用适合本土气候和地理环境的各类作物、蔬果品种，延续人们对土地生产性功能的原始亲切记忆①。片区级公园因有其他绿地类型进行绿量支撑，可以通过展示土地休耕等自然农法，辅以解说、标牌科普，从而实现自然教育目的。另外，此类公园更偏向于满足都市人工作之余的游憩观赏需求属性，常规园林植物物种对于城市人而言并不罕见，往往会带来视觉上的平淡，通过布置可食景观专类园或观赏区，可以在一定程度上缓解审美疲劳。城市可食景观园更应注重品种的选择与布局，观赏性强的可食景观置于外显区，审美稍次

① 李树华，康宁，史舒琳，等.“绿康城市”论[J].中国园林，2020，36(7)：14-19.

的置于背景区，以营造良好的景观视觉层次。以武汉东湖可食景观园中的“再续前垣”景点为例，选用具有生态价值和食用价值的作物和地被，在原垃圾填埋场的旧址上进行改造，在保留原场地记忆的基础上，用强烈对比的设计手法唤起游客对生态保护和修复的意识。

4.1.2 城市近郊农园

城郊农园的可食景观营造应当以当地现有的自然资源和地域特色为依托，结合都市人就近游憩的需求，寻找最适合当地土壤和气候条件的可食植物，开展最具当地乡土文化风俗的主体活动，体现地域性特色，武汉市江夏区的竹馨可食农园就是代表性案例之一。另外要对农民进行农业资源的再生循环利用和生态发展等知识培训，从而推动人与蔬果草料、鱼禽畜、微生物、有机肥及有机废弃物在自然中的循环往复。通过小到果蔬品种的指示牌，中到当地文化的展览，大到乡土文化活动的互动，实现对都市人的生态、农耕和环保教育。

4.2 社区内公共空间——防控疗愈性

社区公园及附属绿地是居民的日常活动空间，可通过可食景观营造形成可食花园、菜园景观。社区内公共空间贯彻“平时和战时”景观类型及功能有机结合的原则，各社区单元在“平时”形成有机联系、生态游憩的区域性单位，而在“战时”形成区域自治的独立组团，做到单元间有效隔离、单元内充分供给，注重可食植物的选择、演替设计的运用和社区参与的维护。

4.2.1 可食植物的选择

无论是在“平时”还是“战时”，现代社会的人们普遍面临着来自不同方面的压力，渴望在户外环境中得到全身心的放松，使压力和负面情绪得到极大的缓解和释放。在社区公共空间内，融入非侵入性治愈手法，重点配置具有疗愈功效的可食植物，以使居民缓解压力、释放情绪、自我慰藉，并有效提升环境品质，如梅花、栀子花、桂花等植物①，辅助配置常绿可食植物，如石榴、茱萸等，保持基本的绿视量。

4.2.2 演替设计的运用

社区可食景观宜采用演替设计，利用原生和先锋物种创造适合目标物种的生长条件，选择适合本土气候及土壤条件的植物品种，有选择性地种植“伴生作物”或“共荣作物”组合，打造复合型景观，同时蔬果种植土壤表层的覆盖也是对自然生态系统的模拟，它替代了森林地面枯枝落叶的功能，减少蒸发、增加土壤养分和保护植物；另外位于醒目位置的季节性可食景观应搭配少量的四季常绿植物，在果蔬更迭种植的过渡期，可保持基本绿量下的社区公共空间“形象”。

4.2.3 社区参与的维护

社区内公共空间中的可食景观园，不一定需要一块全新的预留地，尤其在老旧社区中，它可

---

① 金紫霖，张启翔，潘会堂，等．芳香植物的特性及对人体健康的作用[J]．湖北农业科学，2009，48(5)：1245-1247．

以是公共绿化中曾消极使用的空间,也可以利用社区内的闲散地来整合,在物业和业委会的支持和配合下,选用有利于使用者亲身参与的管理模式,强调参与互动和社区共融的功能。相关研究表明,认领模式更受到使用者的欢迎①,建议选择合适的亲子家庭或社区业主作为景观园的建设引领者,在社区可食景观运营之初,以物业为组织单位筛选社区中的亲子家庭或志愿者作为可食景观园的引领者,制定运营维护计划,志愿轮班式地进行维护和管理,通过“种子漂流站”活动(社区居民自愿分享果蔬及种子),不仅在季相更迭时有稳定的种子来源,还能够在分享种子的过程中,促进居民的交流与共融,提升居民的社区自治意识。

4.3 家庭半户外空间——自给自助性

以阳台为主的家庭半户外空间可食景观营造兼具食用性与观赏性的功能。不同气候条件的地区可根据相应的种植环境,选择适合的植物和种植方式来培育适合生长的植物,以实现家庭可食蔬菜的部分自给自足。

4.3.1 阳台环境的考量

植物的生长受到阳光、温度、湿度和土壤养分等综合因素的影响,阳台环境与室外环境不同,主要取决于植物的光照条件,而阳台方位决定采光条件,因此在种植前应当对阳台环境进行考量,根据阳台不同的方位划分不同的种植区域(图 4),分类种植不同光照需求的植物。南面阳台阳光充裕,是最适合种植蔬菜的环境;东南面是次佳地点,拥有半日照以上的日照时间;东面仅有半日照;西南面接近中午时才开始有日照;西面阳台在夏季时需要注意西晒,阴天会整天无日照;北面难有充足的日照,是最差的种植环境。因此根据阳台不同的日照条件,将其划分为向阳区、半阴半阳区和背阴区,其中南面和东南面阳台是向阳区,适宜种植喜阳或耐阳的蔬菜,如黄瓜、番茄、辣椒、茄子等;东、西南、西面阳台为半阴半阳区,适宜种植喜光耐阴的蔬菜,如洋葱、丝瓜、香

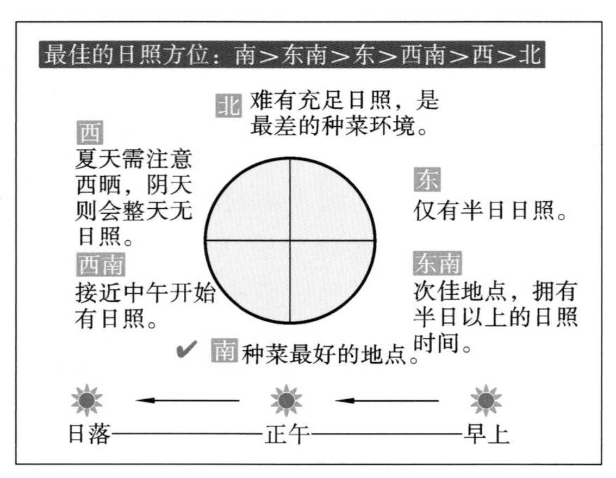

图 4　日照方位图

① 王志芳,蔡扬,张辰,等.基于景观偏好分析的社区农园公众接受度研究:以北京为例[J].风景园林,2017,24(6):86-94.

菜、萝卜等蔬菜;北面是背阴区,全天几乎无日照,适宜种植耐阴的蔬菜,如莴苣、芦笋、空心菜和木耳菜等。

4.3.2 种植容器的选择

在阳台种植蔬菜可以使用花盆、泡沫塑料箱、塑料提桶等常见容器(图 5),也可采用悬挂式、花架式栽培箱等专用设备[①],无论选择何种容器,应保证容器底部有排水孔,避免排水不良导致植物根部腐烂死亡。在选择容器规格时,应根据种植蔬菜的根系特点来选择栽培容器的规格,否则会限制蔬菜根部的生长。一般须根系植物和一些入土较浅的直根系植物要求的栽培土层深度以20~25 cm 为宜,如韭菜、小白菜、生菜等;而针对植株生物量较大,或者需要采收生长在土里面的块根或块茎类的植物,如胡萝卜,则要求栽培的土层深度达 35 cm 以上。

图 5　阳台种植蔬菜

4.3.3 适合阳台种植的蔬菜品种选择

适合在阳台种植的蔬菜可分为瓜果类、茄果类和叶菜类三类。瓜果类蔬菜中最适合种植的是黄瓜,其生长周期短,无论大小皆可食用;茄果类的蔬菜中最适合在阳台种植的则是番茄,生长周期较长,但花多果多,观赏性强。在叶菜类蔬菜中,推荐韭菜和芹菜,韭菜在种植时要避免气味蔓延,芹菜中的西芹更适合在阳台种植。基于笔者研究团队的实践播种经验,根据不同采摘要求和种植条件,总结出如下可选择的蔬菜品种。

①生长周期短的"速生"蔬菜:青菜、青蒜、空心菜、芦笋、茼蒿、芽苗菜、莜麦菜等。

②收获期长的"常在"蔬菜:番茄、辣椒、韭菜、香菜、葱等。

③易栽种的"懒人"蔬菜:生菜、小白菜、莜麦菜、苦瓜、姜、葱、胡萝卜等。

④节省种植空间的蔬菜[②]:葱、姜、萝卜、香菜等。

⑤不易生虫的蔬菜:葱、韭菜、番薯叶、芦荟、姜等。

---

① 黄天雄,祁百福. 几种阳台常见蔬菜的栽培管理[J]. 南方园艺,2018,29(4):50-53.

② 引自园艺康养微信公众号:园艺康养|味觉. 最适合在小面积种植的 20 种蔬菜[EB/OL]. (2019-08-19)[2023-09-20]. https://mp.weixin.qq.com/s/y8XjzMEawB1obBGu3weXmA.

5 结　语

未来的社区公共空间不再是微不足道的，它必将整合在城市安全响应系统之下，成为人与自然和谐共存的载体。通过对社区家庭半户外、社区内和社区外三个层次的公共空间进行系统思考，通过可食景观营造，使其在发生突发事件时成为疗愈社区居民身心的生命花园，通过嗅觉、视觉等五感疗愈居民的紧张、抑郁等不良情绪及疾病，同时三个层级空间的协调营造构成了完整的防灾防疫圈和社区可食果蔬应急供应链，部分缓解社区居民的基本食物需求，为相关部门制定防疫期间城市蔬菜有效供应争取了宝贵的反应时间。在常规时期，社区可食景观亦是促进人们交流的社区花园，发挥一系列保护生物多样性、调节城市微气候和营造城市宜居环境等生态作用，不仅能成为近距离获取自然知识和生态意识的科普教育平台，也能弥补在快节奏高科技生活下人类对大自然的向往。为了应对未来各类不可预见的传染性疾病，社区可食景观的营造为社区景观"平时"与"战时"的有机融合提供了可持续的健康途径。

附录 B　可食地景小组

董风千　贾一鹤　李想

林东旭　荣卉　谢楚婷

熊家乐　张恒　张彤

周乐禹

致　　谢

我要感谢的人很多，他们都支持并倡导本书提到的观点，从而使这本书的出版成为可能。

我将最深的谢意献给我的两位尊长，一位是华中科技大学建筑与城市规划学院景观学系万敏教授，万敏教授主导申报了湖北省公益学术著作出版专项资金资助项目，基于对我研究方向的了解和认可，他以极大的信任邀约我承担该丛书系列之一的编写，于是就有了这本书写作的初衷。另一位是我的博士生导师，华中科技大学建筑与城市规划学院原副院长、原城乡规划系系主任余柏椿教授，老师在书的立意上引领了我，在书的细节上敲打了我，以“做学问，要坚持走自己的路”启发了我，得知书的初稿完成后欣然作序鼓舞了我。

我的可食地景 H 工作室的全体小伙伴在过去的一年里极富热情地参与了本书写作的全过程，王帅和张舒同学用人文和景观的知识背景，全面深入地为本书的绪论部分做了大量的收集、整理及提炼工作；李佳敏同学以极高的执行力为本书汇集了许多可供参考的案例基础资料；余艳薇同学以认真严谨的态度帮我对书中语法做勘误；熊家乐、林光旭、张恒同学将我们可食地景的设计实践进行了较为系统的梳理；张彤和李婷婷同学在可食地景理念的启发下，将阶段性思考总结成小文，在《中国园林》等权威期刊以及 SCI 上做了研究的探索；张謦文同学以自己的兴趣爱好及所长，协助我完成了部分有趣的插图……没有他们，我的工作不可能顺利地推进。

编辑易彩萍对这本书满怀信心，她不仅仅是单纯的策划编辑，也是能在写作和修改过程中耐心守候的朋友，在确定本书的篇章结构及细节方面，她给出了积极有效的建议。

许多人对这本书的研究基础亦贡献了珍贵的能量，原武汉市园林和林业局孟勇总工、武汉市园林科学研究院谢先礼院长，出于对武汉市园林景观建设的情感和热忱，为本书提供了许多武汉本土的案例资料；东湖老年病医院的刘卫副院长、邓玲副院长，中医康复科的段圣德主任，怀着对老年病患的善意和对可食地景的开放心态，为本书的理念提供了珍贵的践行基地；武汉市东湖新技术开发区国土资源和规划局的刘洋师妹，就本书的案例所需积极帮忙联系了光谷 K11 项目的负责人何总，他们的帮助充实了公共建筑屋顶可食地景园的案例收集；侯涛老师得知我的写作计划后，送给我三本重要图书并将自己的实践经验毫无保留地传授给我；李春玲师妹获悉我的案例需求后，驱车带我到诺爱农场，介绍认识了其创始人庄慈欣女士，在城郊农园设计的思维碰撞中，我们全都成了朋友；我的同事王智勇老师，就着在西雅图访学的机会，利用业余时间为我收集了美国可食地景的案例资料；鲁月娇妹妹以自己日语专业的优势，为书中的日本案例进行了勘误并提出建议；周燕师妹只要在阅读过程中遇到和本书相关的信息，总会第一时间通过微信分享给我；还有武汉市江夏竹馨农庄的金总、河南省佳多农林科技有限公司的刘总，他们心怀有机生活的初心，均就自己所能，热诚地帮助了我。

还有我全国各地的朋友们：胡家英、乐颖、柳朴、帅莱、刘易楠、鞠海仓、何晓燕、邓军俐、刘睿玲、沈晓鹏、黄武胜、张元朝、王强、王军、陈志武等，他们主动请缨式地担当起为我校核网上案例资料真实性的工作，并就自己的实地考察所感给我提供了珍贵的建议。

最后，我要将我最深的感激和爱献给我的家人。母亲和我们生活在一起，她对自然的热爱一直深深影响着我。我的先生和我有着相近的专业背景，他总是鼓励我将自己喜欢的事情进行到底。女儿懿娴不仅时不时关心我的写作进度，还会试着在我的插图选择上用新生代的审美观说上几句。还有我的父亲，从没因为任何事批评过我，我总觉得，他一直在远方默默地守护着我……